国际烹饪艺术大师
中 华 名 厨 陈志田/主编

简易菜分步详解6000例

重庆出版集团 重庆出版社

图书在版编目（CIP）数据

简易菜分步详解6000例/陈志田主编. —重庆：重庆出版社，2014.8（2015.2重印）
ISBN 978-7-229-08317-5

Ⅰ.①简… Ⅱ.①陈… Ⅲ.①菜谱 Ⅳ.①TS972.12

中国版本图书馆CIP数据核字（2014）第149528号

简易菜分步详解6000例
JIANYICAI FENBU XIANGJIE 6000 LI
陈志田 主编

出 版 人：罗小卫
责任编辑：张立武
特约编辑：吴文琴
责任校对：刘小燕
装帧设计：金版文化・伍丽

重庆出版集团
重庆出版社 出版
重庆市南岸区南滨路162号1幢 邮政编码：400061 http://www.cqph.com
深圳市雅佳图印刷有限公司印刷
重庆出版集团图书发行有限公司发行
E-MAIL:fxchu@cqph.com 邮购电话：023-61520646
重庆出版社天猫旗舰店 cqcbs.tmall.com 直销
全国新华书店经销

开本：720mm×1016mm 1/16 印张：16 字数：288千
2014年9月第1版 2015年2月第2次印刷
ISBN 978-7-229-08317-5

定价：29.80元

如有印装质量问题，请向本集团图书发行有限公司调换：023-61520678

丛序 PREFACE

中国有句老话："民以食为天。"试想一下，餐桌上有汤有菜。有肉有饭，再来一杯调剂味觉、调剂情调的多彩饮品，是不是觉得生活也变得如此的令人期待呢？

为满足广大家庭烹饪爱好者的需要，满足您对健康和美食的追求，我们精心编写了这套"超实惠烹饪6000例"系列丛书。"超实惠烹饪6000例"系列丛书分为《诱惑湘菜6000例》、《过瘾川菜6000例》、《大众菜6000例》、《百姓菜6000例》、《家常小炒6000例》、《简易菜分步详解6000例》、《百姓汤6000例》、《主食小吃6000例》以及《蔬果汁6000例》这九大版块，囊括各式经典菜式、汤品、主食、小吃、饮品，全方位、立体展示了美食的诱人味道，寓美食于日常生活里，让我们于美食中享受生活。

"超实惠烹饪6000例"系列丛书由中华名厨陈志田师傅主编。他师承"唐朝药王"孙思邈第48代传人孙耀祖先生，凭借多年的烹饪经验，在烹饪时将中医、官府菜、家常菜三者有机结合，制作出独具一格的集形美、味香、健康于一体的精致菜肴。在此，特邀您共享舌尖上的盛宴，为您打造最超值、最全面的烹饪好帮手。

本套丛书所提及的"烹饪6000例"由美味菜品、烹饪方法、家常食材介绍以及常识介绍等构成。书中菜品精致、做法简单、食材全面、内容实用、查找方便，是一套高品质的烹饪指南丛书。本套书在菜品选取上均依据原料易购、操作简便、健康美味的三大原则，每菜一图，以简洁的文字对每款菜的用料配比、制作方法、营养功效、特定人群等常识作了介绍，还对一些菜肴配以制作步骤图，用以分步详解，使读者能够更好地抓住重点，达到一学就会的实用目的。

当然，本套丛书最大的特色在于充分利用了时下最流行的"二维码互动"元素。您只需扫描书中出现的二维码，即可链接高清烹饪视频，随时随地与大厨互动，零基础学做美味佳肴。

按书习做，相信您的厨艺一定会有明显提高，可把最为平淡的日常饭菜也做得有滋有味，让那些常见食材也能变化出繁复的花样，为生活增添新的乐趣与期待。

我们衷心希望本丛书的面世能给您和您的家人带来美味和营养，送去快乐和幸福，让美味呈现在我们平凡但不平淡的一日三餐中。

天下难事必做于易，天下大事必做于细。这是古人谆谆教导世人的名言，而这句话同样适用于烹饪当中。任何高超的、复杂的美食烹饪必是从最简单的步骤开始，反复操作，不断推陈出新，才能创造出不可思议的美食艺术。从基础做起，从简单做起，长此以往，无论是在厨艺上，还是在生活中，人们总是能获取最宝贵的真经，这也是本书编纂的初衷。

从本书的标题中，不难看出，本书是一本专攻简易菜的美食图书。所谓简易菜，也是百姓菜当中的一份子，只不过它是传统百姓菜进行了更加精密的筛选之后的菜肴，筛选的条件便是步骤简单、易懂易学。食材易得而不贵、制作快捷方便的简易菜，恐怕是中国每一个家庭，一日三餐中必有的一道菜肴。由于要突出简易的特点，必然会有许多食材被淘汰出列，而这并不影响人们对于美食的宠爱。如今越来越多的年轻人烹饪经验奇缺，因而就将目光牢牢锁定在简易菜上面。而简易菜虽然简易，却也不能把它当作易如反掌的事情来对待，因为很多时候，“烹小鲜若治大国”，简易中透露的是一份细心与责任，简易中彰显的更是一种积极的态度，必须值得重视。

简易菜极高具有极好的养生保健价值，比如蛋类、素菜、肉类，经过简单快速的烹饪能够得以保全食材的大部分营养成分，开胃又滋补，对保持身体健康有着积极的促进作用。

细心的读者通过浏览目录检索，可以快速地发现本书的整体布局，分为省钱省时简易菜、低卡瘦身简易菜、美味简易菜、简易素食等几大板块，这样的划分完全是站在了读者的角度来思考这样的一本美食图书。书中收录了接近1000道简易菜，同时还奉送了分步详解图，并传授了上百道大厨的独家诀窍。读者只需要通过简单的类别检索，就能找出开胃、滋补、易做、不贵的菜肴。整本书所彰显的是简易、务实的精神，传达的是一种简约实用的生活和烹饪之道。

简易菜毕竟是一类经过筛选的菜肴，加上整合的相关常识，信息比较丰富，食材的分步详解图比较繁多，而作者的精力和水平也有限，纵然本书也经过反复的检查，仍然难免存在错误或者疏漏之处，在此真诚地恳请各位读者及专家学者批评指正。

第一章 省钱省时简易菜

第二章 低卡瘦身简易菜

第三章 大厨推荐的美味简易菜

第四章 最受欢迎的简易素食

省钱省时简易菜

俗话说，家里有个会挣的，不如有个会省的。现代化的快节奏，日益上涨的物价，使得“节约”成为了一种时尚——省钱、省油、省电、省燃气，成本降至最低，是一些家庭的选择——节省而不失营养。本章教你用最简单的食材，做出最健康营养的美食，做一个厨房“节约达人”！

精打细算省钱妙招

所谓民以食为天，饮食可是我们每天的头等大事，但是在物价居高不下的今天，我们每人的钱包可得捂紧一点。但是必要的开支总是要的，究竟怎样才能既满足自己的食欲，同时又能省钱呢？以下这些妙招可以轻松解决你的烦恼。

多买盛产期的蔬菜

想要吃得好，又符合经济原则，上市场买菜时，要尽量挑选当季盛产的蔬果，量大、新鲜、价廉，这是省钱族必备的首要原则。

像秋冬季盛产的高丽菜、白菜、白萝卜，春季盛产的彩椒类、豆类、瓜果蔬菜都是购买的首选。有些人总等不及地想买刚上市的食材来尝鲜，注意，提早采收的食材不见得好吃，价格却有可能贵上一两倍呢。多买时令的生鲜食材这主意一定要记住，只要是精打细算的人就会发现盛产期的食材因为特别多，总是特别便宜，而且也是最肥美好吃的。

多买根茎类的蔬菜

多买物价波动较小的根茎类蔬菜或水耕的豆芽菜等。叶菜类的蔬菜和水果容易因气候变化造成价格波动，有时贵得吓人，在这个什么都涨的时代，有人为了省钱就干脆不吃蔬菜水果了。可是，这样的饮食习惯对身体很不好！建议可选择一年四季都买得到的价格较低廉的根茎类蔬果，而且根茎类食材保存时间较久，可分多次食用。

多到超市选购蔬菜

若遇上台风或寒害时，多到大型超市购买生鲜食材。如因台风造成菜价上涨到不可思议的地步时，大卖场也还能出现限时促销的青菜，或许外型不是太好看，但在非常时期就不要太挑剔了，不然一张百元大钞拿出门没换什么菜就花光光了！

中午或收摊时去买菜

一般人总觉得一早到传统市场才能买到最新鲜的食材，其实大多食材都是当日进货，但就算海鲜在同一个早晨新鲜度也不会有明显的不同，而在接近中午快收摊或是黄昏市场里常有大力杀价的空间，或能捡到便宜货，只是外形稍有瑕疵，若能在整理前多花点时间处理，对于美味的菜色影响不大，所花的菜钱却能节省很多。

扫一扫，直接观看
干煸茄丝的烹调视频

货比三家总不会亏

不同的菜市场或者超市、同一个超市里的不同档位，由于其蔬菜供应商及其经营成本等不同，其菜价和菜的质量都会有所差别。很多聪明的主妇都会选择货比三家，买菜的时候多到附近各个菜市场、超市转转，对各个菜市场、超市的菜价、菜的质量进行比较。在同一个菜市场里，不同的摊位之间也多转转、问问价格，比较比较，自然而然地就会找到相对便宜而质量又相对较好的菜啦！

大超市买实惠，小超市买新鲜

大超市的商品促销比较频繁，而小超市和农贸市场的蔬菜水果则很新鲜。所以，要是大超市的商品有促销的话，可以大量入货，把常吃的食物多买点回来存货。例如肉类食物，这些存放在冰箱，或腌制好，可以供一个星期食用。要是大超市没有促销的时候，我们就可以去小超市买新鲜的蔬菜了。反正灵活变通，省钱很轻松。

吃海鲜去批发市场

在星级酒店吃海鲜的钱，足够我们平常在家吃几顿了。为了我们的钱包着想，我们还是忍一忍，把美味的海鲜留在家中享用吧。在批发市场购买海鲜，比在农贸市场或者超市购买价格都会相应地低廉一点，而且还新鲜很多，何乐而不为呢？

购买本地产的时令产品

如果你选择那些本地出产的农产品，你将不必支付运输费，而且这些食物由于短距离的运输将更有营养。此外，尽量选择时令的水果和蔬菜，它们的价格会更便宜。

用促销食品做私房菜

一次在超市买下大量的促销品，怎样用于每天的餐食中，确实是个头痛的问题。要是天天吃同样的食物，实在是让人倒胃口。那么促销品就失去了以后购买的动力了。但是只要我们搭配得当，制订一份好的食谱，一样可以每天为自己和家人奉上美味的佳肴。

避免冲动购物

带着你的购物清单去购物，这样要买的东西你都一目了然，既节省了时间，又避免了诱惑。不会因为漫无目的地东张西望，而一时冲动购买那些吸引你眼球的食物。

扫一扫，直接观看
酸菜小笋肉末的烹调视频

避免购买大品牌的产品

普通牌子的商品在有些时候会被误认为品质不好，但是在你做出决定前，查看一下标签，你会发现它们含有同样的甚至含有比知名品牌产品更多的营养成分，它们的价格却便宜很多。

在特价出售时购买

搜寻特价商品，尤其是瘦肉、鸡肉和鱼这些你经常使用的食物，因此而节省下来的开支相当可观。回家后，你可以将它们冷冻起来以备日后食用。

肉类只要新鲜就好

挑选肉类时，只要新鲜就是美味的保证。比如，买鸡肉不一定要选较贵的放山鸡或乌骨鸡，选肉鸡较便宜，口感也不错呀！猪肉不一定得选黑毛猪，一般的肉类只要按个人喜好的口感挑选，一样可以做出超好吃的家常菜，有时运用便宜的火锅肉片也能做出好味道呢！

炖煮多用电饭锅

做菜时最耗燃气，尤其是炖煮需要长时间开着火，像这类炖煮的菜改用电饭锅来烹煮，油烟少，也较健康，可以节省不少燃气费。

常备干货方便又经济

广义的干货可指干香菇、虾米、海苔、干贝、香松或冬粉、米粉之类的食物。干货因为经过特殊干燥处理，可以长时间放置。想要菜肴加味，或是增添饱足感，用干货搭配新鲜食材——想要迅速又美味地吃一餐也可以这么简单！

用绞肉代替完整肉块

想要餐餐桌上有肉，又担心荷包扁扁。别担心，可买一大包绞肉，再按一次所需分别包装到小袋内冷冻，需要时取出解冻，炒饭、做菜以及做卤肉都可以。如果口味吃腻了，也可变换鸡肉或是牛肉做绞肉，可让你享用美食的同时兼顾钱包。

扫一扫，直接观看
凉拌西蓝花的烹调视频

既健康又省钱的饮食计划

节约的根本就是要珍惜东西和钱！对于饮食，能用的东西要物尽其用，能自制的东西就要自己动手！很多时候，即使少花钱或者不花钱，也可以做出一桌丰盛而可口的饭菜。如果能够灵活运用购物及烹饪的技巧，伙食费和电费会相辅相成地减少一大截。

有计划地吃出健康

省钱的首选方式是，根据菜单计划来拟定相应的食物购买清单。如果你没有菜单计划而是随心所欲地在超市里选购食物，你有可能会购买到那些只是你想但并不一定需要或者昂贵的东西。如果你已经有了菜单计划和食物购买清单，购物的时候就显得轻而易举了。你可以确切地知道你所要购买的食物，而且还可以节省时间。这样一来，你就不需要每天都去超市了。在你去购物之前，先好好研究一下你的菜单。你同样可以对你的餐费做一个小小的预算，或者利用每周超市特价的时候去购买，就能省更多的钱了。

做素食餐

每周至少要吃一次素食餐，这是使你在日常饮食中摄入更多蔬菜的最好方式，同时也能省下买肉的钱。但是要注意吃素食并不等于获得了健康，要选择有利于健康的营养食谱。多吃用豆类如豌豆、小扁豆等蔬菜烹饪的菜肴，而且不要放入太多动物脂肪类配料（如猪油、奶酪或奶油酱汁）。

自己烘烤一些食品

试着自己烘烤一些面包、饼干、蛋糕和甜点等以备招待客人的时候食用，以此代替去超市购买。

烘烤食品不仅营养丰富，更具有其他食品难以比拟的加工优势。可以说，其过程既是一种生活的体验，更是一门艺术的升华；既锻炼了身体，放松了心情，又创造出了诱人的美味，何乐而不为呢？

自己在家里烘烤出来的食物比在商店里买的更有营养价值，这不但能培养动手能力，而且还可以把付给商店的烘烤费节省下来，经过一段时间后，你便会发现省下的钱又足够你美滋滋地享受一阵子了。自己烘烤的一个优势就是，你可以用更健康的原料来烹制食品，以最大程度改善其营养价值。如果你有足够多的时间，你可以烘烤大量的食品并对其做保鲜处理，以备日后所需。这样你就为自己准备了充足的富含营养的点心，而且里面不含添加剂和其他令人讨厌的成分。

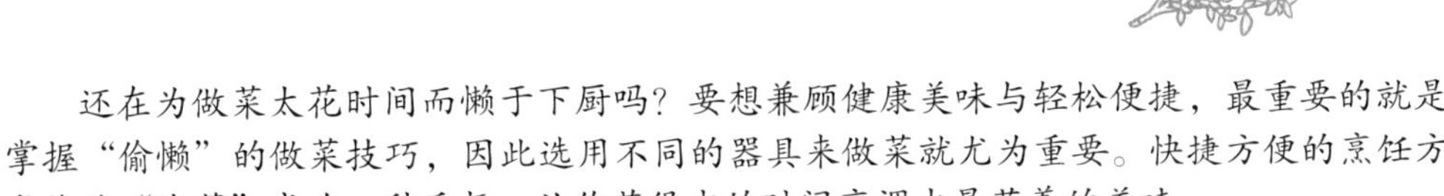

选好器具做菜省时又省力

还在为做菜太花时间而懒于下厨吗？要想兼顾健康美味与轻松便捷，最重要的就是掌握“偷懒”的做菜技巧，因此选用不同的器具来做菜就尤为重要。快捷方便的烹饪方式能使“烧菜”成为一种乐趣，让你花很少的时间烹调出最营养的美味。

全能微波炉做菜很简单

全能微波炉预设了多款菜系烹饪快捷键，并且根据不同的年龄阶段的用餐标准预设了不同的菜单，可以同时满足老人、孩子、孕妇等对菜肴的需求。

使用干净方便的微波炉做菜，免受油烟、蒸气之苦；用微波炉做菜比传统烹调放盐少，有益于身体健康；用微波炉做菜省时省力，可以边吃边做，丰富多样，休闲自得。

烤箱做菜省时方便

用烤箱做菜是很容易的，干净没有油烟，简单得只要记住烘烤的时间就可以搞定，而且可以尽可能减少添加剂的使用，非常健康。

只要将材料处理好，确认烘焙时间以及温度即可，完全不必担心火候、烹调方法等问题。用烤箱做菜省时方便，饭后的清洁工作量也小。

做菜好帮手——砂锅

大家都知道，砂锅菜好做，而且又没有油烟的侵袭，既可煮粥、又可煲汤、亦可荤素搭配，集多种营养于一锅，省时省力又健康，是一种不可多得的优秀烹调方式。普通的三口之家，平时做菜肯定比较简单，一次炒六七种菜更是可能性不大。但是用砂锅就不同了，可以把许许多多的荤素混放在一起，成就一道丰富的砂锅菜。

省时的厨房攻略兵器——高压锅

使用高压锅做饭菜，不仅能够保持饭菜的营养，而且省时，只需要把备好的材料放入锅内即可，非常适合用于对付那些费时费功夫的骨头大肉。

高压锅作为家庭主妇们的好帮手，为家庭烹饪美食立下了汗马功劳。其实很多人不知道，妙用高压锅还能最大程度地保护食物的营养。高压锅的用途也非常广泛，但无论是用来煲各种难煮熟的食材，还是快速熬粥、煮饭，它都是厨房常备的缩短烹饪时间的利器。所以，要快速烹饪出某些美食，怎么能忽略了高压锅呢！

扫一扫，直接观看
湖南夫子肉的烹调视频

做菜省时诀窍

我们每天花在做饭上的时间是不容忽视的，做一顿晚饭通常需要花一两个小时。我们除了工作，每天在填饱肚子上还要花费这么多时间，实在是太浪费了。以下的一些做菜省时秘诀，就可以让各位省下许多宝贵的时间。

空闲时准备好各种调料汁

做菜最常用的几种调料汁，买得到的买，买不到的自己一次配好装罐放冰箱保存，这样比起每次做菜重新配料要省时间，一般原料倒入油锅，淋上适量的调料汁，菜就成了，多快捷简便啊。

肉买来一次性切好

肉通常是切片或切条，有时也可切块。买来一周的肉，一部分切片，一部分切条，全部一起切好，分装成小袋，每次做饭掏出一袋解冻后就可下锅了。所谓长熬不如短痛，一次把手腕切肿可换来一周的轻松，值！而且一次切完在总时间上绝对是小于单次时间累积的。

肉菜事先腌好

第二天要做的肉菜可以前天晚上就腌好，一来比较入味，二来可以省去第二天腌制的时间。有些肉菜可以一次性多做一点冷冻起来，可以吃上几周时间，如各类烤肉，盐水鸡等。

合理安排好做菜的顺序

每次做菜，应该安排好做菜的顺序，做到统筹兼顾。这样可省下不少的时间。比如说先炒青菜再做肉菜。所谓“磨刀不误砍柴工”，有步骤地安排好做饭的细枝末节，那么每天就可以轻轻松松地做出既营养又美味的饭菜了。

做菜的顺序其实也是一门小小的学问，有些食材易熟，有些食材需要经过几个小时的烹饪才能熟。特别是在冬季，烹饪的顺序更加重要，因为如果先做了易熟的食材，那么等难熟的食材熟后，那道易熟的菜可谓是喝足了西北风，只有重新热一遍了。

在条件允许的情况下，而所要准备的菜肴比较多的话，就要事先备好食材，按照所需烹饪时间来归类好，然后有条不紊地安排进行烹饪，以免到时候手忙脚乱，事倍功半。

扫一扫，直接观看
肉末南瓜土豆泥的烹调视频

常见食材预处理分步图解

猪肉切末

扫一扫，看看
猪肉的多种切法

成品图展示

1.取一块洗净的猪肉，沿着边缘切碎块。

2.将整块猪肉切成均匀的碎块，再剁成末即可。

猪皮切条

扫一扫，看看
猪皮的多种切法

成品图展示

1.将备好的猪皮对半切开。

2.左手按住猪皮，右手用直刀法切猪皮，均切成条状。

火腿肠切丁

扫一扫，看看
火腿肠的多种切法

成品图展示

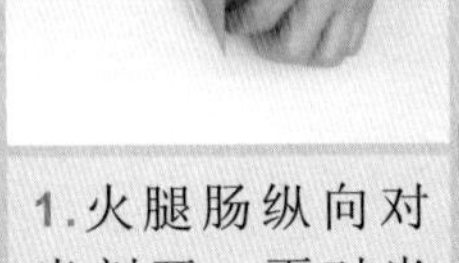

1.火腿肠纵向对半剖开，再对半切成均匀的条。

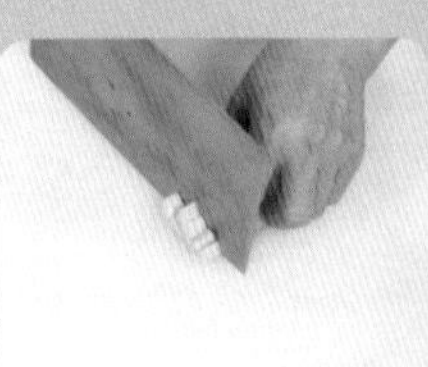

2.把火腿条摆放整齐，将火腿肠切成均匀的丁即可。

牛肉切丝

扫一扫，看看
牛肉的多种切法

成品图展示

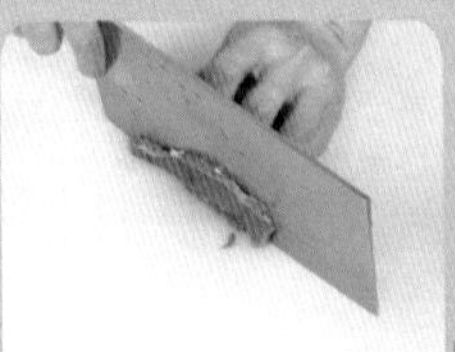

1.取一块洗净的牛肉，沿着边缘切薄片。

2.将整块牛肉切成薄片，再将薄片切成丝即可。

扫一扫，直接观看
清蒸冬瓜生鱼片的烹调视频

鸡翅切块

扫一扫，看看
鸡翅的多种切法

成品图展示

1.取洗净的鸡翅，在如图所示的位置下刀，切块。

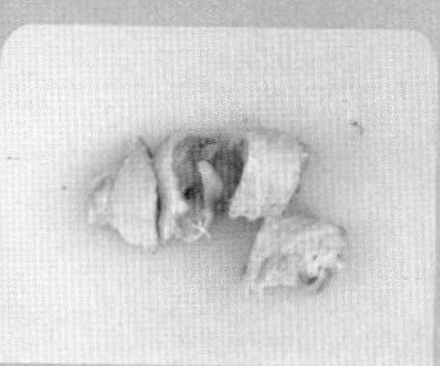

2.依次切均匀的块，余下鸡翅同样地切完即可。

鸡腿脱骨

扫一扫，看看
鸡腿的多种切法

成品图展示

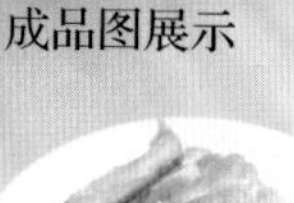

1.鸡腿中间竖切一刀，上端的肉切开，剥开鸡肉。

2.用刀背把下部骨头切断，把骨头切除即可。

草鱼切片

扫一扫，看看
草鱼的多种切法

成品图展示

1.鱼肉用平刀去除排骨刺，肉修整齐。

2.用斜刀将鱼肉片成均匀的片状。

虾切球

扫一扫，看看
虾的多种切法

成品图展示

1.用手掐掉虾头，剥虾壳。

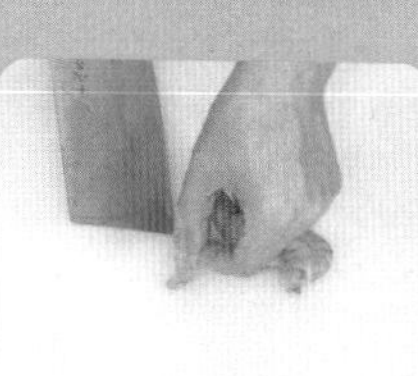

2.掐掉虾的尾巴，切开虾背，用开水汆烫成球状。

扫一扫，直接观看
XO酱炒莲藕的烹调视频

椒丝炒蛋

制作时间	专家点评	适合人群
3分钟	补血养颜	女性

|材料| 鸡蛋1个，青椒适量

|调料| 盐3克

|做法| ①青椒洗净，去籽后切丝。②锅内油烧热，将青椒丝爆出香味。③将鸡蛋打入碗中。④鸡蛋打匀后放入盐、青椒丝拌匀，再入油锅炒熟即可。

|小贴士|

挑选鸡蛋时，可用左手握成圆形，右手将蛋放在圆形末端，对着日光透射，新鲜的鸡蛋呈微红色，半透明状态，蛋黄轮廓清晰。

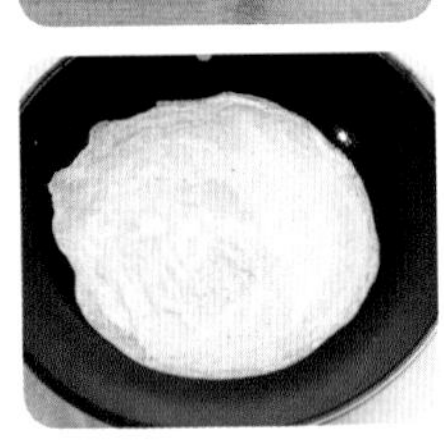

金针菇炒鸡蛋

制作时间	专家点评	适合人群
5分钟	防癌抗癌	一般人

|材料| 金针菇300克，鸡蛋2个，红椒30克

|调料| 盐3克，葱适量

|做法| ①金针菇洗净后去头尾；红椒洗净后切丝；葱洗净后切段。②鸡蛋打入碗中，搅拌均匀。③锅内油烧热，将鸡蛋摊成蛋皮，取出后切成丝。④锅加油烧热，放入红椒丝、葱段、金针菇爆炒熟，下蛋丝炒匀，撒盐调味即可。

扫一扫，直接观看
香菇肉酱烧豆腐的烹调视频

五色炒蛋

制作时间	专家点评	适合人群
5分钟	开胃消食	儿童

|材料| 鸡蛋1个、火腿、玉米[illegible] 胡萝卜、毛豆仁、[illegible]

|调料| 盐3克[illegible]

|做法| ①将[illegible]发洗净后切丁；玉米粒、毛豆仁洗净。

②鸡蛋打入碗中，搅拌均匀。

③将切好、洗净的食材放入装有鸡蛋的碗中。

④撒适量盐调味，搅拌后入油锅翻炒至熟即可。

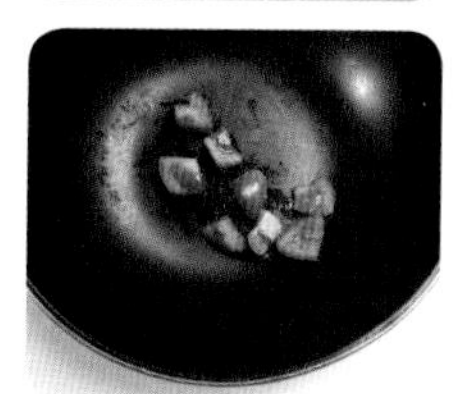

西红柿木耳炒蛋

制作时间	专家点评	适合人群
8分钟	补血养颜	女性

|材料| 鸡蛋1个，菠菜200克，西红柿300克，木耳30克

|调料| 盐3克

|做法| ①西红柿洗净后切块；木耳泡发洗净后切丝；菠菜洗净切段。

②取碗，将鸡蛋打入碗中。

③锅内油烧热，下西红柿翻炒片刻。

④将西红柿、菠菜、木耳丝放入蛋液中，加适量盐搅拌，再入油锅翻炒至熟即可。

扫一扫，直接观看
肉末炒青菜的烹调视频

辣椒拌皮蛋

制作时间	专家点评	适合人群
7分钟	开胃消食	男性

|材料| 皮蛋2个，青、红椒各50克

|调料| 盐3克，醋、香油、蒜各适量

|做法| ①皮蛋去壳后切块；青、红椒洗净后切丝；蒜洗净后切末。

②取小碗，放入盐、醋、香油、蒜末、青红椒丝拌成调味汁。

③皮蛋摆好盘后，将腌渍的青红椒丝摆在皮蛋上。

④最后将调味汁淋在皮蛋上，腌渍5分钟即可。

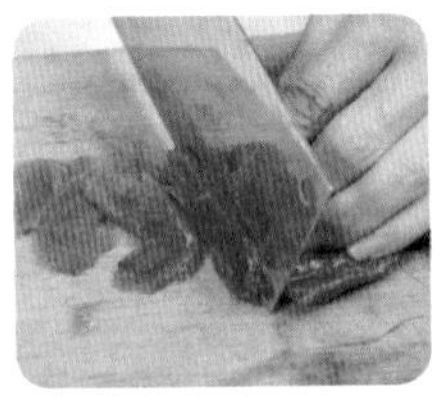

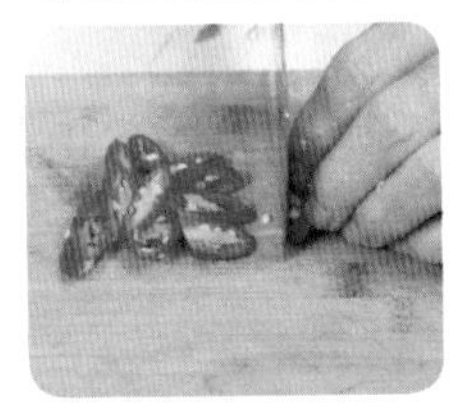

洋葱牛肉

制作时间	专家点评	适合人群
10分钟	增强免疫	一般人

|材料| 牛肉400克，洋葱100克，红辣椒40克

|调料| 盐3克，酱油适量，香菜15克

|做法| ①将牛肉仔细洗净，切成均匀的细丝。

②洋葱洗净，也切成细丝备用。

③红辣椒洗净，分别切条和切碎。

④油锅烧热，放入牛肉、洋葱、红椒翻炒，调入盐和酱油，加少许水煮开，撒上香菜炒熟即可。

扫一扫，直接观看
酱小青瓜的烹调视频

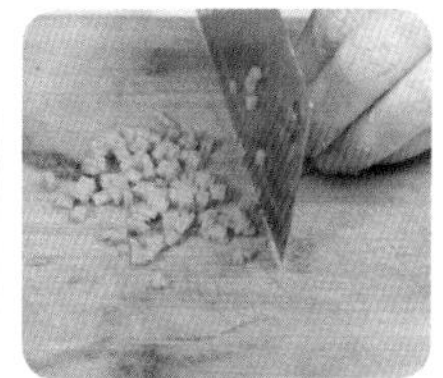

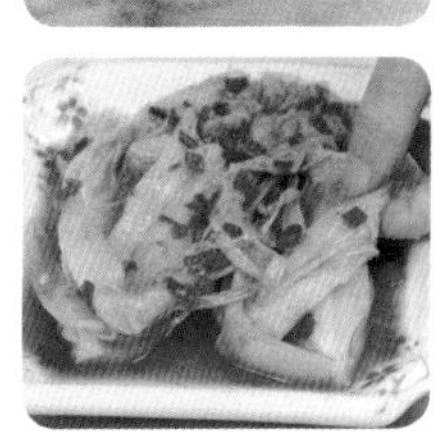

泡白菜

制作时间	专家点评	适合人群
20分钟	开胃消食	一般人

|材料| 大白菜400克，胡萝卜200克，洋葱100克，红辣椒20克

|调料| 盐5克，蒜泥、姜泥、辣椒酱各适量，辣椒粉10克

|做法| ①将大白菜洗净，竖切成四等份。

②将胡萝卜去皮洗净，切丁。

③洋葱洗净，切丁；红辣椒洗净，切碎。

④大白菜、胡萝卜、洋葱入沸水焯烫片刻，捞起入碟，放上调料拌匀，腌渍一段时间即可。

芹菜炒豆渣

制作时间	专家点评	适合人群
25分钟	提神健脑	一般人

|材料| 豆渣、芹菜梗各200克，胡萝卜100克，熟花生米50克

|调料| 盐3克，香菜15克

|做法| ①将胡萝卜去皮洗净，切丁；芹菜梗洗净，切丁；熟花生米碾碎；香菜洗净，切段。

②将豆渣用纱布包好，放入沸水中煮片刻，捞起，挤干水分。

③净锅上火，倒油加热，放入豆渣、胡萝卜、芹菜梗、调入盐，翻炒至熟。

④然后起锅倒入碗中，最后撒上花生米、香菜，即可食用。

扫一扫，直接观看
辣拌芹菜的烹调视频

开胃包菜梗

制作时间	专家点评	适合人群
8分钟	开胃消食	一般人

|材料|包菜梗300克，桂花蜜糖30克

|调料|盐3克，糖5克，辣椒油、香菜各15克

|做法|①包菜梗、香菜均洗净切段。

②锅置火上，倒入适量清水，烧沸，放入包菜梗焯烫，捞起，沥干水。

③把已焯烫的包菜梗放入碗中，调入盐和糖，拌匀。

④再倒入适量桂花蜜糖和辣椒油，充分搅拌，最后撒上香菜即可。

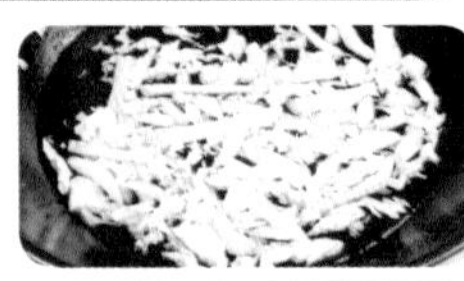

|小贴士|

包菜在食用时，会有一种特殊的气味，去除的方法是在烹调时加些韭菜和大葱，用甜面酱代替辣椒酱，经这样处理，包菜可变得清香爽口。

扁豆炒香菇

制作时间	专家点评	适合人群
10分钟	增强免疫	一般人

|材料|扁豆300克，水发香菇100克

|调料|盐3克

|做法|①将扁豆洗净，放入沸水中焯熟，捞起，沥干水；水发香菇洗净，切丝。

②将扁豆切成丝，盛于盘中。

③再调入适量盐，拌匀腌渍5分钟至入味。

④净锅上火，倒油加热，放入香菇，加盐，炒熟，最后倒在扁豆丝上即可。

|小贴士|

扁豆越老，皂苷就越多。特别是未经过霜打的鲜扁豆，含有大量皂苷与血球凝集素，食用时若没有熟透，则可能会中毒。烹饪前，应择净扁豆的两端及荚丝，这些部位所含毒素最多，还应将豆筋择除。

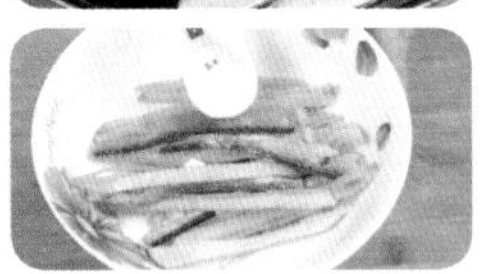

扫一扫，直接观看
蒜蓉泥蒿的烹调视频

腌香菇柄

制作时间	专家点评	适合人群
5分钟	防癌抗癌	一般人

|材料| 香菇柄200克

|调料| 盐3克，辣椒油适量

|做法| ①将鲜香菇柄洗净，切去头尾。

②锅置火上，倒水烧沸，放入香菇柄焯熟，捞起，盛于碗中。

③接着调入适量盐，拌匀。

④再倒入适量辣椒油，充分搅匀，即可食用。

|小贴士|

①香菇中含有丰富的麦角甾醇，这种物质在接受阳光照射后会转变为维生素D。如果用水浸泡或清洗过度，就会损失麦角甾醇等营养成分。②香菇与西蓝花同时食用，能提供丰富的维生素和多种人体所必需的氨基酸，可有效改善人体内分泌系统。

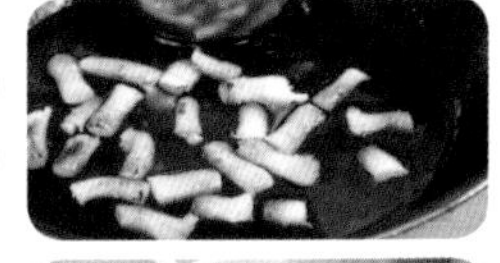

红椒芥蓝

制作时间	专家点评	适合人群
5分钟	养心润肺	一般人

|材料| 芥蓝500克，红椒20克

|调料| 盐3克，酱油适量，淀粉适量

|做法| ①将芥蓝洗净，对半切开；红椒洗净，去籽切丝。

②烧沸半锅清水，倒入芥蓝，焯水至断生，然后捞出，盛于盘中。

③用酱油、盐调成滋汁。

④净锅上火，倒入滋汁、油、淀粉水，烧热，起锅淋于芥蓝上即可。

|小贴士|

芥蓝中含有有机碱，这使它带有一定的苦味，能刺激人的味觉神经，增进食欲，还可加快胃肠蠕动，有助于消化。

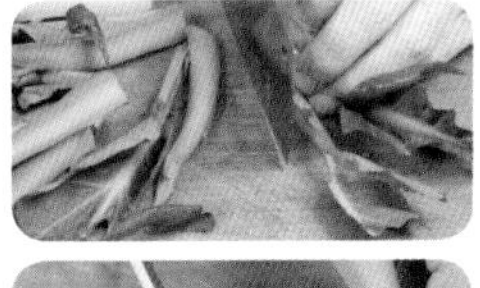

白菜头炒芥蓝

制作时间	专家点评	适合人群
5分钟	养心润肺	一般人

|材料| 白菜头、芥蓝茎各300克，白芝麻30克

|调料| 盐3克，辣椒油适量

|做法| ①将白菜头洗净，切片；芥蓝茎洗净；白芝麻入锅中炒香备用。

②烧沸适量清水，放入白菜头、芥蓝茎焯烫断生，捞起，盛于碗中。

③接着倒入辣椒油、盐，拌匀。

④再撒入白芝麻，充分搅匀，即可食用。

|小贴士|

芝麻营养丰富，能抑制胆固醇、脂肪的吸收，并具有抗癌、补脑效果。

胡萝卜拌莴笋叶

制作时间	专家点评	适合人群
6分钟	增强免疫	一般人

|材料| 莴笋叶500克，蒜30克，胡萝卜100克

|调料| 盐3克，香油适量

|做法| ①将莴笋叶洗净，切段；胡萝卜洗净，去皮切丝。

②将蒜去皮洗净，切碎。

③烧开适量清水，放入莴笋叶焯烫断生，捞起，盛于盘中。

④再倒入香油、蒜，拌匀，撒上胡萝卜丝，即可食用。

|小贴士|

莴笋叶中含有一种芳香烃羟化酯，可减少癌症的发生。

扫一扫，直接观看
雪里蕻炒年糕的烹调视频

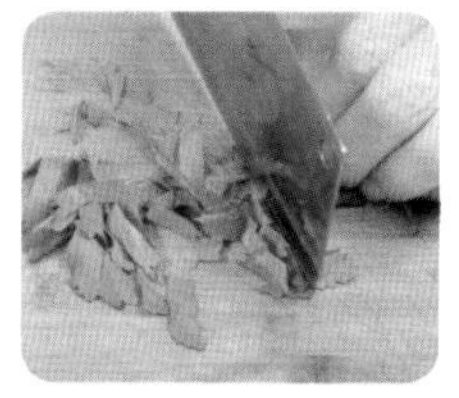

芹菜叶饼

制作时间	专家点评	适合人群
6分钟	防癌抗癌	一般人

|材料| 芹菜叶200克，鸡蛋2个，面粉、黑芝麻各100克

|调料| 盐3克，香菜8克

|做法| ①将芹菜叶洗净，切碎；黑芝麻入锅炒香备用；香菜洗净，切段。

②取出一个碗，倒入面粉、芹菜叶，打入鸡蛋，调入盐，充分搅匀。

③锅中放适量油烧热，倒入面糊，把芹菜叶饼煎至两面金黄。

④把煎熟的芹菜叶饼装盘，最后撒上黑芝麻和香菜，即可食用。

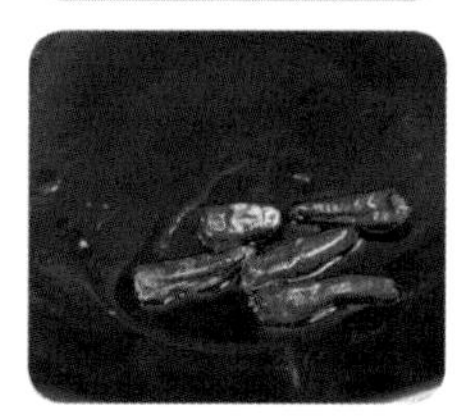

干椒炝萝卜

制作时间	专家点评	适合人群
8分钟	防癌抗癌	老年人

|材料| 白萝卜300克，干辣椒20克

|调料| 盐3克，香菜15克

|做法| ①将白萝卜洗净，取其皮切块；干辣椒洗净；香菜洗净，切段。

②把萝卜皮放入碟子里，撒上盐，腌渍片刻。

③净锅上火，倒入油加热，先放入干辣椒爆香。

④再倒入萝卜皮同炒，放入适量盐，炒熟，最后撒上香菜即可。

扫一扫，直接观看
芹菜腊肉的烹调视频

胡萝卜炒黄瓜皮

制作时间	专家点评	适合人群
6分钟	补血养颜	女性

|材 料| 黄瓜300克，胡萝卜300克

|调 料| 盐3克，大蒜5克

|做 法| ①将黄瓜洗净，取皮，将皮切成小段；胡萝卜去皮洗净，切片；大蒜去皮，剁碎。

②锅置火上，倒入适量清水烧开，放入黄瓜皮和胡萝卜焯烫片刻，捞起，沥干水。

③净锅上火，倒入油加热，爆香蒜蓉，放入已焯烫的胡萝卜和黄瓜皮，翻炒片刻。

④再调入盐，炒匀至熟，装盘即可。

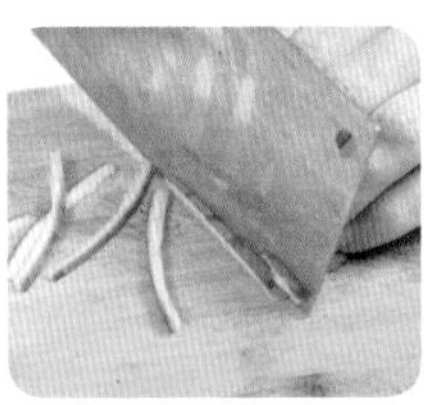

瓜皮炒瘦肉

制作时间	专家点评	适合人群
9分钟	排毒瘦身	女性

|材 料| 瘦肉300克，西瓜皮100克，红辣椒30克

|调 料| 盐3克，酱油适量

|做 法| ①将西瓜皮、瘦肉、红辣椒均洗净，切成细丝。

②锅中加水烧沸，将西瓜皮、红辣椒、瘦肉一起下入沸水中汆烫后，捞出沥水。

③净锅上火，倒入油加热，放入瘦肉、西瓜皮、红辣椒翻炒。

④然后调入酱油和盐，炒匀，待炒至汁收干，装盘即可。

扫一扫，直接观看
西瓜翠衣拌胡萝卜的烹调视频

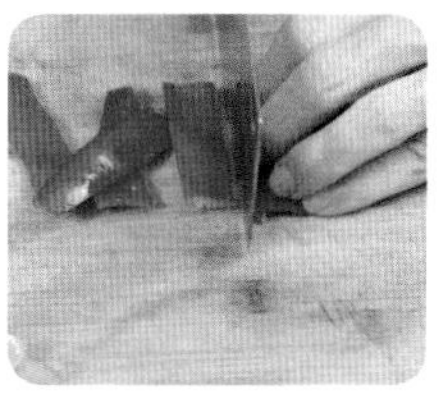

辣椒烧西瓜皮

制作时间	专家点评	适合人群
8分钟	排毒瘦身	女性

|材料| 西瓜皮300克，青、红椒各30克

|调料| 盐3克

|做法| ①将西瓜皮洗净，切条；青、红椒洗净，去籽切条。

②锅中油烧热，放入西瓜皮和青、红椒炸香，捞起，沥干油。

③再净锅上火，倒入已炸好的西瓜皮和青、红椒，调入盐，翻炒。

④待炒熟后，装盘即可。

|小贴士|

西瓜皮有消暑去火的功效，比西瓜肉还强，寒气又没有瓜肉重。

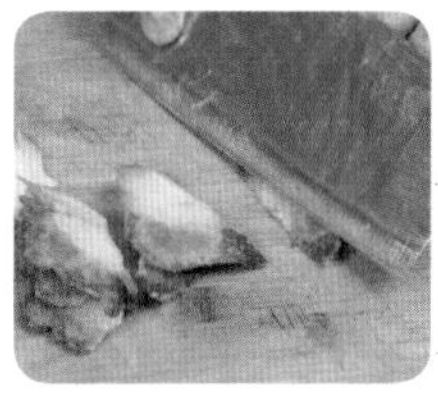

腊肉饺子皮

制作时间	专家点评	适合人群
10分钟	开胃消食	一般人

|材料| 饺子皮、胡萝卜各100克，腊肉300克，红辣椒20克

|调料| 盐3克，酱油、葱花、姜各适量

|做法| ①将腊肉洗净，切片；胡萝卜去皮洗净，切片；红辣椒洗净，切圈；姜去皮洗净，切片。

②烧沸半锅清水，先倒入腊肉汆烫片刻，捞起，沥干水。

③热油锅，下饺子皮炸至金黄捞出。

④锅中留少许油，放入腊肉、饺子皮、胡萝卜、姜翻炒，下酱油和盐炒匀，撒上红椒、葱花。

扫一扫，直接观看
番茄疙瘩汤的烹调视频

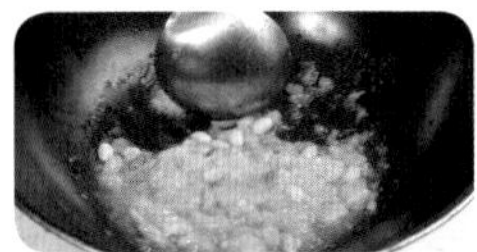

四色猪皮冻

制作时间	专家点评	适合人群
40分钟	补血养颜	女性

|材料| 冻猪皮400克，青豆、花生、豆腐各100克，枸杞30克

|调料| 盐3克，八角15克

|做法| ①沸水中放入洗净的猪皮和八角，待猪皮煮熟捞起，刮去肉皮油脂；青豆、枸杞、花生、豆腐洗净。

②锅加水，下猪皮熬至熟烂，倒入碗中冻凝；另起锅入油加热，放青豆、枸杞、花生、皮冻同煮。

③将豆腐切丁，并放入锅中同煮，调入盐，拌匀。

④待猪皮冻煮至入味，起锅倒入盘子中即可。

剩馒头炒鸡丁

制作时间	专家点评	适合人群
6分钟	开胃消食	一般人

|材料| 剩下的馒头、虾仁各300克，鸡丁200克

|调料| 盐3克，香菜20克

|做法| ①将剩馒头切块；虾仁、鸡丁洗净；香菜洗净，切段。

②锅中放油烧热， 先放入馒头炸至金黄色，捞起，沥干油。

③接着锅中留少量油，倒入炸馒头、虾仁、鸡丁，翻炒片刻。

④调入盐，炒匀，撒上香菜，装盘即可。

|小贴士|

用左手的3个指头捏住虾的头部，右手的2个指头捏住虾的尾部，将虾身向背颈部一挤，虾仁即脱壳而出。

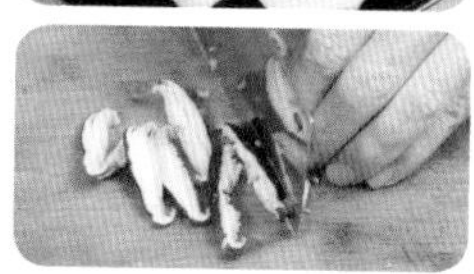

鱼香柚皮

制作时间	专家点评	适合人群
30分钟	开胃消食	儿童

|材料| 柚子皮300克，水发香菇200克，红椒20克

|调料| 葱花、蒜、酱油、醋、糖、盐各适量

|做法| ①柚子洗净削皮，取白色内皮待用；红椒洗净，去籽切丝；蒜去皮洗净，切片。

②烧沸半锅清水，放入柚子皮，约煮20分钟；将盐、酱油、醋、糖调匀成鱼香汁备用。

③筷子能捅穿皮时即可捞起，再用水浸泡挤压几个来回，挤出水分，切成条状。

④香菇洗净切条；柚子皮、香菇、红椒、蒜放入油锅中翻炒，调入鱼香汁炒匀，撒上葱花即可。

肉末炒柚子皮

制作时间	专家点评	适合人群
8分钟	开胃消食	一般人

|材料| 柚子皮300克，瘦肉200克，胡萝卜100克

|调料| 盐3克，酱油适量，姜、葱花各15克

|做法| ①将柚子皮切成条状；胡萝卜去皮洗净，切条；姜去皮洗净，切条。

②将瘦肉洗净，剁成肉末。

③净锅上火，倒油加热，先放入肉末爆香。

④接着放入柚子皮、胡萝卜、姜，调入酱油和盐，炒匀，最后撒上葱花，装盘即可。

|小贴士|

①柚子中含有一种生理活性物质，叫做柚皮甙，可以降低血液的黏稠度，减少血栓的形成。②用晒干的柚子皮煮水，烧到很浓时取此水热敷冻伤处，可治疗冻疮。

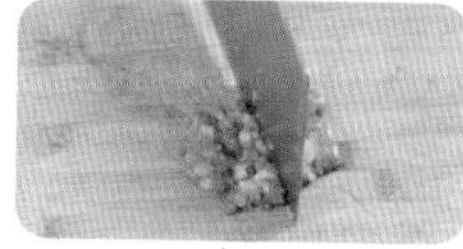

扫一扫，直接观看
山楂玉米粒的烹调视频

香菜豆腐碎

制作时间	专家点评	适合人群
5分钟	防癌抗癌	老年人

|材料| 豆腐400克，红辣椒20克，香菜10克

|调料| 盐3克，葱5克

|做法| ①将豆腐洗净；红辣椒洗净，切圈；香菜洗净，切段；葱洗净，切碎。
②锅中注油加热，先放入红辣椒、葱花爆香。
③接着放入豆腐，边炒边铲碎豆腐。
④再放入香菜，加盐，炒匀，最后撒上红辣椒圈，装盘即可。

|小贴士|
①中医认为，香菜有发汗透疹、消食下气、醒脾和中的作用，主要用于治疗麻疹初期、透出不畅、食物积滞等病症。②香菜辛香升散，能促进胃肠蠕动，具有开胃醒脾、调和中焦的作用。

制作时间	专家点评	适合人群
6分钟	增强免疫	一般人

洋葱炒海带

|材料| 海带、洋葱各300克，胡萝卜、火腿各200克

|调料| 盐3克，香菜15克

|做法| ①将海带、洋葱、胡萝卜、火腿洗净，切条；香菜洗净，切段。
②锅中油烧热，先放入洋葱炒香。
③接着放入胡萝卜继续翻炒。
④再放入海带、火腿，调入盐，炒匀，最后撒上香菜，出锅即可。

扫一扫，直接观看
黄瓜炒鱼皮的烹调视频

花椒炒鱼鳔

制作时间	专家点评	适合人群
7分钟	防癌抗癌	老年人

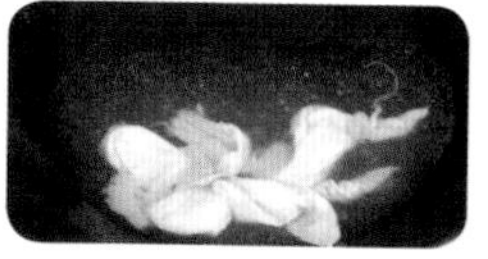

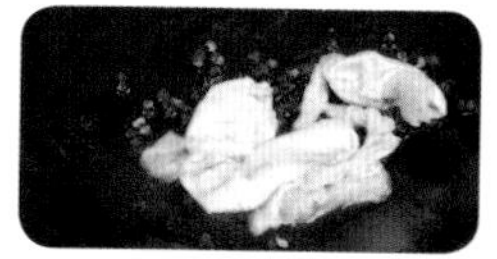

|材料|鱼鳔200克，干花椒20克

|调料|盐3克，辣椒油适量，淀粉15克

|做法|①将鱼鳔洗净，放入沸水中汆烫片刻，捞起，沥干水。

②锅中放少量油烧热，先放入干花椒爆香。

③接着倒入鱼鳔一起翻炒。

④再调入辣椒油和盐，炒匀至熟，最后以淀粉勾芡装盘即可。

|小贴士|

鱼鳔中含有的生物大分子胶原蛋白质，是人体补充合成蛋白质的原料。而富含胶原蛋白质的食物可通过胶原蛋白的结合水，去影响某些特定组织的生理机能，从而促进生长发育，增强抗病能力。

腊八豆蒸鱼鳔

制作时间	专家点评	适合人群
25分钟	防癌抗癌	老年人

|材料|鲜鱼鳔300克，腊八豆30克

|调料|盐2克，辣椒油适量，香菜15克

|做法|①将鲜鱼鳔洗净；香菜洗净，切段；炒锅入油，先放入腊八豆炒香。

②然后将炒好的腊八豆浇盖在鲜鱼鳔上。

③再把鱼鳔放入沸水锅中隔水蒸熟。

④最后另起锅，热油，并把油淋在已蒸熟的鱼鳔上，撒上香菜段即可。

|小贴士|

①腊八豆含有丰富的营养成分，如氨基酸、维生素、功能性短肽、大豆异黄酮等生理活性物质，是营养价值较高的保健发酵食品。②鱼鳔有改善组织的营养状况和加速新陈代谢的作用。

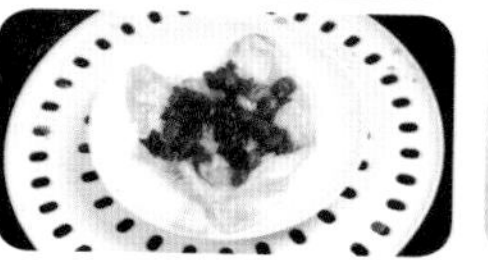

扫一扫，直接观看
鱼骨白菜汤的烹调视频

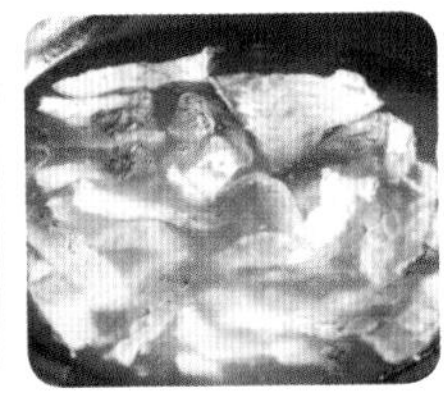

竹笋炒爽鱼皮

制作时间	专家点评	适合人群
8分钟	防癌抗癌	一般人

|材料|鱼皮、竹笋各300克，胡萝卜200克

|调料|盐3克，香菜15克，醋适量

|做法|①将鱼皮洗净，切段；竹笋去皮洗净，切片；胡萝卜洗净，切丝；香菜洗净，切段。

②锅上火，倒入清水烧沸，放入鱼皮汆烫去腥，捞起，沥干水。

③再净锅上火，倒入油加热，放入鱼皮、竹笋、胡萝卜翻炒。

④最后调入盐和醋，放上香菜，炒匀即可。

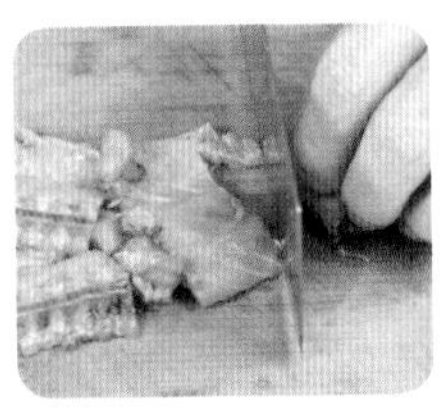

豆腐鱼骨汤

制作时间	专家点评	适合人群
25分钟	增强免疫	一般人

|材料|鱼骨300克，豆腐300克

|调料|盐3克，姜15克，香菜20克

|做法|①将鱼骨洗净，切段；豆腐洗净，切块；姜去皮洗净，切片；香菜洗净，切段。

②锅置火上，倒入适量清水，放入鱼骨、豆腐汆烫片刻，捞起，沥干水。

③净锅上火，倒入适量油烧热，放入鱼骨煎至两面金黄。

④再倒入清水，放入豆腐、姜，待汤煮至奶白色，放上香菜，装盘即可。

扫一扫，直接观看
韭菜虾米炒蚕豆的烹调视频

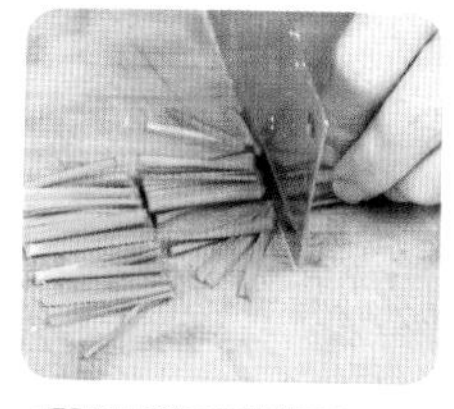

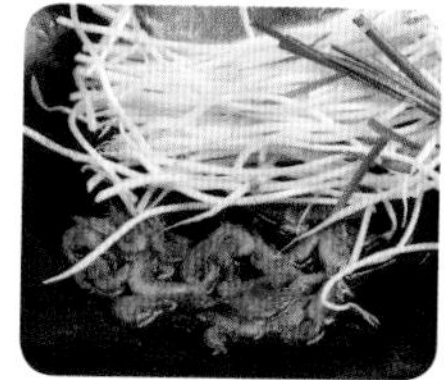

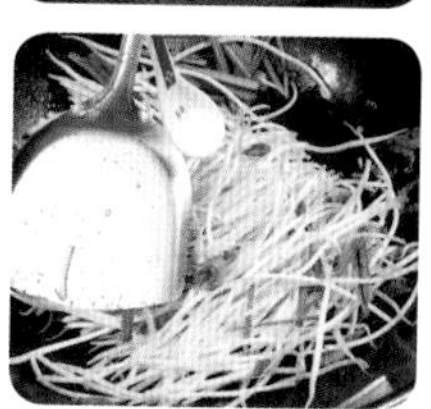

虾米炒韭菜豆芽

制作时间	专家点评	适合人群
6分钟	保肝护肾	男性

|材料| 虾米30克，绿豆芽300克，韭菜50克

|调料| 盐3克

|做法| ①将虾米、绿豆芽洗净；韭菜洗净，切段。

②锅中倒少量油烧热，先放入虾米爆香。

③再放入绿豆芽、韭菜一起翻炒。

④调入盐，炒匀至熟，装盘即可。

|小贴士|

韭菜中的含硫化合物能使黑色素细胞内酪氨酸系统功能增强，进而可以起到消除皮肤白斑、乌发的作用。

虾皮西葫芦

制作时间	专家点评	适合人群
10分钟	养心润肺	一般人

|材料| 西葫芦300克，虾皮100克

|调料| 盐3克，酱油适量

|做法| ①将西葫芦洗净，切片；虾皮洗净。

②烧开适量清水，放入西葫芦焯烫片刻，捞起，沥干水。

③净锅上火，倒入适量油，放入虾皮炸至金黄色，捞起，沥干油。

④锅中留少量油，倒入西葫芦和虾皮，翻炒，再调入酱油和盐，炒匀即可。

|小贴士|

西葫芦有防治糖尿病，预防肝、肾病变，以及消除致癌物突变的作用。

扫一扫，直接观看
蒜蓉空心菜的烹调视频

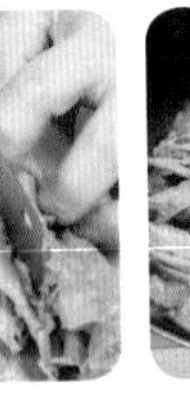

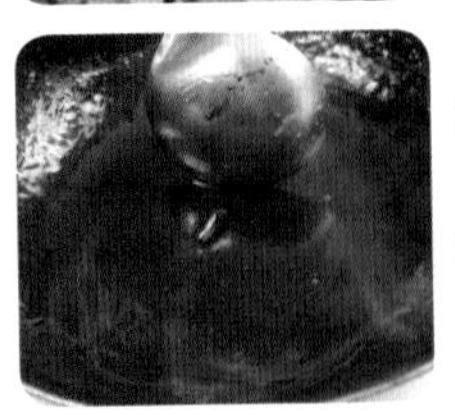

扒生菜

制作时间	专家点评	适合人群
2分钟	降低血压	老年人

|材料| 生菜500克

|调料| 盐1克，蚝油适量

|做法| ①将生菜洗净，切开。
②锅中放水烧沸，放入生菜焯烫断生，捞起，盛于盘中。
③净锅上火，放入蚝油、盐，炒香。
④起锅，把蚝油淋于生菜上即可。

|小贴士|
用蚝油炒生菜除有降血脂、降血压、降血糖、促进智力发育及抗衰老等功效外，还能利尿、促进血液循环、抗病毒、预防治疗心脏病及肝病。

剁椒炒大白菜

制作时间	专家点评	适合人群
2分钟	降低血压	老年人

|材料| 大白菜500克，剁椒30克

|调料| 盐3克，蒜20克

|做法| ①将大白菜洗净，切段；蒜去皮洗净，切末。
②锅上火，烧沸半锅清水，放入大白菜焯烫片刻，捞起，沥干水。
③接着净锅上火，倒油加热，放入蒜末爆香。
④再倒入大白菜、剁椒翻炒，调入盐，炒匀，出锅即可。

扫一扫，直接观看
醋熘紫甘蓝的烹调视频

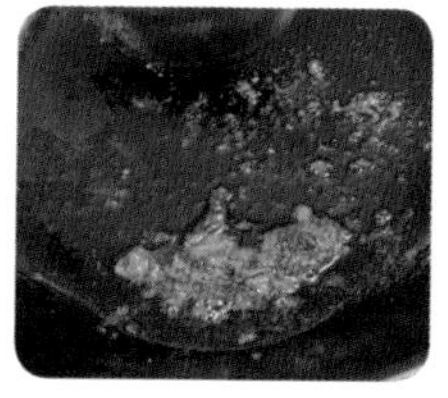

腐乳空心菜

制作时间	专家点评	适合人群
2分钟	开胃消食	一般人

|材料| 空心菜500克，红辣椒、红腐乳各30克

|调料| 盐3克

|做法| ①将空心菜洗净，切去根部；红辣椒洗净，切圈。

②锅置火上，倒入适量清水烧沸，放入空心菜焯烫片刻，捞起，沥干水。

③再净锅上火，倒入油加热，放入红腐乳炒香。

④最后放入空心菜，调入盐，撒上红辣椒，炒匀至熟即可。

蚝油莴笋

制作时间	专家点评	适合人群
3分钟	防癌抗癌	一般人

|材料| 莴笋500克，红辣椒20克

|调料| 盐3克，蚝油适量，葱20克，蒜末20克

|做法| ①莴笋洗净，去皮切片；红辣椒洗净切圈；葱洗净切碎。

②锅置火上，烧开适量清水，放入莴笋焯烫片刻，捞起，沥干水。

③接着净锅上火，倒油加热，放入蒜末爆香，再倒入蚝油。

④最后放入莴笋，调入盐，炒匀，撒上红辣椒、葱末，装盘即可。

扫一扫，直接观看
茄汁莴笋的烹调视频

孜然土豆块

制作时间	专家点评	适合人群
6分钟	排毒瘦身	女性

|材料| 土豆500克，孜然粉10克

|调料| 辣椒粉10克，盐3克，酱油5克

|做法| ①将土豆削皮，切成大小一致的菱形块。

②将土豆块装入盘中，再放入微波炉，用中高火加热5分钟，取出。

③锅中加油烧热，先下孜然粉炒香，再加入土豆块炒匀。

④加辣椒粉、盐、酱油炒熟，盛出即可。

|小贴士|

中医认为，土豆性平味甘，有和胃调中、益气健脾、强身益肾、消炎、活血消肿等功效，可辅助治疗消化不良、习惯性便秘、神疲乏力、慢性胃痛等症。

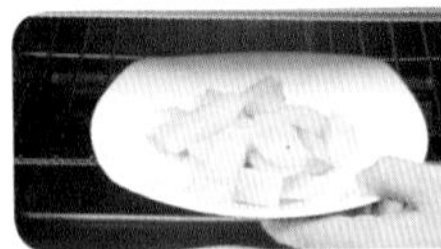
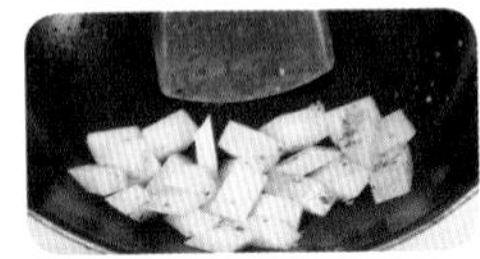

蒸茄子

制作时间	专家点评	适合人群
12分钟	增强免疫	儿童

|材料| 茄子500克，红辣椒30克

|调料| 盐3克，蒜20克

|做法| ①将茄子洗净，切段，盛于盘中；红辣椒洗净，切圈。

②将蒜去皮洗净，切成末。

③将蒜、红辣椒撒在茄子上，加盐，搅匀。

④接着放入电饭煲中，用旺火蒸十分钟左右，出锅即可。

|小贴士|

①茄子皮里面含有B族维生素，B族维生素和维生素C是一对很好的搭档，维生素C在代谢过程中需要B族维生素的支持。②茄子切开后应于盐水中浸泡，使其不被氧化，保持茄子的本色。

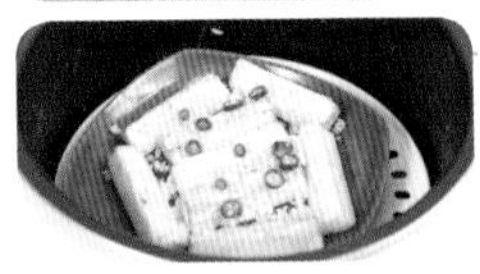

扫一扫，直接观看
素炒三丁的烹调视频

酱醋美味茄子

制作时间	专家点评	适合人群
25分钟	增强免疫	一般人

|材料| 茄子400克

|调料| 盐3克，酱油、醋各适量

|做法| ①将茄子洗净，切成长条。

②然后放入碗中，调入盐、醋，拌匀。

③接着放入微波炉，加热至熟，取出。

④炒锅入油，倒入酱油烧开，最后淋于茄子上，即可食用。

|小贴士|

维生素B是对人体很有用的一种维生素，在所有蔬菜中，茄子中所含有的维生素B最高。而茄子中维生素B最集中的地方是其紫色表皮与肉质连结处。很多人吃茄子时因为嫌茄子的皮太厚，总是将茄子皮削去，其实茄皮是最有营养的地方。因此，食用茄子应连皮吃，不宜去皮。

四色素菜

制作时间	专家点评	适合人群
5分钟	防癌抗癌	老年人

|材料| 花菜、新鲜黄花菜、木耳、香菇各200克，红椒30克

|调料| 盐3克，香菜段20克

|做法| ①花菜洗净切块；黄花菜、木耳、香菇洗净切片，木耳撕成小朵；红椒洗净去籽切块。

②锅中烧开半锅清水，倒入花菜、黄花菜、木耳、香菇焯烫片刻，捞起，盛于碟中。

③然后撒上适量的盐，拌匀。

④接着放入微波炉，用高火加热4分钟即可。

|小贴士|

黄花菜富含卵磷脂，对增强和改善大脑功能有重要作用，对注意力不集中、记忆减退、脑动脉阻塞等症状有特殊疗效。

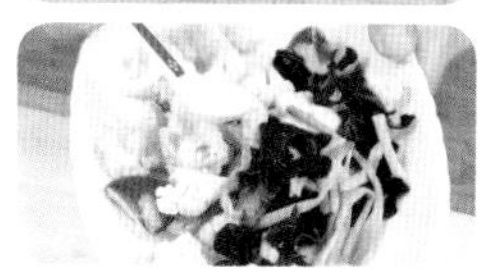

扫一扫，直接观看
卤豆角的烹调视频

烤素菜条

制作时间	专家点评	适合人群
5分钟	排毒瘦身	一般人

|材料| 胡萝卜200克，莴笋200克，土豆200克

|调料| 盐3克，鸡精5克，香菜20克

|做法| ①将胡萝卜、莴笋、土豆去皮洗净，切条，盛于盘中。

②然后调入盐、鸡精和油，拌匀；香菜洗净，切段。

③接着把土豆放入烤箱中先烤片刻。

④再放入胡萝卜、莴笋同烤至熟，取出，放上香菜即可。

|小贴士|

胡萝卜能健脾、化滞，可治消化不良、久痢、咳嗽、眼疾，还可降血糖。胡萝卜的芳香气味是挥发油造成的，能增进消化，并有杀菌作用。

卤草菇

制作时间	专家点评	适合人群
15分钟	防癌抗癌	老年人

|材料| 草菇400克

|调料| 盐、糖、酱油适量，八角、桂皮各10克，葱白20克

|做法| ①将草菇洗净，对半切开；八角、桂皮洗净；葱白洗净，切段。

②水烧沸，下草菇焯烫片刻，捞起沥水。

③然后净锅上火，倒油加热，放入八角、桂皮、葱白爆香。

④再调入酱油、盐和糖炒匀，倒入适量水煮开后，下入草菇卤煮10分钟至收汁即可。

|小贴士|

草菇能消食去热，滋阴壮阳，增加乳汁，防治坏血病，促进创伤愈合，护肝健胃，增强人体免疫力。

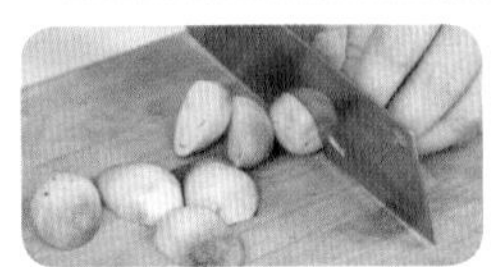

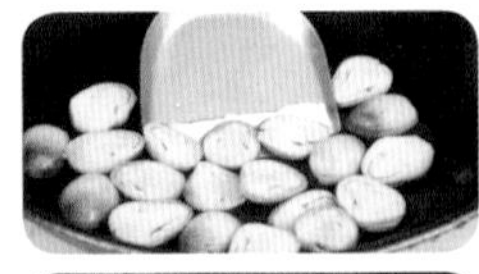

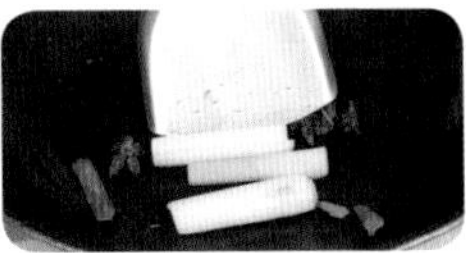

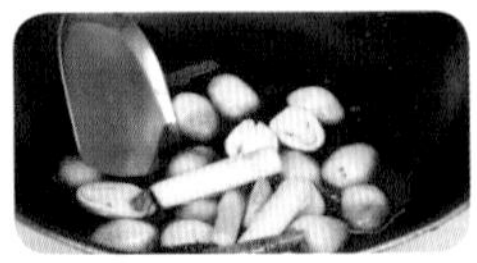

椒香玉米

制作时间	专家点评	适合人群
3分钟	增强免疫	一般人

|材料| 罐头玉米300克，红椒、青椒、黄椒各50克

|调料| 盐3克

|做法| ①烧沸适量清水，倒入玉米焯烫片刻，捞起，沥干水；红椒、青椒、黄椒洗净，切丁。

②接着重新烧沸适量清水，放入红椒、青椒、黄椒焯烫片刻，捞起，沥干水。

③再净锅上火，倒油烧热，放入玉米、红椒、青椒、黄椒同炒。

④最后调入盐，翻炒片刻，装盘即成。

|小贴士|

玉米含有丰富的不饱和脂肪酸，是胆固醇吸收的抑制剂，因而其在防老抗衰、防止动脉硬化方面亦有较好的作用。

胡萝卜扒双冬

制作时间	专家点评	适合人群
4分钟	补血养颜	一般人

|材料| 水发冬菇200克，冬笋、胡萝卜各300克

|调料| 盐3克，酱油适量，香菜20克

|做法| ①水发冬菇洗净去蒂；冬笋、胡萝卜去皮洗净，切片；香菜洗净，切段。

②把冬笋放入碗中，加盐腌渍片刻。

③接着倒入适量清水，放入微波炉中加热片刻，取出，沥干水。

④把冬菇、冬笋、胡萝卜、香菜放入碗中，调入酱油、盐拌匀，封上保鲜膜入微波炉中加热至熟即可。

|小贴士|

冬菇是防治感冒、降低胆固醇、防治肝硬化和具有抗癌作用的保健食品。

扫一扫，直接观看
番茄土豆汤的烹调视频

美味四色豆腐

制作时间	专家点评	适合人群
5分钟	开胃消食	儿童

|材料| 油豆腐、竹笋200克，木耳100克，黄瓜、胡萝卜300克

|调料| 盐3克，酱油5克，醋6克

|做法| ①将油豆腐洗净；竹笋、黄瓜、胡萝卜洗净，切片；木耳洗净，撕成小块。

②将竹笋、胡萝卜放入碟中，放进微波炉加热片刻。

③接着取出，再放上其他原料，调入盐、酱油、醋拌匀。

④再次放进微波炉中，加热至熟，取出即可。

|小贴士|

优质的油豆腐用手捻后能很快恢复原来的形状，充水的油豆腐用力捻时易烂。

制作时间	专家点评	适合人群
22分钟	排毒瘦身	女性

香甜水果羹

|材料| 雪梨、橙、苹果各250克

|调料| 冰糖10克

|做法| ①将雪梨、苹果洗净，去皮核，切块；橙洗净，剥皮，掰成瓣。

②将处理好的雪梨、橙、苹果放入电饭煲中。

③接着倒入适量的清水。

④再放入冰糖，盖锅煮20分钟左右，出锅即可。

扫一扫，直接观看
清蒸茄盒的烹调视频

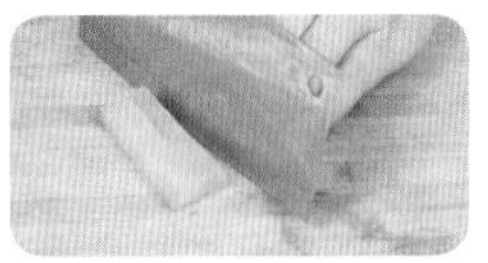

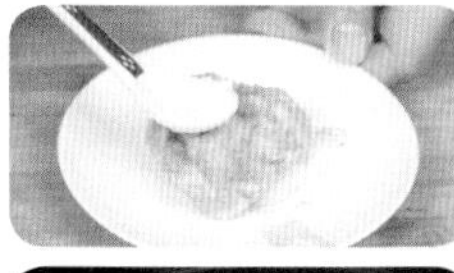

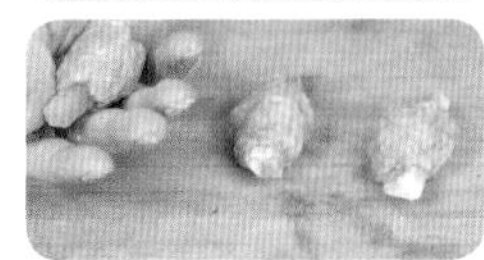

莴笋肉卷

制作时间	专家点评	适合人群
4分钟	增强免疫	一般人

|材 料| 莴笋、肉末各300克

|调 料| 盐3克，淀粉20克

|做 法| ①将莴笋去皮洗净，切条。
②再将肉末放入盐、油和淀粉，拌匀。
③接着用肉末包裹住莴笋，盛于碟中。
④再在碟子中加入适量清水，放入微波炉中加热至熟即可。

|小贴士|
①莴笋中特有的氟元素能改善消化系统，刺激消化液的分泌，能改善因久坐缺乏锻炼引起的食欲不振、消化不良等问题，从而促进食欲。②莴笋中富含的膳食纤维能加速肠道蠕动，加快体内毒素排出体外，有效地预防便秘，具有美体瘦身的功效。

菠菜拌熏肉

制作时间	专家点评	适合人群
6分钟	防癌抗癌	一般人

|材 料| 菠菜400克，熏肉100克

|调 料| 盐3克，酱油5克，醋3克，胡椒粉2克

|做 法| ①将菠菜洗净，切去根部；熏肉洗净，切片。
②将菠菜用保鲜膜包住，放入微波炉中加热至熟，取出，盛于盘中。
③接着将熏肉放在碟子上，再放入微波炉中加热至熟。
④取出熏肉，并放在菠菜上，最后将所有调味料一起搅匀即可。

|小贴士|
菠菜能滋阴润燥、通利肠胃、补血止血。常吃菠菜，还可增强抵抗传染病的能力。

扫一扫，直接观看
番茄肉末蒸日本豆腐的烹调视频

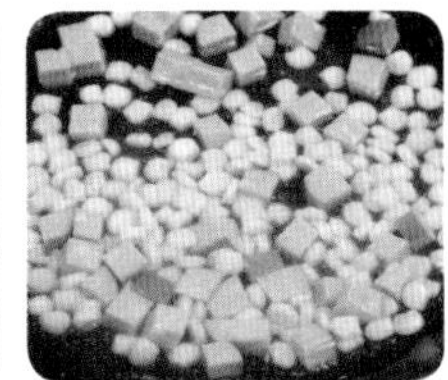
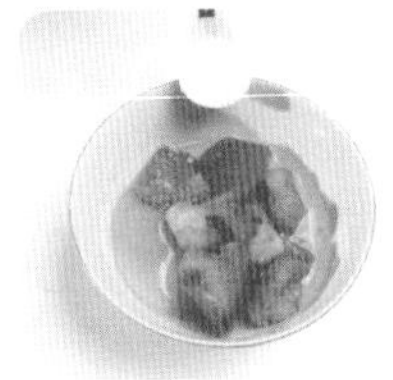

玉米炒火腿肠

制作时间	专家点评	适合人群
4分钟	增强免疫	女性

|材料| 罐头玉米300克，火腿肠、胡萝卜各200克

|调料| 盐3克，香菜15克

|做法| ①将火腿肠洗净，切丁；胡萝卜去皮洗净，切丁；香菜洗净，切段。

②锅上火，倒入适量清水烧开，接着放入玉米、火腿肠汆烫片刻，捞起，沥干水。

③再净锅上火，倒油加热，放入玉米、火腿肠、胡萝卜，翻炒。

④最后调入盐，炒匀，撒上香菜，装盘即可。

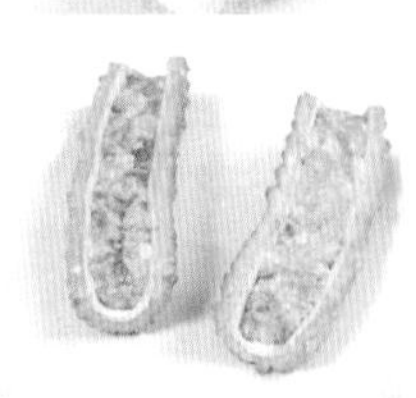

酿苦瓜

制作时间	专家点评	适合人群
5分钟	排毒瘦身	女性

|材料| 苦瓜400克，瘦肉300克，淀粉30克

|调料| 盐3克

|做法| ①将苦瓜洗净，对半切开；瘦肉洗净，剁成末。

②把苦瓜刮去瓜瓤。

③将盐和淀粉放入肉末中，搅拌均匀。

④然后酿入苦瓜中，再放入微波炉中用高火蒸5分钟即可。

|小贴士|

苦瓜性寒味苦，有降邪热、解疲乏、清心明目、益气壮阳之功。糖尿病患者若将苦瓜干随茶同饮，效果奇佳。

扫一扫，直接观看
香菇酿肉丸的烹调视频

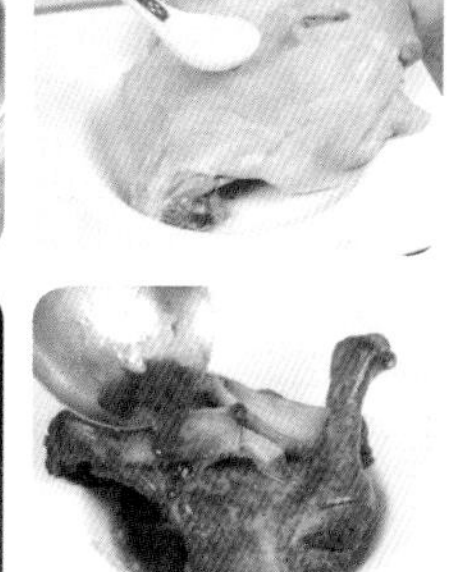

盐焗鸡

制作时间	专家点评	适合人群
25分钟	补血养颜	女性

|材料| 鸡1.5千克，红辣椒20克

|调料| 盐3克，酱油适量，葱白15克，姜20克，香菜15克

|做法| ①鸡治净；红辣椒洗净切圈；葱白洗净切段；姜去皮洗净切片；香菜洗净切段。
②在鸡上撒适量的盐，内外抹匀，倒入适量酱油，腌渍入味。
③把鸡、葱白、姜放入电饭煲，煮至跳起后再保温10分钟，取出盛于碟中。
④热锅注油，倒入酱油、盐，起锅淋于鸡身上，撒上红辣椒、香菜即可。

鸡肉黄瓜卷

制作时间	专家点评	适合人群
6分钟	补血养颜	女性

|材料| 鸡脯肉200克，黄瓜1条

|调料| 盐3克，味精2克，酱油3克，胡椒粉适量

|做法| ①将鸡脯肉洗净，剁成蓉；黄瓜洗净，切成长短一致的长段，再取瓜皮备用。
②将剁好的鸡脯肉蓉装入碗中，加入盐、味精、酱油、胡椒粉调味。
③取黄瓜皮一块，放上鸡脯肉蓉，再在其上盖上一片黄瓜皮，卷起来装盘。
④将做好的鸡蓉黄瓜卷放入微波炉中以高火加热5分钟，至熟即可。

扫一扫，直接观看
青豆烧鸡块的烹调视频

百叶鸡肉卷

制作时间	专家点评	适合人群
20分钟	开胃消食	一般人

|材料| 豆腐皮100克，鸡脯肉200克，淀粉30克

|调料| 盐3克，酱油适量，香菜15克

|做法| ①将鸡脯肉洗净，剁成末；豆腐皮洗净，切成4等份。

②然后将盐、淀粉、油放入肉末中，搅匀。

③接着将肉末放在豆腐皮上，再把豆腐皮卷起。

④电饭煲中加清水，放百叶肉卷蒸熟，最后炒锅中加热酱油，淋于百叶卷肉上，撒上香菜即可。

辣椒鸡翅

制作时间	专家点评	适合人群
15分钟	补血养颜	孕产妇

|材料| 鸡翅400克，青椒30克，红椒30克，干辣椒20克

|调料| 盐3克，香菜15克

|做法| ①将鸡翅洗净，切块；青、红椒洗净，去籽切条；干辣椒、香菜洗净，切段。

②将鸡翅放入碗中，加盐，腌渍入味。

③然后烧沸适量油，放入鸡翅炸至金黄色，捞起，沥干油。

④锅中留少量油，放入鸡翅、青椒、红椒、干辣椒翻炒，再调入盐，炒匀即可。

扫一扫，直接观看
滑嫩蒸鸡翅的烹调视频

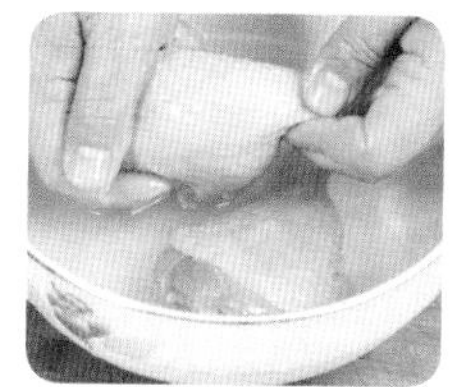

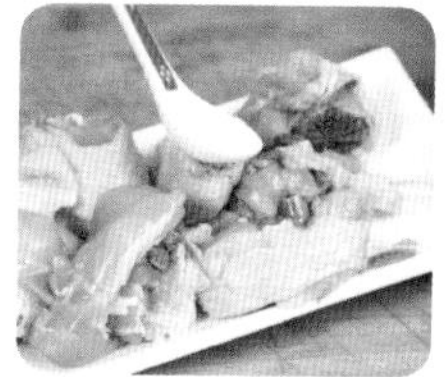

红椒鸡腿

制作时间	专家点评	适合人群
20分钟	增强免疫	女性

|材料| 鸡腿500克，红辣椒20克，葱白30克

|调料| 盐3克，酱油适量，姜30克，香菜20克

|做法| ①鸡腿洗净；红辣椒洗净切圈；葱白洗净切段；姜去皮洗净切丝；香菜洗净切段。

②将鸡腿剁成块，盛于碟中。

③然后撒上盐，抹匀，腌渍入味。

④把鸡腿放入电饭煲中，下姜丝、葱白，调入酱油，蒸熟，撒上红辣椒、香菜即可。

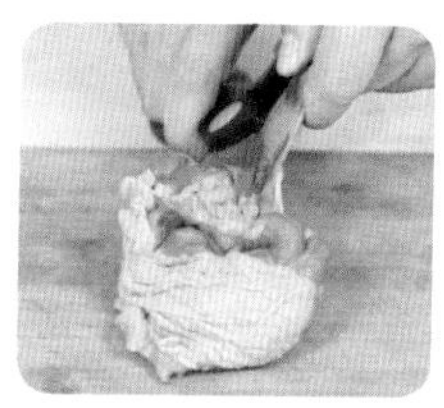

卤鸡腿

制作时间	专家点评	适合人群
25分钟	开胃消食	儿童

|材料| 鸡腿2个

|调料| 八角、桂皮、丁香、盐、酱油、葱白、糖、醋、淀粉各适量

|做法| ①将鸡腿洗净，用剪刀剪开，再剔去骨头。

②再将鸡腿用刀拍松，然后用线扎起来，捆紧。

③锅中加入除糖、醋、淀粉外的调料和适量水烧开，下鸡腿卤煮至熟，捞出装盘。

④炒锅加油烧热，下入糖、醋、淀粉水炒匀，勾芡浇淋于鸡腿上即可。

扫一扫，直接观看
洋葱火腿煎蛋的烹调视频

蒸蛋

制作时间	专家点评	适合人群
8分钟	增强免疫	儿童

|材料| 鸡蛋3个

|调料| 盐2克，葱20克

|做法| ①将鸡蛋打入碗中。
②然后充分打散。
③接着调入盐，加入适量热水，搅匀。
④在电饭煲中倒入水，进入保温状态时，放入鸡蛋蒸熟，出锅时撒上葱花即可。

|小贴士|
选购鸡蛋时，把鸡蛋放在耳边摇一摇，如果有响声，那么鸡蛋很可能已经变质，不能够再食用。另外，保存鸡蛋的时候也要注意，要大头朝上尖头朝下，因为大的那头是鸡蛋的气室，能起到换气窗的作用，能让鸡蛋保持新鲜可以放久一些。

榨菜蛋饼

制作时间	专家点评	适合人群
3分钟	开胃消食	一般人

|材料| 榨菜50克，鸡蛋3个

|调料| 盐3克，葱15克

|做法| ①将榨菜洗净，切粒；葱洗净，切碎。
②将鸡蛋洗净，打入碗中，打散。
③接着倒入榨菜，调入盐，搅匀。
④电饭煲中倒入适量油，再倒入榨菜蛋液，加热，中间翻一次，最后撒上葱花，出锅即可。

|小贴士|
煎蛋饼的时候，要保持中火。火太大会破坏鸡蛋里的蛋白质成分，导致营养降低，太小则会在煎蛋的过程中丢失太多的水分。另外，煎的时候要多转动平底锅。

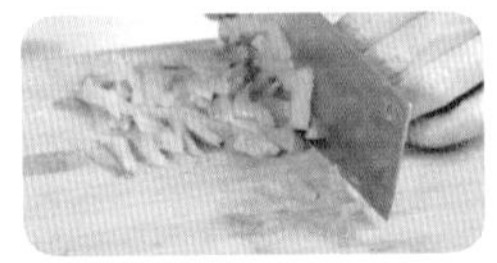

扫一扫，直接观看
鲜鱼奶酪煎饼的烹调视频

鱼片蒸蛋

制作时间	专家点评	适合人群
4分钟	防癌抗癌	一般人

|材料| 鸡蛋2个，鱼片300克，水发香菇100克

|调料| 盐3克，酱油适量，葱白20克

|做法| ①将鸡蛋洗净，打入碗中，充分打散；水发香菇洗净，切丝；葱洗净，切碎。

②将鱼片洗净，放入碗中，调入盐，拌匀。

③然后把香菇、鱼片倒入蛋液中，调入盐，撒上葱花，搅匀。

④接着放入微波炉中，高火加热至熟，取出，调入酱油即可。

|小贴士|

蛋黄颜色浓淡的程度与其营养价值的大小关系不大，所以没必要特意去食用红蛋黄的鸡蛋。

清蒸草鱼

制作时间	专家点评	适合人群
12分钟	防癌抗癌	老年人

|材料| 草鱼600克，水发香菇50克，红椒30克

|调料| 盐6克，姜、酱油、淀粉各适量

|做法| ①将草鱼治净，撒上盐腌渍入味；水发香菇洗净切条；红椒洗净去籽切条；姜去皮洗净切丝。

②将香菇、姜丝、红辣椒平铺于草鱼身上。

③再在电饭煲中倒入水，放入鱼蒸十分钟左右，出锅。

④炒锅入油，放入酱油、淀粉烧开，最后将酱油淋于草鱼上，即可食用。

|小贴士|

草鱼含有丰富的不饱和脂肪酸，对血液循环有利，是心血管病人的健康食物。

扫一扫，直接观看
椒盐基围虾的烹调视频

蒸虾

制作时间	专家点评	适合人群
6分钟	降低血压	老年人

|材 料| 虾500克，红辣椒30克

|调 料| 盐3克，姜20克，香菜20克

|做 法| ①将鲜虾治净；将红辣椒洗净，切圈；姜去皮洗净，切丝；香菜洗净，切段。

②将虾放入碟中，表面铺上红辣椒和姜丝。

③然后放入微波炉中，用高火加热5分钟，至熟。

④取出，撒上香菜即可。

|小贴士|

买虾的时候，要挑选虾体完整、甲壳密集、外壳清晰鲜明、肌肉紧实、身体有弹性，并且体表干燥洁净的。至于肉质疏松、颜色泛红、闻之有腥味的，则是不够新鲜的虾，不宜食用。一般来说，头部与身体连接紧密的，就比较新鲜。

煮河虾

制作时间	专家点评	适合人群
12分钟	降低血脂	老年人

|材 料| 河虾500克，红辣椒20克

|调 料| 盐3克，姜20克，香菜20克

|做 法| ①鲜虾用盐水洗净，挑去泥肠；红辣椒洗净切圈；姜去皮洗净切丝；香菜洗净切段。

②将河虾治净，放在碟子上，铺上姜丝和红辣椒。

③再放上香菜，撒上盐，抹匀，放入电饭煲中。

④蒸10分钟至熟后，取出即可。

|小贴士|

在清洗时，要用剪刀将头的前部剪去，挤出胃中的残留物，将虾煮至半熟，剥去甲壳，去掉直肠，再加工成各种菜肴。

扫一扫，直接观看
草莓苹果沙拉的烹调视频

蔬菜沙拉

制作时间	专家点评	适合人群
5分钟	开胃消食	女性

|材料| 花菜、黄瓜、胡萝卜、青椒各200克

|调料| 盐2克，糖5克，沙拉酱适量

|做法| ①将花菜洗净，切块；黄瓜、胡萝卜、青椒洗净，切丁。

②锅中烧开清水，倒入花菜、黄瓜、胡萝卜、青椒焯烫断生，捞起，盛于碗中。

③接着调入盐、糖和沙拉酱。

④将原料充分搅匀，即可食用。

|小贴士|

选购花菜时，应挑选花球雪白、坚实、花柱细、肉厚而脆嫩、无虫伤、不腐烂的为好。此外，可挑选花球附有两层不黄不烂青叶的花菜。花球松散、颜色变黄，甚至发黑、湿润或枯萎的质量低劣，食味不佳，营养价值低。

圣女果沙拉

制作时间	专家点评	适合人群
5分钟	开胃消食	女性

|材料| 西蓝花300克，圣女果200克，熟鸡蛋2个

|调料| 沙拉酱适量

|做法| ①将西蓝花洗净，切块；圣女果洗净；熟鸡蛋洗净，剥壳，切片。

②烧开适量清水，然后放入西蓝花焯烫断生，捞起，放入盘中。

③接着放入圣女果和熟鸡蛋，挤入沙拉酱。

④最后搅拌均匀，即可食用。

|小贴士|

圣女果既是蔬菜又是水果，不仅色泽艳丽、形态优美，而且味道适口、营养丰富，可促进儿童的生长发育，并且可增强人体抵抗力，延缓衰老。

扫一扫，直接观看
鲜虾紫甘蓝沙拉的烹调视频

瓜皮沙拉

制作时间	专家点评	适合人群
4分钟	排毒瘦身	女性

|材料|黄瓜皮100克，圣女果300克，生菜200克

|调料|沙拉酱适量

|做法|①将圣女果洗净，切小块。

②将黄瓜皮洗净，切小块；生菜洗净，切段。

③将黄瓜皮、圣女果、生菜放入碗中。

④最后挤入沙拉酱，拌匀，即可食用。

|小贴士|

准备生菜时，最好不要切得太细，应以一口的大小为宜，免得生菜切太细而吸附了过多的沙拉酱，增加热量。

鸡蛋沙拉

制作时间	专家点评	适合人群
7分钟	开胃消食	孕产妇

|材料|洋葱100克，熟鸡蛋2个，生菜300克，圣女果200克

|调料|沙拉酱适量

|做法|①将洋葱洗净，切条，下入沸水锅中焯烫至熟后捞出备用；生菜、圣女果洗净。

②将熟鸡蛋洗净，剥壳，切片。

③取出一个碗，放入所有原料，接着调入沙拉酱。

④最后搅拌均匀，即可食用。

萝卜干拌豆豉

制作时间	专家点评	适合人群
5分钟	防癌抗癌	一般人

|材料|萝卜干200克，红辣椒20克

|调料|盐2克，辣豆豉酱适量，葱20克

|做法|①将萝卜干泡发洗净，切段；红辣椒洗净，切圈；葱洗净，切圈。

②烧沸半锅清水，放入萝卜干焯烫断生，捞起，沥干水，装入碗中。

③接着倒入辣豆豉酱和盐。

④拌匀，撒上葱花、红辣椒即可。

|小贴士|

豆豉为传统发酵豆制品，以颗粒完整、乌黑发亮、松软即化且无霉腐味为佳。

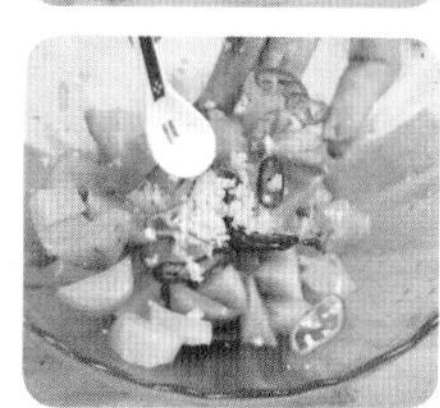

凉拌大头菜

制作时间	专家点评	适合人群
6分钟	开胃消食	老年人

|材料|腌好的大头菜200克，青辣椒20克，红辣椒20克

|调料|盐4克，蒜30克，辣豆豉酱适量

|做法|①将大头菜洗净，切粒；青、红辣椒洗净，切圈；蒜去皮洗净，切碎。

②锅置火上，烧沸适量清水，放入大头菜焯烫去部分盐分，捞起，盛于盘中。

③接着放入蒜末和青、红辣椒，调入辣豆豉酱、盐。

④充分拌匀，即可食用。

|小贴士|

适量食用豆豉可以开胃消食。

扫一扫，直接观看
凉拌萝卜缨的烹调视频

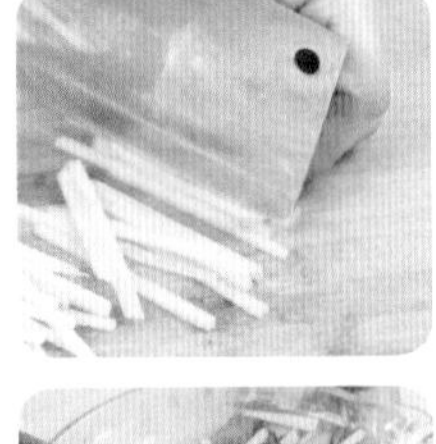

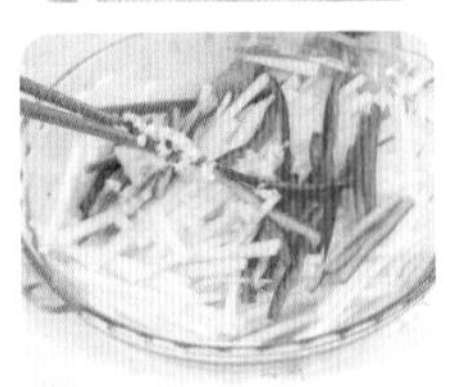

辣椒拌大头菜

制作时间	专家点评	适合人群
4分钟	开胃消食	一般人

|材料| 大头菜400克，青椒、红椒各20克

|调料| 盐3克，醋、香油各适量，蒜20克

|做法| ①将大头菜洗净，切丝；青、红椒洗净，去籽切丝；蒜去皮洗净，切碎。

②将大头菜放入清水中浸泡片刻，捞起，装盘。

③放入青、红椒和蒜末，加盐拌匀。

④再倒入适量的醋和香油，搅匀即可。

|小贴士|

大头菜加茴香砂、甘草肉、桂姜粉腌制后，制成榨菜，也很美味。

辣椒拌雪里蕻

制作时间	专家点评	适合人群
4分钟	防癌抗癌	老年人

|材料| 腌制好的雪里蕻300克，红辣椒30克

|调料| 香油适量，蒜30克，葱20克

|做法| ①将雪里蕻洗净，切碎；红辣椒洗净，切圈；蒜、葱洗净，切碎。

②烧开适量清水，放凉，倒入雪里蕻在凉水中浸泡以减轻咸味，捞出，盛于盘中。

③接着调入适量香油。

④再放入蒜末拌匀，最后撒上红辣椒和葱花即可。

麻香牛蒡丝

制作时间	专家点评	适合人群
5分钟	提神健脑	儿童

|材料| 牛蒡200克，胡萝卜50克，白熟芝麻40克

|调料| 盐3克，辣椒油适量，葱20克

|做法| ①将牛蒡洗净；胡萝卜去皮洗净，切丝；葱洗净，切斜段。

②锅中烧开适量清水，放入牛蒡焯烫断生，捞起，盛于盘中。

③接着倒入适量辣椒油，调入盐。

④再倒入白熟芝麻、胡萝卜、葱，拌匀，即可食用。

凉拌四蔬

制作时间	专家点评	适合人群
7分钟	提神健脑	一般人

|材料| 土豆、胡萝卜各200克，毛豆、干花生仁各100克

|调料| 盐3克

|做法| ①将土豆、胡萝卜去皮洗净，切丁；毛豆洗净；花生仁入油锅中炒至香脆。

②烧开适量清水，放入土豆、胡萝卜、毛豆焯烫断生，捞起，盛于盘中。

③接着倒入花生仁。

④再调入盐，拌匀，即可食用。

扫一扫，直接观看
木耳拌豆角的烹调视频

香菜拌白菜

制作时间	专家点评	适合人群
5分钟	开胃消食	一般人

|材料| 大白菜400克，红辣椒30克

|调料| 盐3克，醋适量，香油适量，葱、香菜、蒜各20克

|做法| ①将大白菜洗净，切段；红辣椒洗净，切圈；葱、香菜、蒜洗净，切碎。
②锅置火上，倒入适量清水，烧沸，放入大白菜焯烫断生，捞起，盛于盘中。
③接着放入香菜、蒜末、葱，调入盐、醋和香油。
④再拌匀，最后撒上红辣椒即可。

|小贴士|
大白菜在沸水中焯烫的时间不可过长，最佳的时间为20～30秒，否则烫得太软、太烂，就失去了口感。

制作时间	专家点评	适合人群
3分钟	排毒瘦身	女性

黄瓜拌辣白菜

|材料| 小黄瓜300克，辣白菜150克

|调料| 盐2克，香油适量

|做法| ①将小黄瓜洗净，切成条。
②再将辣白菜切成细丝。
③把小黄瓜和辣白菜放入盘中，调入适量盐，拌匀。
④再倒入适量香油，充分搅拌，装入碟中即可。

扫一扫，直接观看
泡冬瓜的烹调视频

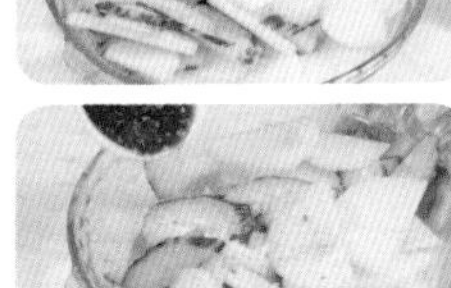

萝卜泡菜

制作时间	专家点评	适合人群
10分钟	排毒瘦身	女性

|材料| 白萝卜、黄瓜各300克

|调料| 盐3克，蒜20克，辣椒酱适量，香菜20克

|做法| ①将白萝卜、黄瓜洗净，切片；蒜去皮洗净，切碎；香菜洗净，切段。
②将白萝卜、黄瓜放入盘中，撒上盐，腌渍片刻。
③接着放入蒜末，拌匀。
④倒入辣椒酱，搅拌均匀，密封一天后，撒上香菜即可食用。

|小贴士|
泡菜卤用的次数越多，泡出的菜越是清香鲜美。但每次泡菜时，视菜的数量，适当补充些盐、花椒、姜片、白酒。

醋拌黄瓜

制作时间	专家点评	适合人群
3分钟	排毒瘦身	女性

|材料| 黄瓜500克，红辣椒20克

|调料| 盐3克，蒜20克，醋适量

|做法| ①将黄瓜洗净，切片；红辣椒洗净，切圈；蒜去皮洗净，切碎。
②将黄瓜放入碟中，调入盐，拌匀。
③接着放入蒜末，搅拌均匀。
④倒入适量醋，撒上红辣椒，拌匀即可。

|小贴士|
按照国家标准的要求，食醋产品标签上应标明总酸的含量。总酸含量是食醋产品的一种特征性指标，其含量越高说明食醋酸味越浓。一般来说食醋的总酸含量要大于3.5克/100毫升。看清生产日期，不要购买过期产品。

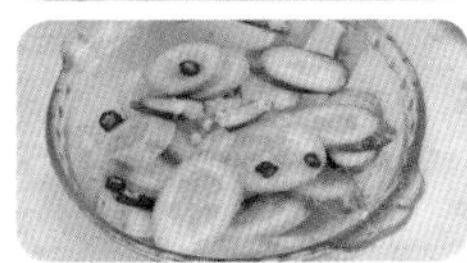

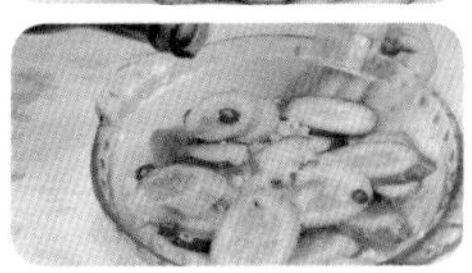

扫一扫，直接观看
芹菜拌海带丝的烹调视频

冰糖黄瓜

制作时间	专家点评	适合人群
3分钟	排毒瘦身	女性

|材料|黄瓜500克，青、红辣椒各20克

|调料|盐3克，冰糖、蒜各20克，白醋、酱油各适量

|做法|①将黄瓜洗净，去瓤，切段；青、红辣椒洗净，切圈；蒜去皮洗净，切碎。
②把黄瓜放入碗中，撒上盐，拌匀。
③接着放入蒜末，搅拌均匀。
④最后放入冰糖、白醋、酱油，撒上青、红辣椒，拌匀，加盖腌渍一夜，滤去水分即可。

|小贴士|
黄瓜在室温下久置，水分很容易流失。可以将黄瓜浸泡在加了少许盐的水中，这时会喷出细小的气泡，增加水中或气泡周围水域的含氧量，这样黄瓜可以保鲜。

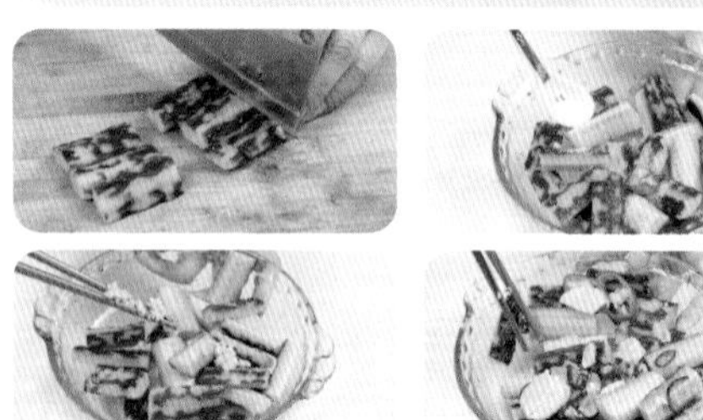

莲藕拌黄瓜

制作时间	专家点评	适合人群
6分钟	开胃消食	一般人

|材料|小黄瓜300克，莲藕300克，白芝麻30克

|调料|盐2克，白糖5克，白醋适量

|做法|①将小黄瓜洗净，切丝；白芝麻洗净，下入锅中炒至干香。
②将莲藕洗净，切片。
③烧沸适量清水，放入小黄瓜、莲藕焯烫断生，捞起，盛于盘中。
④接着倒入白熟芝麻，下入盐、白糖和白醋，拌匀即可。

|小贴士|
莲藕太白不能买，那是不法商贩使用盐酸或硫酸等工业用酸，对莲藕进行浸泡处理的结果。

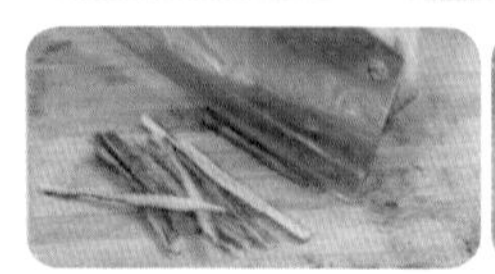

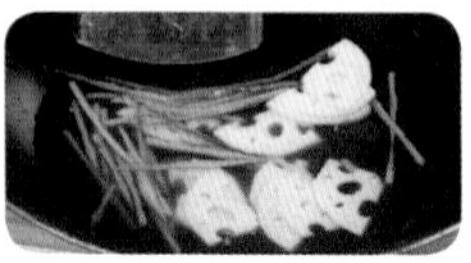

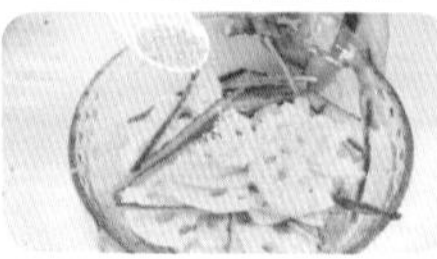

扫一扫，直接观看
彩椒拌腐竹的烹调视频

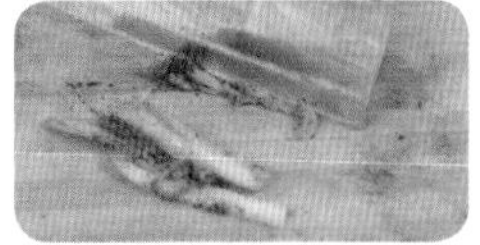

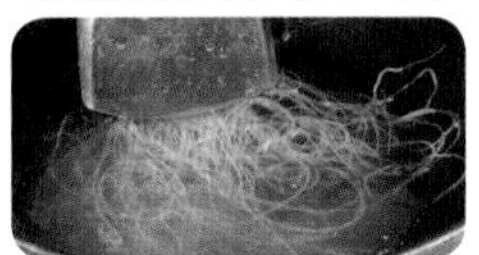

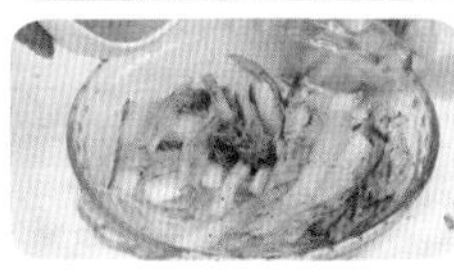

凉拌黄瓜粉丝

制作时间	专家点评	适合人群
8分钟	开胃消食	一般人

|材料| 泡菜、黄瓜各300克，粉丝200克

|调料| 盐2克，蒜、香菜各20克

|做法| ①将蒜去皮洗净，切碎；泡菜过滤出汁液，加盐，放入蒜末，调成泡菜汁备用，泡菜切丝。

②黄瓜洗净，去瓤，切条；香菜洗净，切段。

③锅上火，烧沸水，放入粉丝焯烫至熟，捞起，放入盘中。

④再放入泡菜、黄瓜，倒入泡菜汁，拌匀，最后撒上香菜即可。

|小贴士|

消费者购买粉丝或粉条时要从外观上加以鉴别，好的产品手感柔韧、有弹性、粗细均匀、不粘连。

黄瓜拌豆干

制作时间	专家点评	适合人群
6分钟	排毒瘦身	女性

|材料| 豆腐干150克，胡萝卜100克，小黄瓜200克

|调料| 香菜10克，白糖3克，柠檬汁10克

|做法| ①豆腐干洗净切薄片；胡萝卜与小黄瓜均洗净，切细丝；香菜洗净切段。

②锅中加水烧沸，下入豆腐干焯至熟后，捞起装盘。

③再将胡萝卜、小黄瓜丝及香菜一起加入豆腐干中。

④最后加入柠檬汁、白糖一起拌匀即可。

|小贴士|

在商场购买豆腐干应选择具有冷藏保鲜设备的副食商场、超市，选择真空压缩的保鲜膜。

扫一扫，直接观看
菠菜拌胡萝卜的烹调视频

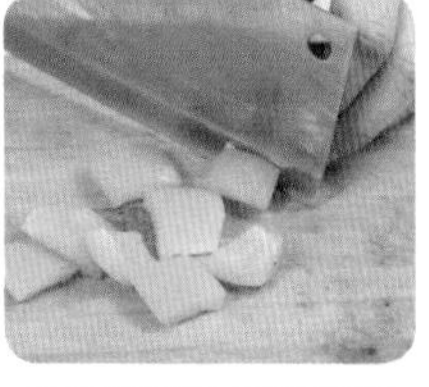

西红柿拌甜椒

制作时间	专家点评	适合人群
4分钟	补血养颜	女性

|材料| 黄椒、西红柿、青椒各200克

|调料| 盐3克，白糖10克，辣椒油适量

|做法| ①将黄椒、青椒洗净，去籽切块。

②将西红柿洗净，去瓤切块。

③将黄椒、西红柿、青椒放入碗中。

④然后调入盐、白糖、辣椒油，搅匀即可。

|小贴士|

挑选西红柿时，不要挑选有棱角的那种，也不要挑选拿着感觉分量很轻的，这些都使用了催红剂。

西红柿拌洋葱

制作时间	专家点评	适合人群
3分钟	增强免疫	一般人

|材料| 西红柿400克，洋葱300克

|调料| 盐3克，白糖6克

|做法| ①将西红柿洗净，切片。

②将洋葱洗净，切成圆环片。

③将西红柿和洋葱放入盘中，调入盐，拌匀。

④接着放入白糖，搅拌均匀即可。

|小贴士|

感冒的时候，喝加了洋葱的热味噌汤，很快就可发汗退烧。如果鼻塞，以一小片洋葱抵住鼻孔，洋葱的刺激气味，会促使鼻子瞬间畅通起来。

扫一扫，直接观看
土豆沙拉的烹调视频

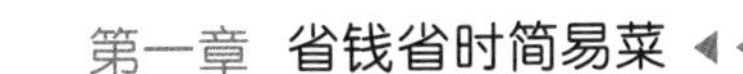

辣椒拌紫茄

制作时间	专家点评	适合人群
7分钟	增强免疫	一般人

|材料| 紫皮茄子400克，红辣椒30克

|调料| 盐2克，酱油适量，蒜、葱、香菜各20克

|做法| ①将茄子洗净，切块；红辣椒洗净，切圈；蒜洗净，切碎；葱洗净，切节；香菜洗净，切段。

②锅置火上，倒入适量清水，烧沸，放入茄子焯烫片刻，捞起，沥干水。

③再将茄丁装入碗中，加入葱、蒜及其他调味料拌匀即可食用。

泡菜土豆泥

制作时间	专家点评	适合人群
25分钟	排毒瘦身	女性

|材料| 土豆400克，泡菜200克

|调料| 白糖6克，香油适量，香菜20克

|做法| ①将土豆去皮洗净，切片；泡菜切条；香菜洗净，切段。

②烧开水，把土豆放入锅中蒸熟，取出。

③将蒸熟的土豆研磨成泥，调入白糖水和香油，拌匀。

④接着放入泡菜，拌匀，最后撒上香菜即可。

扫一扫，直接观看
青椒拌百合的烹调视频

凉拌花菜

制作时间	专家点评	适合人群
6分钟	防癌抗癌	一般人

|材料| 花菜400克，红辣椒20克

|调料| 盐4克，葱、蒜各20克

|做法| ①将花菜洗净，切小块；红辣椒洗净，切圈；葱、蒜洗净，切碎。

②烧沸适量清水，放入花菜，焯烫断生，捞起，放入盘中。

③接着放入葱花，调入盐，拌匀。

④再放入蒜末，撒上红辣椒，搅拌均匀即可。

|小贴士|

①优质的花菜清洁、坚实、紧密。②花菜的保存温度以4～12℃为宜。

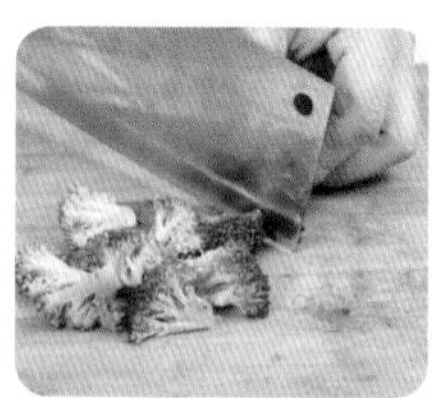

胡萝卜拌双花

制作时间	专家点评	适合人群
6分钟	防癌抗癌	一般人

|材料| 西蓝花300克，花菜300克，胡萝卜100克

|调料| 盐3克，白糖5克，辣椒油适量

|做法| ①将西蓝花洗净，切成小块；胡萝卜去皮洗净，切片。

②将花菜洗净，切小块。

③锅置火上，倒入适量清水，煮沸，放入西蓝花和花菜焯烫断生，捞起，沥干水。

④把西蓝花、花菜放入碗中，调入盐、白糖、辣椒油，再放入胡萝卜，拌匀即可。

扫一扫，直接观看
川味攸县香干的烹调视频

皮蛋豆腐

制作时间	专家点评	适合人群
3分钟	开胃消食	男性

|材料| 豆腐300克，皮蛋2个，红辣椒20克

|调料| 盐2克，酱油适量，蒜、香菜、葱各20克

|做法| ①将豆腐洗净，切条；红辣椒洗净，切圈；蒜、葱洗净，切碎；香菜洗净，切段。

②将皮蛋洗净，剥壳，切成四瓣。

③取出一个碗，调入酱油、盐，再放入蒜，拌匀成酱汁备用。

④将豆腐和皮蛋放入碟中铺排好，最后淋上酱汁，撒上红辣椒、香菜和葱花。

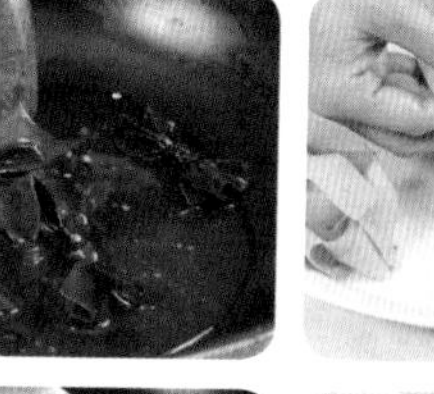

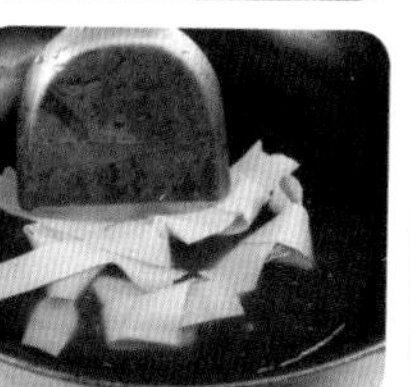

芝麻拌双结

制作时间	专家点评	适合人群
6分钟	防癌抗癌	老年人

|材料| 海带结、豆腐皮、辣椒、熟芝麻各适量

|调料| 盐2克，酱油、醋各适量，糖5克，葱15克

|做法| ①将海带结洗净，放入沸水中焯烫断生，捞起，沥干水。

②接着把豆腐皮洗净，切成条，打结；辣椒洗净，切圈；葱洗净，切段。

③再烧开水，放入豆皮结焯熟捞起。

④将海带结、豆皮结放入碗中，调入酱油、盐、醋、白糖，放入熟芝麻、辣椒和葱拌匀即可。

扫一扫，直接观看
凉拌白豆干的烹调视频

芹菜拌香干

制作时间	专家点评	适合人群
5分钟	降低血压	老年人

|材料| 香干300克，芹菜叶200克，白熟芝麻、红辣椒各30克

|调料| 盐3克，糖6克，香油适量

|做法| ①将香干洗净，切条；芹菜叶洗净，切碎；红辣椒洗净，切圈。
②烧沸适量清水，放入香干焯烫至断生，捞起，放入盘中。
③接着放入芹菜叶，调入盐、糖和香油，拌匀。
④再撒上白熟芝麻和红辣椒，拌匀即可。

|小贴士|
①芹菜叶中所含的胡萝卜素和维生素C比茎多，因此吃时不要把能吃的嫩叶扔掉。
②用鲜芹菜捣取汁，开水冲服，每日1剂，可治肝火上攻引起的头胀痛。

洋葱拌豆皮

制作时间	专家点评	适合人群
5分钟	增强免疫	一般人

|材料| 豆腐皮200克，洋葱300克

|调料| 盐3克，辣椒油适量，香菜20克

|做法| ①将豆腐皮洗净，切条，下入沸水中烫熟后捞出备用；香菜洗净，切段。
②将洋葱洗净，切条。
③烧沸适量清水，放入洋葱焯烫断生，捞起，沥干水。
④把豆腐皮、洋葱放入碗中，下入盐、辣椒油，拌匀，最后撒上香菜即可。

|小贴士|
①豆腐皮含有的大量卵磷脂，防止血管硬化，预防心血管疾病，保护心脏。②平素脾胃虚寒，经常腹泻便溏之人不宜食用豆腐皮。

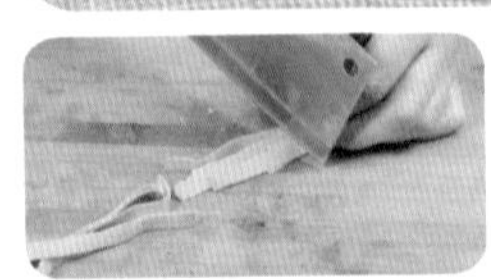
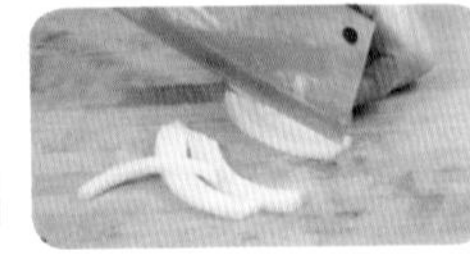

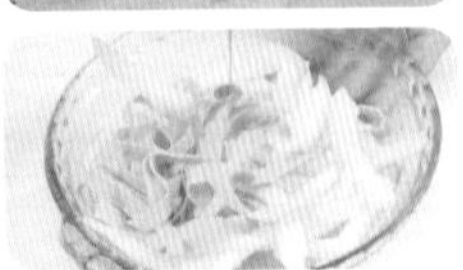

椒麻腐竹

制作时间	专家点评	适合人群
6分钟	开胃消食	一般人

|材料| 黄瓜500克，腐竹300克，红椒20克

|调料| 盐、花椒、蒜、酱油、醋、芝麻酱、香菜各适量

|做法| ①黄瓜洗净切条；腐竹、香菜洗净切段；红辣椒洗净切圈；花椒洗净；蒜去皮洗净切碎。

②烧沸适量清水，下入腐竹焯烫断生，捞起，沥干水。

③将芝麻酱用淡盐水化开，然后再调入酱油、花椒、蒜末、醋，搅拌均匀。

④将黄瓜、腐竹放入碟中，淋上椒麻汁，最后撒上红辣椒和香菜即可。

|小贴士|

取几块腐竹在温水中浸泡至软，真正的机制腐竹所泡的水是淡黄色的且不浑浊。

香菜拌口蘑

制作时间	专家点评	适合人群
5分钟	增强免疫	一般人

|材料| 口蘑400克，香菜20克

|调料| 盐3克，葱20克，香油适量

|做法| ①将口蘑洗净，切块；葱洗净，切碎；香菜洗净，切段。

②烧沸适量清水，放入口蘑焯烫断生，捞起，盛于碗中。

③接着放入葱，调入盐，拌匀。

④再倒入适量香油，最后撒上香菜，即可食用。

|小贴士|

①香菜是重要的香辛菜，爽口开胃，做汤、凉拌菜时可以添加。②腐烂、发黄的香菜没有香气，而且可能会产生毒素。

扫一扫，直接观看
洋葱拌木耳的烹调视频

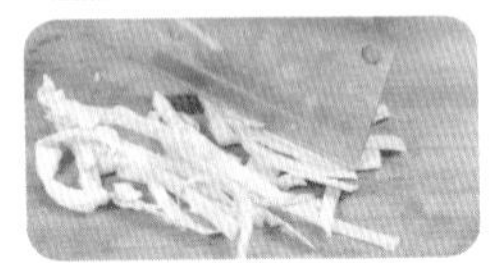

圆白菜拌木耳

制作时间	专家点评	适合人群
6分钟	防癌抗癌	老年人

|材料| 水发木耳200克，圆白菜300克

|调料| 盐3克，白糖5克，辣椒油、醋、香菜、蒜各适量

|做法| ①将水发木耳洗净，切条；香菜洗净，切段；蒜去皮洗净，切碎。

②烧沸适量清水，放入木耳焯烫断生，捞起，沥干水。

③将圆白菜洗净，切成细丝。

④把木耳、圆白菜、香菜、蒜末放入碗中，调入盐、白糖、辣椒油、醋，拌匀即可。

|小贴士|

新鲜的圆白菜有杀菌、消炎的作用。咽喉疼痛、外伤肿痛、胃痛、牙痛时，可以将圆白菜榨汁后饮下或涂于患处。

菠菜拌木耳

制作时间	专家点评	适合人群
5分钟	防癌抗癌	一般人

|材料| 水发木耳200克，菠菜300克，辣椒30克

|调料| 盐3克，糖5克，辣椒油、醋、蒜、葱各适量

|做法| ①将菠菜洗净，切段；水发木耳洗净，撕小朵；辣椒洗净，切圈；蒜、葱洗净，切碎。

②锅置火上，倒入清水，烧沸，放入菠菜焯烫断生，捞起，沥干水。

③再另烧适量开水，放入木耳焯烫至熟，捞起，沥干水。

④把木耳、菠菜、蒜、葱放入碗中，调入盐、白糖、辣椒油、醋，撒上辣椒，拌匀即可。

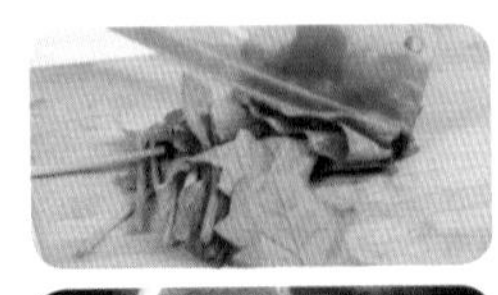

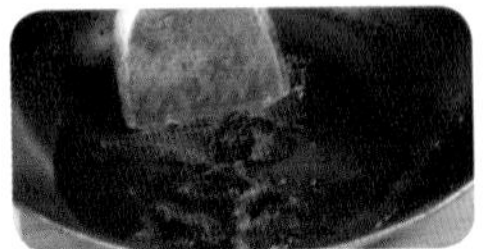
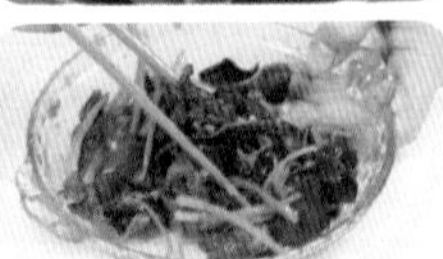

扫一扫，直接观看
姜汁牛肉的烹调视频

白菜拌粉丝

制作时间	专家点评	适合人群
10分钟	增强免疫	一般人

|材料|豆干、粉丝、大白菜各300克，辣椒30克

|调料|盐3克，白糖5克，醋、辣椒油、香菜各适量

|做法|①将豆干洗净，切条；辣椒洗净，切圈；香菜洗净，切段。
②将粉丝洗净，放入沸水中焯烫断生，捞起，沥干水。
③再另烧开适量清水，放入大白菜焯烫断生，捞起，沥干水。
④把豆干、粉丝、大白菜放入碗中，调入盐、白糖、醋、辣椒油，撒上辣椒和香菜拌匀。

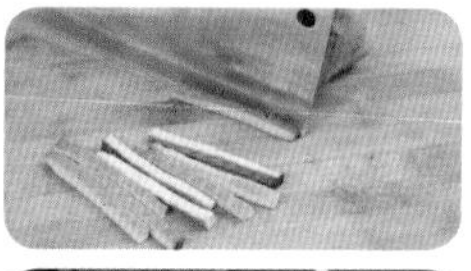
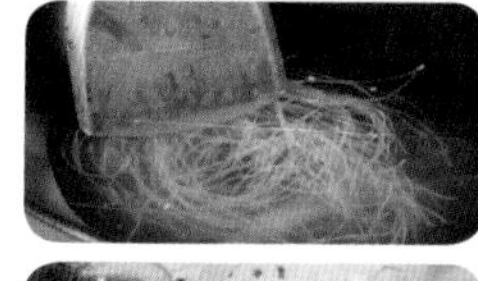

泡菜牛肉卷

制作时间	专家点评	适合人群
3分钟	开胃消食	男性

|材料|泡菜300克，酱牛肉400克

|调料|香菜20克，香油适量

|做法|①将泡菜切丝；香菜洗净，切段。
②将酱牛肉切成薄片。
③接着将泡菜丝包入酱牛肉片中，卷起。
④再放入碟中，铺排整齐，最后撒上香菜，淋上香油即可。

|小贴士|
①煮老牛肉的前一天晚上把牛肉涂上一层芥末，第二天用冷水冲洗干净后下锅煮，煮时再放点酒、醋，这样处理之后，老牛肉容易煮烂，而且肉质会变嫩。②牛肉的纤维组织较粗，结缔组织较多，应横切，将长纤维切断，否则没法入味，还嚼不烂。

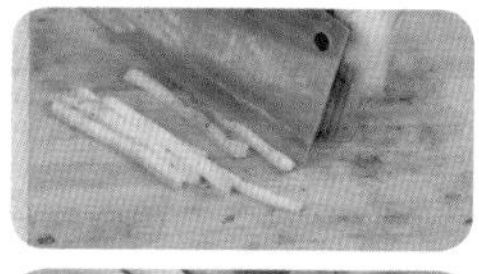
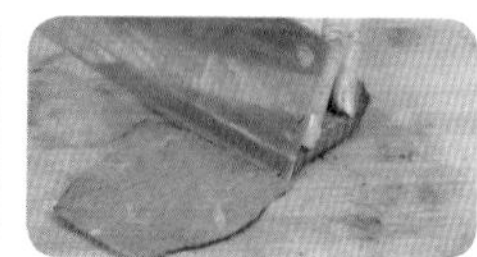
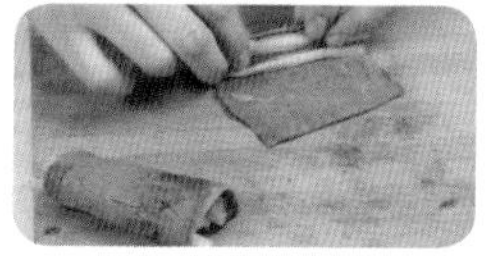

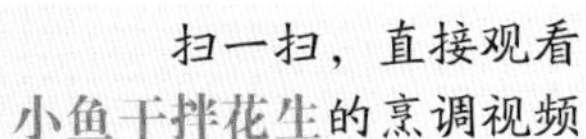

辣拌小鱼干

制作时间	专家点评	适合人群
10分钟	开胃消食	一般人

|材料|小鱼干200克

|调料|糖5克，韩式辣椒酱、麻油各适量，葱20克

|做法|①将小鱼干洗净；葱洗净，切碎。
②锅置火上，先将小鱼干烘干水分。
③接着倒入适量油，将小鱼干炸至金黄色，捞起，放入盘中。
④再调入糖、辣椒酱、麻油，拌匀，最后撒上葱花即可。

|小贴士|
鱼干在晾晒过程中，会有一些细菌侵入，建议在制作过程中，要高温消毒。凉拌的话，要开水浸泡后食用。

制作时间	专家点评	适合人群
15分钟	增强免疫	一般人

椒香虾皮

|材料|虾皮100克，青椒50克，红辣椒20克

|调料|盐3克，香菜、香油各适量

|做法|①将青椒洗净，切小块；红辣椒洗净，切圈。
②烧沸适量清水，放入青椒焯烫断生，捞起，盛于盘中。
③将虾皮洗净，放入水中，浸泡片刻，捞起，沥干水。
④虾皮汆烫断生，捞起，放入盛青椒的盘中，调入香油和盐，撒上红辣椒和香菜拌匀。

第二章 低卡瘦身简易菜

有些朋友认为，减肥就得忍饥挨饿——大错特错！保持每日的热量摄入在合理的范围之内，才是饮食瘦身的最佳途径。本章精心挑选出卡路里较低的菜式，让想要瘦身的你吃出好身材。

低卡瘦身，健康减肥新理念

减肥，不用节食，也不用运动，只要按照低卡减肥法，轻松就能减掉身上的赘肉哦！相较于以往主要靠“节食”来减轻体重的方法，“低卡瘦身”有着显而易见的好处：再也不必忍饥挨饿了！同时，它也是更健康，更安全的瘦身方式。

什么是低卡食物

低热量食物是指含淀粉、糖等碳水化合物类较少的食物。一些营养师指出，低卡食物并没有明确的定义或标准，是相对而言的。最简单的区别方法，就是取两种类似的食物来进行比较。在低卡食物的食材选取方面，可以在平日的饮食当中，增加热量较低的蔬菜、菇类等食物的摄取量，还有魔芋等，这些几乎没有热量的食材，也是不错的低热量食物来源。

“低卡瘦身”的原理

许多女性认为吃得越多摄入的热量越多，其实这是一种认识上的误区。比如，一个中等大小的苹果约含热量70卡，而一颗体积很小的巧克力也含有70卡的热量，虽然两者热量相同，产生的饱足感却天差地别。因此，计算热量不能只依据食物的分量，还必须从整体摄食情况来计算，吃得正确无疑才是减肥成功的第一步。

低卡食物有哪些

相信正在考虑减肥的人都在想尽办法通过饮食运动等途径来减肥。盲目节食是对身体有害的，但可以通过摄入低热量的食物和运动来达到健康减肥的效果，那么低热量的食物有哪些呢？

食物中所含热量与人体生长出的脂肪是密不可分的。在瘦身与美食之间徘徊的女性朋友，当你摄取的是低热量的食物时，你就不用苦苦挣扎在一取一舍的痛苦边缘了。可是，怎样区分食物热量的高低呢？必须擦亮眼睛好好辨认了！

选择体积大、纤维多的食物。因为这种食物可增加饱腹感从而有效地控制你的食欲。例如：新鲜蔬菜、水果。

选择新鲜的天然食物。新鲜的天然食物一般热量都比加工食物要低。例如：胚芽米的热量低于白米，新鲜水果的热量低于果汁，新鲜猪肉的热量低于香肠、肉干等。

选择清炖、清蒸、水煮、凉拌食物。这些食物比油炸、油煎、油炒食物的热量低得多。例如：清蒸鱼、凉拌青菜、泡菜等都是上好的低热量食物。

扫一扫，直接观看
孜然椒盐土豆的烹调视频

肉类尽量选择鱼肉、鸡肉等。肉类所含热量因种类而不同，通常，猪肉 > 羊肉 > 牛肉 > 鸭肉 > 鱼肉 > 鸡肉，所以尽量选择鱼肉和鸡肉。

低卡食物的优点

可降低超重或肥胖糖尿病朋友的体重，以恢复其正常的体重。

可减轻胰岛素抵抗，增加胰岛素敏感性。

可减轻胰岛 β 细胞负担，延缓其衰退速度。

可适当增加你的食量，满足饱腹感，享受吃饱的乐趣，提高你的生活质量。

可尽情享用的低卡美味

怎样才能既不委屈自己的肠胃，又不伤害自己的身体，还能轻轻松松减肥呢？那就选择一些低卡食物来满足你的愿望吧。下面的食物可以让女性在瘦身过程中大享口福，让连带的减肥都充满乐趣！

全麦包：热量最低的一类面包，如果你是匆忙一族，建议你早餐吃个全麦包填填肚子！

燕麦片：国外好多减肥餐单都把燕麦片作为早餐主打，一来低卡，二来含 B 族维生素、维生素 E 及铁元素等成分，对改善消化系统很有功效。

椰菜：含丰富高纤维成分，配合西红柿、洋葱、青椒等材料可煲成瘦身汤，肚子饿时食用很饱肚。

芦笋：含丰富维生素 A 、维生素 C ，煲熟后可当小点心充饥。

茄子：有科学研究指出，茄子在正餐中食用可发挥其阻止机体吸收脂肪的作用。

土豆：土豆不能炸吃，因为20条炸薯条热量就有260卡，所以食水煮土豆最安全。

扁豆：若配合绿叶菜食用，可加快机体新陈代谢。

橙：含天然糖分，多纤维又低卡，是用来替代糖果、蛋糕、曲奇、冰激凌等甜品的最佳选择。

冬瓜：冬瓜含有丰富的蛋白质、粗纤维、钙、磷、铁、胡萝卜素等等，内含丙醇二酸，可阻止体内脂肪堆积。

芹菜：含有维生素 A 及维生素 C ，但大部分为水分及纤维素，所以热量很低，多吃不怕胖。

香菇：香菇含有30多种酶和18种氨基酸，其中人体必需的8种氨基酸，香菇就含了7种。香菇所含核酸物质，可以抑制胆固醇的增加，所以可减肥。

绿豆芽：现代人多缺少纤维素，所以多吃绿豆芽对健康有

扫一扫，直接观看
香葱苦瓜圈的烹调视频

益。炒时加入一点醋，以防B族维生素流失，又可以加强减肥作用。

洋葱：洋葱含环蒜氨酸和硫氨基酸等化合物，能降血脂，对脆性的血管有软化作用，并可护肤美容，能促进表皮细胞对血液中氧的吸收，增强肌肤修复能力。

夏日低卡饮食法

夏天不少女性都需要与身上的脂肪进行顽强的搏斗。那么，夏天到底如何通过健康的饮食保持苗条的身材呢？

（1）饮料首选茶水

牛奶、酸奶、咖啡、奶茶、冷饮这些看起来很诱人的饮品其实是你过多热量摄入的来源，而茶水的热量很低，并且能增加热量的代谢率。像一般的茶叶比如绿茶，它含有维生素C、维生素E、氨基酸、食物纤维等成分，不仅能够帮助减肥瘦身，还能起到促进消化、防癌、预防感冒等功效。若不喜欢喝茶，也可以用白开水来代替。千万别不信白开水会有什么神奇的功效，其实，大量的研究数据和生活常识表明，每天多喝白开水有利于排毒减肥，相比传统的减肥药，喝白开水减肥的效果更明显、也更健康。比如清晨来一杯白开水，能够加速肠胃的蠕动，把前一夜体内的垃圾、代谢物排出体外，减少小肚腩出现的机会。现在你知道要怎么选择饮料来帮助减肥了吧。

（2）要在运动前吃饭

运动后来一次疯狂的进食，那么你所有的努力将顷刻间化为泡影。最合理的吃饭时间是在运动之前40分钟，消化过程中热量被消耗了一部分，运动时，热量会随着运动的节奏而有规律、有顺序地代谢消耗，运动之后，一餐饭的热量已经所剩无几，再次补充热量已是下顿饭了，简单的一个时间差就让生活变得“低卡”起来。

（3）多吃原生态蔬菜

普通的蔬菜在过油烹饪后，不但部分营养素会被破坏，相应的热量指数也会增加，蔬菜不过油，热量就不会多，维生素的摄入也有了保障，且蔬菜营养转化为碳水化合物后还能帮助分解脂肪。生活中很多常见的蔬菜都是帮助减肥、保持身材的高手，比如萝卜、辣椒、番茄、大蒜、竹笋、木耳、大白菜、芹菜、豆芽菜、菜花等等，它们都是非常受欢迎的健康食材，而且价格也不贵，烹饪起来也方便快捷。不过，吃蔬菜一定要讲究方法，因为蔬菜中维生素等成分的性质不稳定，很容易在洗、切、烹调中损失和破坏掉。在洗蔬菜时，不能浸泡过久，洗的次数也不能太多，以免造成维生素大量的流失。蔬菜洗好后一定不能用热水泡，最好随切随炒，急火快炒，这样既能保证蔬菜味道鲜美，也能最大限度地保持蔬菜里的营养元素不流失。只有这样食用蔬菜，才能达到最佳的保持身材的效果。

扫一扫，直接观看
芦笋金针的烹调视频

你被低卡食物欺骗了吗

发胖往往不是因为你吃了那些高热量的食物，而是由于食用了那些自认为低热量的食物。就是这样的食物使你吃下大量的卡路里。以下就是这类食物的典型代表。

含奶油或牛奶的汤

人们常常认为汤是一种低热量又可让人产生饱腹感的食物。你拟订的午餐清单可能就是薄脆饼干配上一份美味的脱脂沙拉和健康汤。但遗憾的是，这种汤所含的热量和脂肪可能和新英格兰蚌羹或奶油椰菜一样多。

真相：大多数汤都是健康的，但用牛奶或奶油作汤底的汤含有大量脂肪，平均每224克就含超过300卡的热量。

无糖曲奇

无糖曲奇被人们当作是无脂食品。人们常以为从食品配方中去掉不好的成分，如糖和脂肪，这种食品就是低热量甚至无热量的食物了。换句话说，人们给了自己一张可以吃光曲奇的通行证，因为它们是无热量的。这种想法真是大错特错，因为无糖并不意味着就利于你的健康。

真相：仔细检查外包装就可以发现这一事实。标称无脂或无糖的食品和同系列的那些更好吃的全味食品所含的热量根本差不了多少。

低卡低脂食物

减肥的时候，大家都会选择一些低卡路里的食物，这样可以减少脂肪的摄入量！

真相：人们认为一块标称低卡的蛋糕是不含卡路里的，然后将其吃光。但实际上，低脂或低卡并不意味着你可以吃掉整块蛋糕。你必须要留意它所含的热量，因为低卡并不意味着不含卡路里。

水果干

像葡萄干、苹果干和杏干这些食品表面上看来很健康，但实际上却暗藏了超过其理应含有的卡路里。

真相：水果干不含任何水分，这使得其卡路里浓度非常大。只吃一把当然没什么，但如果你认为它们是低卡的，可以坐下来将一袋水果干吃得精光，那你就错了。

扫一扫，直接观看
芦荟醋的烹调视频

早餐档

不要被包装愚弄了。

真相：有些早点看起来健康，甚至在包装上印了健康标志，但只要看看这些食品配料中额外的糖分和实际卡路里，你就会发现它所含的热量真的很高。看看食品配料单上什么摆在最前面就可以揭穿这些包装的谎言。

橘汁和汽水

上午你喝了一瓶橘汁，下午又喝了一瓶汽水。你可知道，你已经在这些饮料里摄取了超过400大卡的热量。

真相：人们常认为橘汁和汽水只是饮料，而根本没考虑过它们的卡路里含量。但它们的的确确增加了人们对卡路里的摄取量。没有比水更低卡的饮料了。你可能认为每天这一点额外的食物和饮料不会增加很多卡路里，但请想想长此以往会有什么后果。

不要吃感觉不油但隐藏许多油脂、属于高热量的食物

很多减肥的人忌吃看起来油腻的东西，他们认为不油的东西就是低卡食物。

真相：一粒杏仁果约含9千卡热量、一粒核桃仁约含有23千卡热量、一粒开心果约含有5千卡热量、一粒花生米约含有5千卡热量、一粒腰果约含有9千卡热量……因此，想要减肥的人对以上食物要忌口。

部分水果

很多人都知道水果要多吃，也有很多人用水果来代替正餐以达到减肥的目的。

真相：其实有些水果热量并不低，像香蕉，一根就有120千卡；葡萄柚一个80千卡；香瓜一个有95千卡；番荔枝一个130千卡；大的芒果一颗为200～240千卡；菠萝一个也有600千卡……一个苹果才60～70千卡，而且吃下去有饱足感；而这样的饱腹感，可能要吃两个番荔枝才能达到。所以，在吃之前，不妨先计算热量，这样才不会影响控制体重。

醋饮料

醋的确对健康有帮助，它属于碱性食物，能帮助平衡体内的酸碱值以及新陈代谢，喝醋也成为近年来相当流行的养生减肥方法。

真相：市场上销售的醋饮料的热量可是会骗人的。由于醋本身的酸味很重，所以市场上销售的醋饮料通常添加了很多糖，让它喝起来比较美味顺口。所以喝之前不妨先看一下热量标示。

吃宵夜不胖的秘诀

虽说想保持身材的人应尽量不吃宵夜，但其实只要掌握了小技巧，不管甜的、咸的，也能让你吃得暖暖的又不发胖哦！合理搭配食物，让自己的减肥菜单兼顾营养与健康，这样瘦下来才是健康美丽的。一起来看看吃夜宵既健康又不胖的秘诀吧。

宵夜最佳选择：汤、粥、麦片

宵夜吃什么好呢？别以为方便又快捷的方便面一定是首选。有的人可能认为，方便面方便又简单，吃这个一定不容易胖。其实，方便面的含油量非常高，营养又不均衡，卡路里也非常高，一碗方便面有500卡呢！对于要保持窈窕身段的你，应该避之不及，更不该把它们当宵夜！

建议你还是以汤或粥来取代以上这些无益的宵夜。不论是自己烹调的还是超市加热的或是茶餐厅购买的，都有许多粥和汤是低于200卡的，这些都是可供选择的宵夜。而且，汤和粥的口味都比较清淡，利于消化，而且粥和汤里都含有大量的水分，喝了特别容易有饱胀感，不会过量，油分也不高，低卡又低脂，是暖身宵夜的最佳选择。

不过要提醒你的是，如果外面买的汤太油，须先将浮油挑掉再喝，这样就可以避免吃进太多油脂而发胖。另外，浓汤的脂肪量比清汤要高，要选就选油少料少的清汤吧！

喝汤水或甜汤时，尽量不要加糖，如果非要有甜味，还是以冰糖代替蔗糖吧，这样可以大大降低热量。如果想喝直接从外面买来的糖水，可以另外加点水，稀释糖度。

如果糖水里面有太多汤圆等配料，就热量过剩了，毕竟冬季宵夜能充饥、御寒就好了，不必吃得太丰盛，或者可以加一些桂圆、枸杞、红枣等养生药材，这对健康有益。

糙米和麦片都有丰富的营养，糙米高纤、高钙而低脂，麦片除了高钙、低脂外，还含有丰富的维生素A、B族维生素和女性最需要的铁质和叶酸，有的麦片还标示无糖，最适合那些既要减肥又要补充营养的女性。

注意分量：不要吃得过多

汤也好，粥也好，每次都以1碗为限，碗的大小就同平常家中吃饭的饭碗，别太贪心或自欺欺人。1碗粥的热量一般在100卡以下，所以以此为计量标准，即使吃别的食物也不应该超过这个热量。

吃完宵夜至少1小时后才睡觉

虽然这些宵夜的热量都不高，但如果吃完马上躲进被窝，食物会全部囤积在胃里，也会引起发胖。所以，建议你还是在吃完宵夜1小时后才上床睡觉吧！

扫一扫，直接观看
猕猴桃苹果黄瓜沙拉的烹调视频

常见食材预处理分步图解

▶ 火龙果清洗

扫一扫，看看
火龙果的多种清洗法

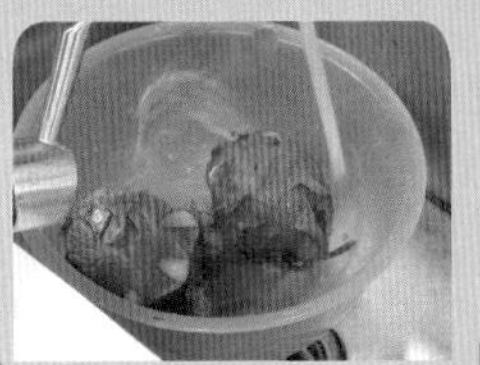

1.将火龙果放入盆中，往盆中注入清水。

2.用手将火龙果简单搓洗一遍。

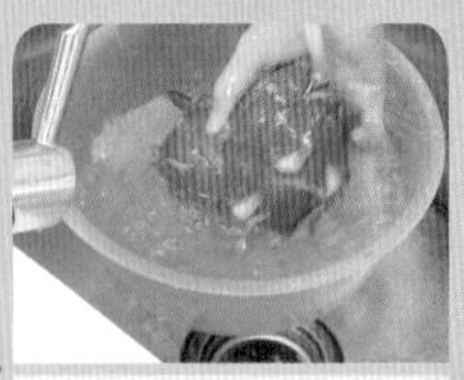

3.将火龙果放在流水下冲洗干净，沥干水分即可。

▶ 猕猴桃淘米水清洗法

扫一扫，看看
猕猴桃的多种清洗法

1.将猕猴桃放在淘米水中，浸泡15分钟左右。

2.用手将猕猴桃表面的毛搓洗干净。

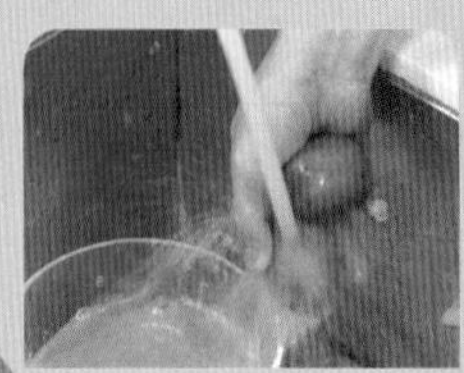

3.将猕猴桃放在流水下冲洗，沥干水分即可。

▶ 苹果牙膏清洗法

扫一扫，看看
苹果的多种清洗法

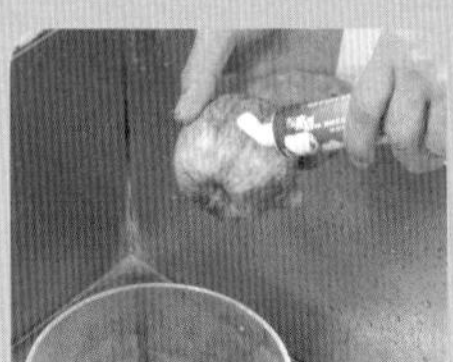

1.将牙膏挤在苹果表面。

2.用手揉搓苹果，把牙膏搓匀。

3.将苹果放在流水下冲洗，沥干水分即可。

▶ 柠檬食盐清洗法

扫一扫，看看
柠檬的多种清洗法

1.将柠檬放入水中，加入适量的食盐。

2.搅匀，浸泡10分钟左右，用手搓洗柠檬。

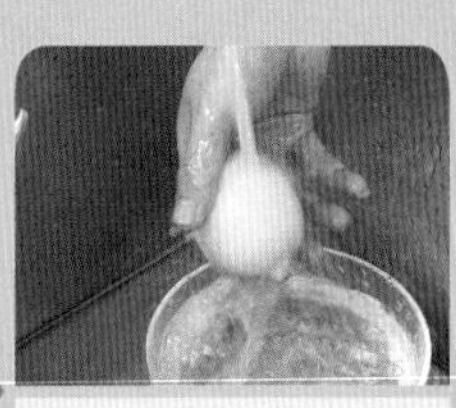

3.将柠檬放在流水下冲洗干净，沥干水分即可。

扫一扫，直接观看
素炒海带结的烹调视频

黄瓜果蔬清洁剂清洗法

扫一扫，看看
黄瓜的多种清洗法

1.黄瓜放入清水中，倒果蔬清洗剂浸泡15分钟。

2.用手搓洗一下。

3.用清水冲洗几遍，沥干水即可。

苦瓜毛刷清洗法

扫一扫，看看
苦瓜的多种清洗法

1.苦瓜先放入清水中，略为浸泡。

2.沿着瘤纹方向，用刷子轻轻刷洗苦瓜表面。

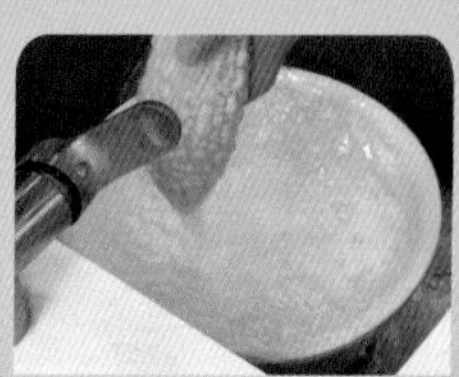

3.最后用流动水冲洗干净即可。

海带淘米水清洗法

扫一扫，看看
海带的多种清洗法

1.将海带放进淘米水中，浸泡15分钟左右。

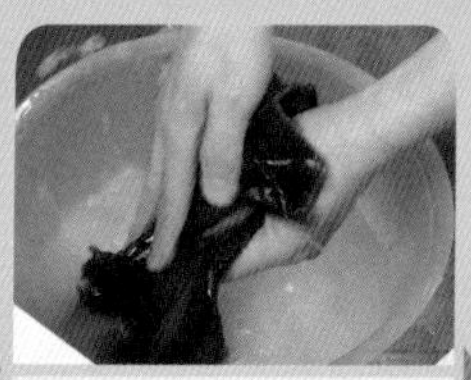

2.用手揉搓清洗海带。

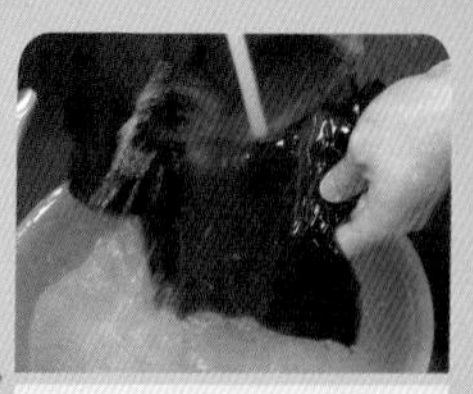

3.将海带放在流水下冲洗干净，沥干水分即可。

芹菜白醋清洗法

扫一扫，看看
芹菜 的多种清洗法

1.将摘去叶子的芹菜放在盛有清水的盆中。

2.在水中倒入少量白醋，拌匀后，浸泡10～15分钟。

3.用手搓洗片刻，再用清水冲洗干净，沥水。

扫一扫，直接观看
大杏仁蔬菜沙拉的烹调视频

火龙果猕猴桃沙拉

制作时间	热　量	适合人群
2分钟	42千卡	女性

|材料| 火龙果、猕猴桃各80克

|调料| 橙汁适量

|做法| ①火龙果去皮洗净，切丁。
②猕猴桃去皮洗净，切片。
③将猕猴桃与火龙果摆入盘中。
④淋入橙汁即可。

|小贴士|
火龙果的汁对肿瘤的生长，病毒及免疫反应抑止等病症表现出积极作用。火龙果所含的糖分中不含焦糖和蔗糖，对高血压、糖尿病、高尿酸有食疗效果，而且没有副作用。

四季豆沙拉

制作时间	热　量	适合人群
5分钟	78千卡	老年人

|材料| 西红柿200克，四季豆150克

|调料| 沙拉酱适量

|做法| ①西红柿洗净，切块；四季豆洗净，择去老筋，切段。
②四季豆入沸水锅中焯水后捞出。
③将西红柿、四季豆摆盘。
④调入沙拉酱一起拌匀即可。

|小贴士|
西红柿含多种维生素和矿物质，生熟皆能食用，味微酸适口，能生津止渴、健胃消食。常吃西红柿还有使皮肤细滑白皙的作用，可延缓衰老。

扫一扫，直接观看
苹果蔬菜沙拉的烹调视频

土豆黄瓜沙拉

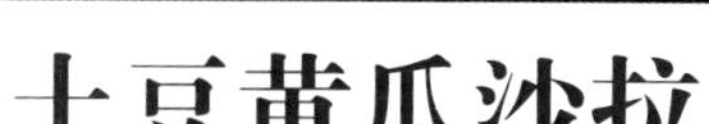

制作时间	热　量	适合人群
6分钟	150千卡	女性

|材料| 土豆、黄瓜各100克，圣女果、洋葱各80克

|调料| 沙拉酱适量

|做法| ①土豆去皮洗净，切丁；黄瓜洗净，切丁；圣女果洗净；洋葱洗净，切成小块。
②将土豆放入沸水锅中焯水后捞出。
③将土豆、黄瓜、洋葱、圣女果摆盘。
④淋上沙拉酱，一起拌匀即可。

|小贴士|
土豆所含的粗纤维，有促进胃肠蠕动和加速胆固醇在肠道内代谢的功效。

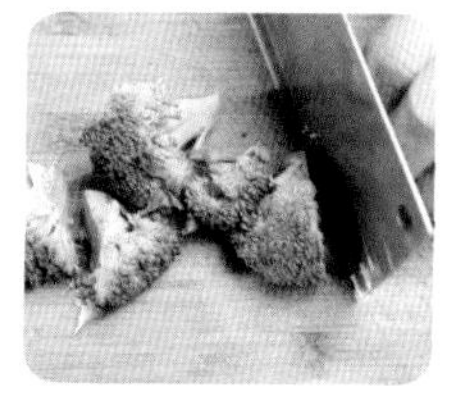

洋葱西蓝花沙拉

制作时间	热　量	适合人群
7分钟	68千卡	一般人

|材料| 西蓝花100克，洋葱50克，西红柿80克

|调料| 沙拉酱适量

|做法| ①西蓝花洗净，切成朵；洋葱洗净，切碎；西红柿洗净，一部分切碎粒，一部分切片。
②将西蓝花放入沸水锅中焯熟后捞出。
③将西蓝花、洋葱粒、西红柿粒一起装入盘中。
④挤上沙拉酱一起拌匀，用西红柿片围边即可。

扫一扫，直接观看
紫甘蓝雪梨玉米沙拉的烹调视频

玉米包菜沙拉

制作时间	热 量	适合人群
5分钟	122千卡	老年人

|材 料| 包菜80克，玉米粒100克

|调 料| 沙拉酱适量

|做 法| ①包菜洗净，切块。
②将包菜放入沸水锅中稍烫后捞出；玉米粒洗净，焯水。
③将包菜和玉米粒一起装入碗中。
④淋上沙拉酱一起拌匀即可。

|小贴士|
购买包菜时不益多，以免长时间搁置使包菜中的维生素C流失，减少菜品本身应具有的营养成分。而且，制作沙拉更需要新鲜的食材。

蔬菜沙拉

制作时间	热 量	适合人群
5分钟	100千卡	女性

|材 料| 花菜、胡萝卜、洋葱、圣女果各80克

|调 料| 沙拉酱适量

|做 法| ①花菜洗净，切块；胡萝卜洗净，切条；洋葱洗净，切块；圣女果洗净。
②花菜、胡萝卜、洋葱分别入沸水锅中焯水后捞出。
③将花菜、胡萝卜、洋葱、圣女果一起装入碗中。
④挤入沙拉酱拌匀即可食用。

扫一扫，直接观看
黄花菜拌海带丝的烹调视频

苹果火龙果沙拉

制作时间	热量	适合人群
3分钟	100千卡	儿童

|材料| 苹果、西瓜、火龙果各100克

|调料| 奶油、沙拉酱各适量

|做法| ①将苹果洗净去核，切块；西瓜去皮取肉，切块；火龙果去皮，切块。

②将苹果、西瓜、火龙果放入玻璃碗内。

③挤上奶油。

④将备好的材料拌匀，摆盘，挤上沙拉酱即可。

|小贴士|

溃疡性结肠炎的病人不宜生食苹果，尤其是在急性发作期。另外，冠心病、心肌梗塞、肾病患者慎吃苹果。

醋拌海带结

制作时间	热量	适合人群
5分钟	135千卡	一般人

|材料| 海带结200克

|调料| 姜、红椒各30克，盐、味精各2克，酱油、醋各8克

|做法| ①姜、红椒均洗净，切丝。

②海带结洗净，入沸水锅焯水后捞出。

③将海带结、姜丝、红椒丝同拌。

④调入盐、味精、酱油、醋拌匀即可。

|小贴士|

从营养学的观点来看，海带真是特别罕有的神奇食品。它几乎不含脂肪与热量，但它却含有非常丰富的矿物质，是一种健康长寿的食品。

扫一扫，直接观看
海带拌彩椒的烹调视频

甜椒拌苦瓜

制作时间	热　量	适合人群
4分钟	26千卡	女性

|材料| 苦瓜100克，红甜椒50克

|调料| 盐、酱油各适量

|做法| ①苦瓜洗净，切片；红甜椒洗净，去籽，切片，下入沸水中焯透。
②将苦瓜片放入沸水锅中焯水后捞出。
③苦瓜中调入盐，不停地挤，至成透明状。
④再加入红甜椒、酱油、盐同拌即可。

|小贴士|
①苦瓜的维生素C含量很高，具有预防坏血病、保护细胞膜、防止动脉粥样硬化、提高机体应激能力、保护心脏等作用。
②苦瓜含有苦瓜皂苷，具有降血糖、降血脂、抗肿瘤、预防骨质疏松、调节内分泌、抗氧化、抗菌以及提高人体免疫力等药用和保健功能。

萝卜泥拌黄瓜

制作时间	热　量	适合人群
7分钟	65千卡	女性

|材料| 黄瓜、白萝卜各100克，海带50克

|调料| 盐、辣椒酱

|做法| ①黄瓜洗净，切片；白萝卜洗净，剁成泥。
②海带泡发后，洗净，切成小片，下入沸水中焯水后捞出。
③将黄瓜、白萝卜、海带装入碗中。
④调入盐、辣椒酱拌匀即可。

|小贴士|
黄瓜是一种可以美容的瓜菜，被称为“厨房里的美容剂”。它含有人体生长发育和生命活动所必需的多种糖类和氨基酸，还含有丰富的维生素，经常食用或贴在皮肤上，可有效地对抗皮肤老化，减少皱纹。

金针菇拌菠菜

制作时间	热　量	适合人群
5分钟	66千卡	老年人

|材料|金针菇、菠菜各150克

|调料|盐2克，香油适量

|做法|①金针菇洗净，切去老化的尾部；菠菜洗净，切段。

②将金针菇、菠菜放入沸水锅中焯水后捞出。

③将金针菇、菠菜装盘，调入盐拌匀。

④再加入少许香油拌匀，装盘即可。

|小贴士|

①金针菇有抑制血脂升高、降低胆固醇和防治心血管疾病的作用，营养十分丰富，但是脾胃虚寒者不宜过多食用。②金针菇含有一种叫朴菇素的物质，有增强机体对癌细胞的抗御能力，常食金针菇还能降低胆固醇，预防肝脏疾病和肠胃道溃疡。

蒜薹拌香干

制作时间	热　量	适合人群
6分钟	300千卡	老年人

|材料|香干100克，葱、蒜薹、红椒各50克

|调料|盐、味精、香油各适量

|做法|①香干洗净，切丝；葱、蒜薹均洗净，切段；红椒洗净，切丝，焯水。

②将香干放入沸水锅中焯水后捞出。

③油锅烧热，入蒜薹、葱段稍炒后盛出。

④将香干、蒜薹、葱段、红椒装入盘中，调入盐、味精拌匀，淋入香油即可。

|小贴士|

选购蒜薹时应挑选条长适中，新鲜脆嫩，白色部分软嫩、无老梗现象，绿色部分尾端不黄、不蔫、无破裂，手掐有脆嫩感者为佳。

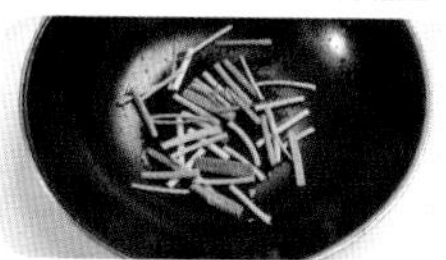

扫一扫，直接观看
凉拌芹菜叶的烹调视频

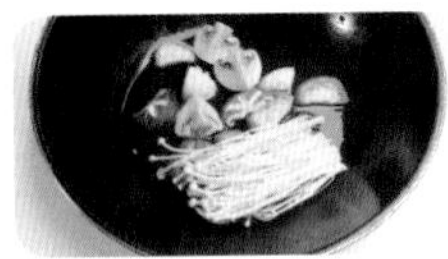

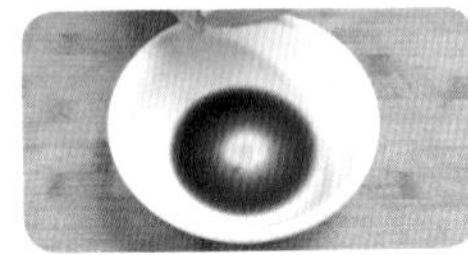

柠檬拌蘑菇

制作时间	热　量	适合人群
5分钟	285千卡	女性

|材料| 口蘑、香菇、金针菇各60克

|调料| 盐、酱油、柠檬各适量

|做法| ①口蘑洗净，切块；香菇洗净，切块；金针菇去尾，洗净。

②将口蘑、香菇、金针菇放入沸水锅中焯水后捞出。

③柠檬对切，一半切片备用，另一半挤汁，与盐、酱油混合成味汁。

④将味汁倒入蘑菇中，拌匀即可。

|小贴士|

柠檬中含有丰富的柠檬酸，因此被誉为“柠檬酸仓库”。柠檬汁中含有大量柠檬酸盐，能够抑制钙盐结晶，从而阻止肾结石形成，甚至已经形成的结石也可以被溶解掉。

姜汁西红柿

制作时间	热　量	适合人群
3分钟	43千卡	女性

|材料| 西红柿150克，老姜50克

|调料| 醋、酱油各10克，红糖适量

|做法| ①西红柿洗净切块，装盘备用。

②老姜去皮洗净，切末。

③姜末装入碟中，加醋、酱油拌匀。

④再加入红糖调匀成味汁，食用时沾上味汁即可。

|小贴士|

未成熟的青色西红柿不能食用！因为未成熟的西红柿中有一种叫做“龙葵碱”的物质，毒性相当强，食用后中毒症状一般表现为恶心、呕吐、腹痛、腹泻等。

柠檬白菜

制作时间	热　量	适合人群
6分钟	75千卡	老年人

|材料| 大白菜、海带各100克

|调料| 柠檬1个，酱油10克，盐少许

|做法| ①大白菜洗净，切成大片；海带泡发，洗净，切成小片。

②将大白菜放入沸水锅中稍烫后捞出，沥干水分。

③柠檬洗净，对切，将柠檬挤汁与酱油、盐混合为味汁。

④将大白菜与鲜海带装入盘中，淋入味汁拌匀即可。

|小贴士|

白菜具有通利肠胃、清热解毒、止咳化痰、利尿养胃等功效，是营养极为丰富的蔬菜。此外，白菜还有一定的降低血压、降低胆固醇、预防心血管疾病的功用。

芹菜炒包菜

制作时间	热　量	适合人群
5分钟	45千卡	一般人

|材料| 包菜200克，芹菜40克

|调料| 盐、味精、陈醋、花椒各适量

|做法| ①包菜洗净，切块；芹菜洗净，切小段。

②将包菜放入沸水锅中稍烫后捞出。

③油锅烧热，入花椒、芹菜爆香。

④再加入包菜同炒片刻，调入盐、味精、陈醋炒匀入味即可。

|小贴士|

芹菜是治疗高血压病及其并发症的首选之品，对于血管硬化、神经衰弱患者亦有辅助治疗作用。芹菜的叶、茎含有挥发性物质，别具芳香，能增强人的食欲。芹菜汁还有降血糖作用。

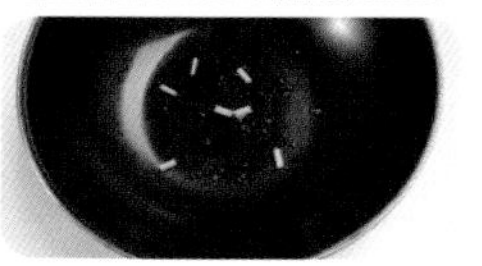

扫一扫，直接观看
双菇炒苦瓜的烹调视频

灼五蔬

制作时间	热　量	适合人群
8分钟	170千卡	一般人

|材料| 四季豆、花菜、绿豆芽、菜心、鲜香菇各50克

|调料| 盐适量

|做法| ①四季豆洗净切段；香菇洗净，在顶部打花刀；花菜洗净，切块；绿豆芽去尾洗净；菜心洗净。

②四季豆、花菜入沸水锅中。

③加入盐稍烫至熟后捞出。

④绿豆芽、菜心、香菇分别下入盐水中焯熟后捞出，摆入碗中即可。

|小贴士|

在焯烫青菜的同时滴上几滴香油，青菜叶子不但可以保持颜色翠绿，而且吃起来带有淡淡的香味。

制作时间	热　量	适合人群
5分钟	15千卡	女性

素炒冬瓜

|材料| 冬瓜200克

|调料| 盐、姜汁、红椒、大葱各适量

|做法| ①冬瓜洗净，切成薄片；红椒、大葱均洗净，切丝。

②将冬瓜放入沸水锅中焯水后捞出。

③红椒、大葱、姜汁、盐调匀成味汁。

④将冬瓜放入味汁中浸泡至入味后，再入锅稍炒即可。

扫一扫，直接观看
木耳炒百合的烹调视频

豆瓣蒸南瓜

制作时间	热量	适合人群
5分钟	70千卡	老年人

|材料| 南瓜300克，豆瓣酱适量

|调料| 盐2克，葱、姜各适量

|做法| ①南瓜去皮洗净，切片；葱洗净，切段；姜洗净，切丝。
②将南瓜放入沸水锅中烫熟后捞出。
③将南瓜、姜丝、葱段一起放入碗中。
④调入盐、豆瓣酱拌匀即可。

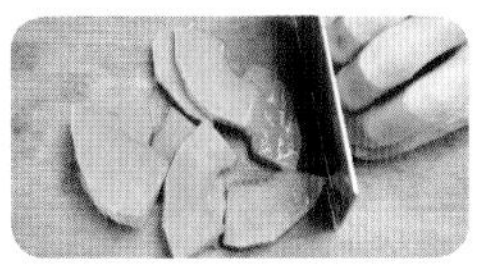

|小贴士|

南瓜内含有丰富的维生素和果胶。果胶有很好的吸附性，能黏结和消除体内细菌毒素和其他有害物质，能起到解毒作用。此外，果胶还可以保护胃肠道黏膜，免受粗糙食品刺激，促进溃疡愈合，适宜于胃病患者。南瓜所含成分能促进胆汁分泌，加强胃肠蠕动，帮助食物消化。

百合金针菇丝瓜

制作时间	热量	适合人群
8分钟	70千卡	一般人

|材料| 丝瓜100克，鲜百合、金针菇各适量

|调料| 盐2克，辣椒酱10克

|做法| ①丝瓜去皮洗净，切丝；鲜百合、金针菇均洗净。
②将丝瓜放入清水中浸泡。
③水烧热，下入丝瓜稍烫后捞出。
④油锅烧热，放入鲜百合、金针菇稍炒，加入丝瓜同炒，调入盐、辣椒酱炒匀即可。

|小贴士|

丝瓜中含防止皮肤老化的维生素B_1和增白皮肤的维生素C等成分，能保护皮肤、消除斑块，使皮肤洁白、细嫩，是不可多得的美容佳品。此外，丝瓜还有清暑凉血、解毒通便、祛风化痰、下乳汁的功效。

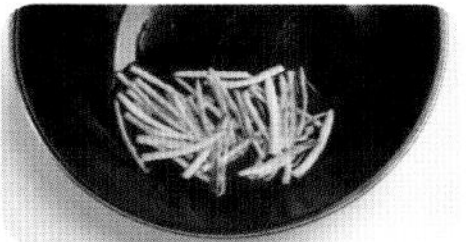

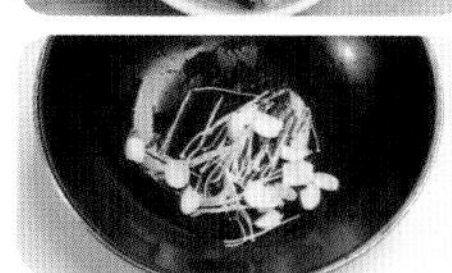

扫一扫，直接观看
蒜蓉西芹的烹调视频

辣酱烧萝卜

制作时间	热　量	适合人群
7分钟	50千卡	老年人

|材料|白萝卜300克

|调料|盐、味精、辣椒酱各适量

|做法|①白萝卜洗净，切块。
②将白萝卜放入沸水锅中焯水后捞出。
③油锅烧热，下入辣椒酱炒香。
④加入白萝卜翻炒，加适量水烧至汁水将干时，调入盐、味精炒匀即可。

|小贴士|

①白萝卜热量少，纤维素多，吃后易产生饱胀感，因而有助于减肥。②白萝卜含有大量的维生素A和维生素C，起着抑制癌细胞生长的作用。

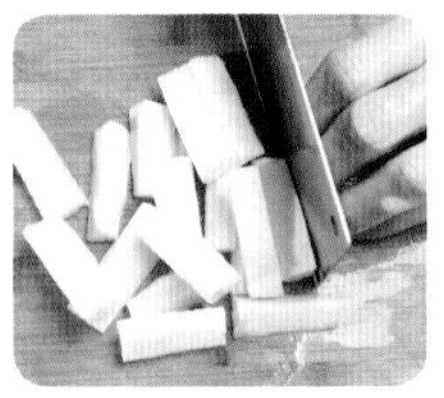

醋浸山药

制作时间	热　量	适合人群
10分钟	200千卡	一般人

|材料|山药150克，枸杞40克

|调料|冰糖、苹果醋各适量

|做法|①山药去皮洗净，切成大小一致的条，下入沸水中焯熟后，捞出。
②枸杞洗净，用清水泡开。
③山药用适量冰水浸泡，再加入冰糖。
④放入枸杞，调入苹果醋浸泡10分钟即可。

|小贴士|

枸杞能补肾益精、清热、明目、止渴、健胃，还能抑制肺结核、消除便秘、缓解失眠、护肤养颜。

酸菜豆腐

制作时间	热　量	适合人群
6分钟	89千卡	一般人

|材料| 豆腐200克，酸菜80克

|调料| 盐、味精、辣椒酱、葱各适量

|做法| ①豆腐洗净，切块；酸菜洗净，切块；葱洗净，切段。

②油锅烧热，入豆腐稍煎后盛出。

③再热油锅，放入酸菜炒片刻。

④加入豆腐、葱段同炒，调入盐、味精、辣椒酱拌匀即可。

|小贴士|

没有包装的豆腐很容易腐坏，买回家后，应立刻浸泡于水中，并放入冰箱冷藏，烹调前再取出。

莲藕炒口蘑

制作时间	热　量	适合人群
8分钟	80千卡	女性

|材料| 莲藕150克，口蘑50克

|调料| 盐、味精、辣椒酱各适量

|做法| ①莲藕洗净，切片；口蘑洗净，切片。

②莲藕片浸水泡5分钟，捞出沥水。

③油锅烧热，入莲藕稍炒。

④加入口蘑同炒至熟，调入盐、味精、辣椒酱炒匀即可。

|小贴士|

口蘑是一种减肥美容食品，它含有大量植物纤维，还具有防止便秘、促进排毒、预防糖尿病的作用。

扫一扫，直接观看
香菇苋菜的烹调视频

莴笋香菇

制作时间	热　量	适合人群
8分钟	102千卡	一般人

|材料| 莴笋100克，鲜香菇、胡萝卜各80克

|调料| 盐、味精、生抽、香油各适量

|做法| ①莴笋去皮洗净，切片；香菇洗净，切块；胡萝卜洗净，切片。

②将莴笋、香菇、胡萝卜放入沸水锅焯水后捞出。

③油锅烧热，下入莴笋、香菇、胡萝卜同炒。

④调入盐、味精、生抽炒熟，起锅淋入香油即可。

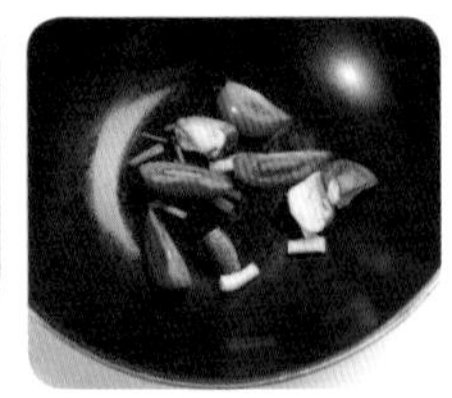

香菇西红柿

制作时间	热　量	适合人群
7分钟	118千卡	女性

|材料| 西红柿、香菇各100克

|调料| 盐、香油、葱各适量

|做法| ①香菇洗净，切块；葱洗净，切段；西红柿洗净，切块。

②香菇入沸水锅中焯水后捞出。

③油锅烧热，入葱段炒香。

④加入西红柿、香菇同炒片刻，调入盐炒匀，起锅淋入香油即可。

|小贴士|

购买香菇的时候要注意，那些特别大的香菇多数是用激素催肥的，建议不要购买。

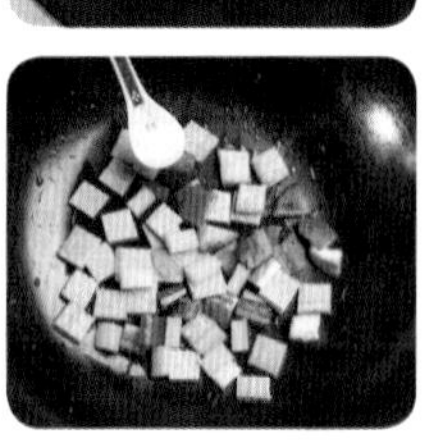

芹菜香菇炒香干

制作时间	热 量	适合人群
6分钟	122千卡	老年人

|材料|香干、芹菜各80克，红椒、鲜香菇各50克

|调料|盐、味精各2克

|做法|①香干洗净，切块；芹菜洗净，切段；红椒洗净，切块；香菇洗净，切丁。

②将香干、芹菜、红椒、香菇放入沸水锅中焯水后捞出。

③油锅烧热，下入香干、芹菜、红椒、香菇同炒。

④调入盐、味精炒匀即可。

红豆山楂海带

制作时间	热 量	适合人群
20分钟	160千卡	女性

|材料|海带100克，胡萝卜40克，山楂、红豆各20克

|调料|盐、香油各适量

|做法|①海带泡发洗净，切块；山楂、胡萝卜均洗净，切片。

②海带、山楂、胡萝卜同入沸水锅中焯水后捞出。

③红豆用清水泡开，备用。

④油锅烧热，入海带、山楂、胡萝卜同炒，再入红豆，加水焖至水干，加盐炒匀，起锅淋入香油即可。

扫一扫，直接观看
山楂藕片的烹调视频

三蔬魔芋

制作时间	热量	适合人群
10分钟	70千卡	男性

|材料|魔芋200克，荷兰豆、胡萝卜、牛蒡各50克

|调料|盐、味精、香油各适量

|做法|①魔芋洗净切块；荷兰豆洗净切段；胡萝卜洗净切块；牛蒡洗净切片。

②将荷兰豆、胡萝卜、牛蒡放入沸水锅中焯水后捞出。

③油锅烧热，入魔芋稍炒后盛出。

④再热油锅，入荷兰豆、胡萝卜、牛蒡同炒，加入魔芋，调入盐、味精炒匀，淋入香油即可。

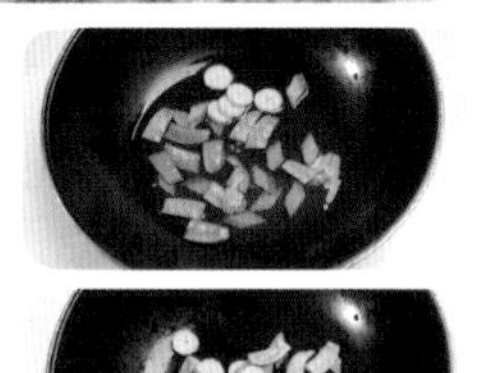

|小贴士|

魔芋是一种低热能、低蛋白质、高膳食纤维的营养食品，有活血化瘀、解毒消肿、宽肠通便、化痰软坚的功效。

豆腐海带汤

制作时间	热量	适合人群
10分钟	160千卡	一般人

|材料|豆腐100克，海带、芹菜各80克

|调料|盐、味精各2克

|做法|①豆腐洗净，切丁；海带泡发，洗净，切块；芹菜洗净，切段。

②油锅烧热，注水烧开，放入豆腐。

③再入芹菜、海带同煮至熟。

④调入盐、味精煮至入味即可。

|小贴士|

海带中含有大量的碘，可以刺激垂体，使女性体内雌激素水平降低，恢复卵巢的正常机能，纠正内分泌失调，消除乳腺增生的隐患。此外，碘是体内合成甲状腺素的主要原料，头发的光泽就是由于体内甲状腺素发挥作用而形成的。

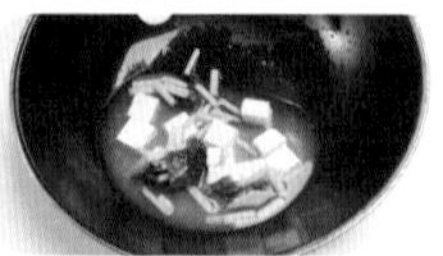

扫一扫，直接观看
海带绿豆汤的烹调视频

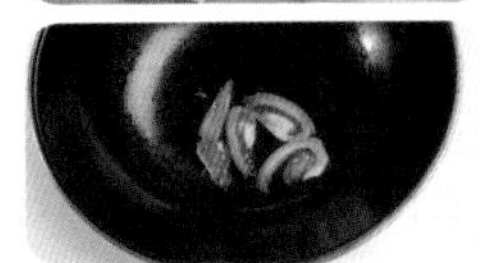

豆腐豆芽汤

制作时间	热　量	适合人群
5分钟	66千卡	一般人

|材料| 豆腐50克，西红柿、豆芽各适量

|调料| 盐2克

|做法| ①豆腐洗净，切块；西红柿洗净，切块。

②豆芽洗净，入沸水锅焯水后捞出。

③油锅烧热，下西红柿稍炒。

④加入豆腐、绿豆芽同炒，再注入清水烧开，调入盐拌匀即可。

|小贴士|

烹调黄豆芽切不可加碱，要加少量食醋，这样才能保持维生素B_2不减少。烹调过程要迅速，用油急速快炒，或用沸水略焯后立刻取出调味食用。另外，选购豆芽时也应注意，有的豆芽看起来肥胖鲜嫩，但有一股难闻的化肥味，千万不要购买。

金针菇蔬菜汤

制作时间	热　量	适合人群
4分钟	40千卡	一般人

|材料| 菠菜、大白菜各50克，金针菇100克

|调料| 盐、味精、胡椒粉各2克，酱油各适量

|做法| ①菠菜洗净，切段；大白菜洗净，切块。

②金针菇去尾，洗净，也切成短段。

③油锅烧热，下入菠菜、金针菇稍炒，注入清水烧开。

④加入盐、味精、胡椒粉、酱油调味，起锅盛入碗中即可。

|小贴士|

市场上有很多以假乱真的菠菜，要注意识别。看叶子就能辨别真假，真菠菜的菜叶比较圆滑，假菠菜的菜叶是锯齿状。

扫一扫，直接观看
黄芪红薯叶冬瓜汤的烹调视频

海带南瓜汤

制作时间	热 量	适合人群
15分钟	129千卡	女性

|材 料| 南瓜、海带各150克

|调 料| 盐、味精、生抽各适量

|做 法| ①南瓜去皮、去籽，洗净，切片。
②海带泡发洗净，切片。
③油锅烧热，下入海带、南瓜稍炒，注入清水烧开。
④待熟后调入盐、味精、生抽拌匀即可。

|小贴士|
南瓜含有丰富的钴，钴能活跃人体的新陈代谢，促进造血功能，并参与人体内维生素B_{12}的合成，是人体胰岛细胞所必需的微量元素，对防治糖尿病、降低血糖有特殊的疗效。另外，南瓜还能消除致癌物质亚硝胺的突变作用，有防癌功效。

制作时间	热 量	适合人群
13分钟	104千卡	一般人

粉丝白菜汤

|材 料| 火腿、白菜各50克，粉丝30克

|调 料| 盐、味精、酱油、香油各适量

|做 法| ①粉丝洗净，泡发。
②火腿洗净，切丝；白菜洗净，切丝。
③油锅烧热，入火腿稍炒，注入清水烧开。
④加入白菜、粉丝同煮，调入盐、味精、酱油、香油即可。

扫一扫，直接观看
苦瓜豆腐汤的烹调视频

洋葱西红柿汤

制作时间	热　量	适合人群
15分钟	95千卡	男性

|材料| 西红柿100克，荷兰豆、洋葱、土豆各适量

|调料| 盐、香油各2克

|做法| ①西红柿洗净，切块；荷兰豆洗净，切段；洋葱洗净，切成小块。

②土豆去皮洗净，切块，入沸水锅中焯水后捞出。

③油锅烧热，下西红柿稍炒。

④加入荷兰豆、洋葱同炒，再放土豆，注入清水烧开，调入盐、香油即可。

|小贴士|

西红柿含有番茄红素，它在体内的作用和胡萝卜素类似，是一种较强的抗氧化剂，可以在一定程度上预防心血管疾病和部分癌症。

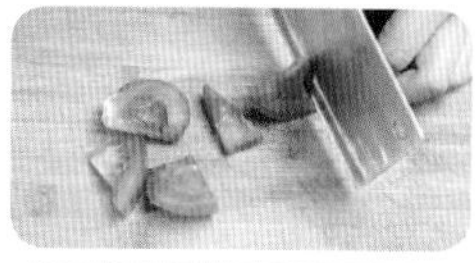

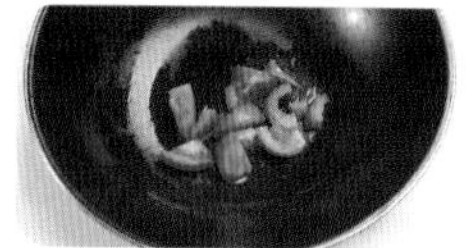

西红柿土豆洋葱汤

制作时间	热　量	适合人群
7分钟	117千卡	老年人

|材料| 西红柿100克，土豆、洋葱各80克

|调料| 盐、味精各2克

|做法| ①西红柿洗净，切块；土豆去皮洗净，切丁；洋葱洗净，切碎。

②锅中加水烧沸，下入土豆丁。

③再下入洋葱、西红柿一起开大火烧煮。

④煮至汤汁浓稠，加盐、味精拌匀即可。

|小贴士|

选购土豆时，应该选择表皮光滑、个体大小一致、没有发芽的。皮色发青或发芽的土豆不能食用，因为发芽后的土豆会产生一种龙葵素，人食用后会中毒。另外，土豆切开后容易氧化变黑，这属正常现象，不会对身体造成危害。

扫一扫，直接观看
白菜冬瓜汤的烹调视频

土豆包菜汤

制作时间	热　量	适合人群
6分钟	150千卡	一般人

|材料| 土豆150克，包菜、西红柿各50克

|调料| 盐、味精各2克

|做法| ①土豆去皮洗净，切块；包菜洗净，切碎；西红柿洗净，切丁。

②油锅烧热，下入土豆稍炒，再注入清水烧开。

③放入包菜、西红柿同煮至熟。

④调入盐、味精拌匀即可。

|小贴士|

新鲜的包菜中含有杀菌消炎作用的物质。此外，多吃包菜，还可增进食欲、促进消化、预防便秘。

黄豆木耳冬瓜汤

制作时间	热　量	适合人群
50分钟	145千卡	女性

|材料| 猪瘦肉50克，黄豆、木耳、冬瓜各30克

|调料| 盐、味精、酱油各适量

|做法| ①黄豆泡发洗净；猪瘦肉洗净切片；冬瓜洗净切小块。

②木耳泡发洗净，撕成小片。

③锅中注入适量清水，放入黄豆、木耳煮约10分钟。

④调入盐、味精、酱油拌匀，加肉片、冬瓜略煮即可。

扫一扫，直接观看
山药冬瓜汤的烹调视频

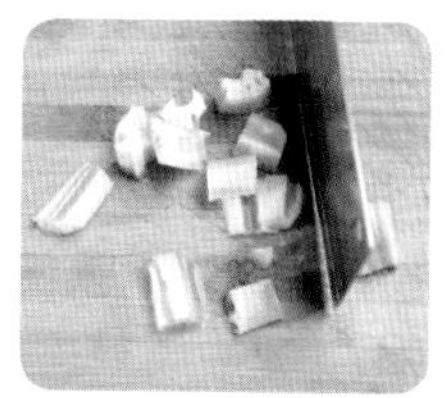

莲藕冬瓜红豆汤

制作时间	热　量	适合人群
50分钟	180千卡	女性

|材料|猪肉50克，红豆30克，冬瓜、莲藕各80克

|调料|盐、味精、酱油各适量

|做法|①猪肉洗净，剁成肉末；红豆洗净，用清水浸泡；冬瓜洗净，切丁。
②莲藕洗净，切丁。
③油锅烧热，注入清水烧开，放入红豆、莲藕、冬瓜同煮。
④加入肉末，调入盐拌匀，煮至所有材料均熟，起锅前放入味精、酱油拌匀即可。

雪梨西红柿汤

制作时间	热　量	适合人群
35分钟	120千卡	女性

|材料|雪梨、海带、西红柿各80克，无花果、蜜枣各40克

|调料|盐2克

|做法|①雪梨洗净，切块；海带泡发洗净，切块；西红柿洗净，切丁。
②无花果、蜜枣均洗净，用清水浸泡。
③油锅烧热，注入清水烧开，放入雪梨、海带、无花果、蜜枣同煮。
④调入盐拌匀，加入西红柿煮片刻即可。

扫一扫，直接观看
芥菜魔芋汤的烹调视频

银耳胡萝卜冬瓜汤

制作时间	热 量	适合人群
30分钟	103千卡	女性

|材料| 银耳40克，胡萝卜、冬瓜各50克

|调料| 盐、味精各2克

|做法| ①银耳泡开，去蒂，撕成小朵。
②胡萝卜、冬瓜均洗净，切丁。
③油锅烧热，下入胡萝卜、冬瓜稍炒，注入清水烧开。
④加入银耳同煮至黏稠，调入盐、味精拌匀即可。

|小贴士|
胡萝卜能健脾、化滞，可治消化不良、久痢、咳嗽，还可降低血糖、保持视力正常、防治夜盲症。

猕猴桃吐司

制作时间	热 量	适合人群
3分钟	186千卡	儿童

|材料| 吐司2片，猕猴桃、西红柿各50克，生菜30克

|做法| ①吐司切去四周硬边，备用。
②猕猴桃去皮洗净，切片；西红柿洗净，切片；生菜叶洗净，切碎。
③在一片吐司上铺上西红柿片、生菜叶、猕猴桃片。
④再盖上另一片吐司，切成三角形即可。

|小贴士|
鲜猕猴桃中维生素C的含量在水果中是最高的，它还含有丰富的蛋白质、碳水化合物、多种矿物质元素。

扫一扫，直接观看
金针白玉汤的烹调视频

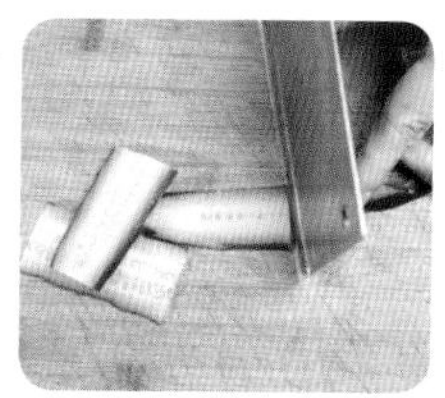

黄瓜生菜三明治

制作时间	热 量	适合人群
3分钟	98千卡	儿童

|材 料|吐司2片，生菜叶、西红柿、黄瓜、海苔片各适量

|调 料|沙拉酱适量

|做 法|①生菜叶洗净，切片；吐司去边；西红柿洗净，切片。

②黄瓜洗净，切成长薄片。

③在一片吐司上铺上生菜叶、西红柿片、黄瓜片、海苔片，挤上适量沙拉酱。

④再盖上另一片吐司即可。

|小贴士|

生菜有降低胆固醇、治疗神经衰弱、清燥润肺、化痰止咳的功效。

葡萄干豆泥

制作时间	热 量	适合人群
50分钟	150千卡	孕产妇

|材 料|红豆、葡萄干、苹果各50克

|调 料|蜂蜜少许

|做 法|①红豆洗净，用清水浸泡；葡萄干洗净；苹果洗净，切片，浸泡在淡盐水中。

②将红豆放入沸水锅中煮熟后盛出。

③红豆和少许葡萄干放入碗中，捣成泥。

④加入蜂蜜拌匀，装入盘中，放上葡萄干，以苹果片围边即可。

|小贴士|

选择红豆时以豆粒完整、颜色深红、大小均匀、紧实皮薄者为佳，色泽越深表明含铁量越多，药用价值越高。

扫一扫，直接观看
蓝莓山药泥的烹调视频

包菜拌肉片

制作时间	热　量	适合人群
10分钟	125千卡	一般人

|材料| 猪瘦肉50克，包菜100克

|调料| 盐、味精、香油各适量，大蒜30克

|做法| ①包菜洗净，切片；大蒜去皮洗净，切末；猪瘦肉洗净，切片。

②肉片加盐腌渍，再入沸水锅中焯水后捞出。

③包菜入锅烫熟后捞出。

④将包菜、肉片、蒜末同拌，调入盐、味精、香油拌匀即可。

|小贴士|

日本科学家认为，包菜的防衰老、抗氧化的效果与芦笋、菜花处在同样高的水平。包菜的营养价值与大白菜相差无几，其中维生素C的含量还要高出一半左右。

红椒牛蒡炒肉丝

制作时间	热　量	适合人群
8分钟	167千卡	一般人

|材料| 猪瘦肉80克，牛蒡100克，红椒适量

|调料| 盐、味精、生抽、料酒各适量

|做法| ①猪瘦肉洗净，切丝；牛蒡、红椒均洗净，切丝。

②肉丝加盐、料酒腌渍。

③牛蒡丝入沸水锅中焯水后捞出。

④热油锅，下肉丝、红椒丝同炒，再放牛蒡炒片刻，加盐、味精、生抽炒匀即可。

|小贴士|

选购牛蒡，应选长度在60厘米以上，直径在2厘米以上，表皮光滑幼嫩，形体正直而新鲜者。买牛蒡不要贪大，过大的牛蒡容易空心。

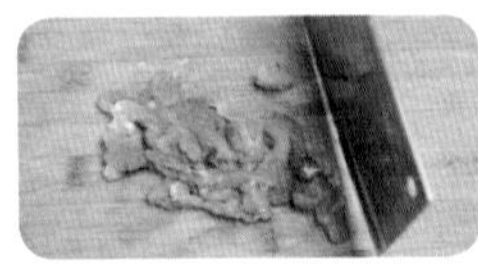

扫一扫，直接观看
肉末包菜的烹调视频

绿豆芽炒肉丝

制作时间	热　量	适合人群
6分钟	170千卡	老年人

|材料| 猪瘦肉80克，胡萝卜、绿豆芽各50克

|调料| 盐、味精、料酒、香油、香葱各适量

|做法| ①猪瘦肉洗净，切丝；香葱洗净，切段；胡萝卜洗净，切丝。
②肉丝加盐、料酒腌渍。
③绿豆芽去尾洗净，入锅焯水后捞出。
④油锅烧热，下肉丝、香葱、胡萝卜丝同炒，加绿豆芽，调入盐、味精炒匀，起锅淋入香油。

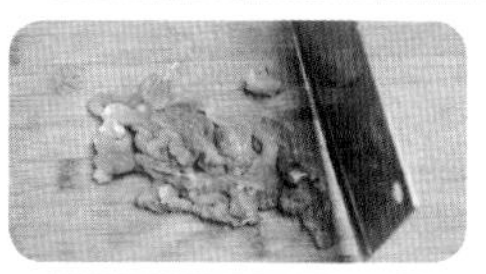

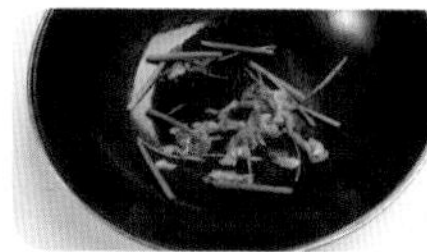

|小贴士|
绿豆芽下锅后要迅速翻炒，适当加些醋，才能保存水分及维生素C，口感会更好。此外，绿豆芽不宜保存，建议现买现食。

芹菜肉丝

制作时间	热　量	适合人群
7分钟	178千卡	老年人

|材料| 猪瘦肉80克，芹菜100克

|调料| 盐、味精、料酒各适量

|做法| ①猪瘦肉洗净，切丝；芹菜洗净，取梗切段；芹菜叶洗净，切碎。
②肉丝加盐、料酒腌渍。
③芹菜段入沸水锅中焯水后捞出。
④油锅烧热，入芹菜叶、肉丝同炒，再加入芹菜段炒片刻，调入盐、味精炒匀即可。

|小贴士|
中医认为猪肉性味苦、微寒，有小毒，入脾、肾经，有滋养脏腑、滑润肌肤、补中益气、滋阴养胃之功效。它营养丰富，蛋白质含量高，还富含维生素B_1和锌等，是人们最常食用的动物性食品。

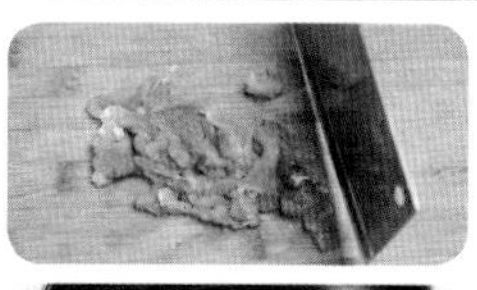

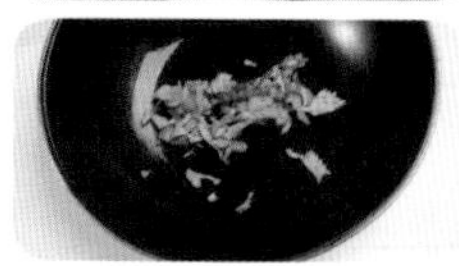

扫一扫，直接观看
笋尖西芹炒肉片的烹调视频

梅子菠菜肉片

制作时间	热量	适合人群
10分钟	158千卡	老年人

|材料|猪肉80克，梅子、菠菜各适量

|调料|盐、味精、酱油、淀粉各适量

|做法|①梅子用水泡开；菠菜切去根部，洗净，焯水后捞出备用。
②猪肉洗净，入锅焯熟后捞出，切片。
③油锅烧热，放入梅子炒片刻。
④放入猪肉同炒，调入盐、味精、酱油炒匀，最后用淀粉勾芡，盛盘，以菠菜围边即可。

|小贴士|
话梅含油脂低，含钠低，不含胆固醇，而且话梅富含纤维质、钾、钙、维生素A、维生素B_1、维生素B_2，可帮助我们改善一些营养问题。

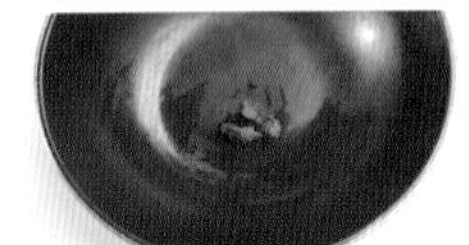

瘦肉炒包菜

制作时间	热量	适合人群
12分钟	168千卡	老年人

|材料|猪瘦肉80克，包菜80克

|调料|盐、味精、酱油、料酒各适量

|做法|①猪瘦肉洗净，切片；包菜洗净，切块。
②肉片加入盐、料酒腌渍。
③包菜入沸水锅中稍滚后捞出。
④油锅烧热，放肉片炒至变色，加入包菜同炒片刻，调入盐、味精、酱油炒匀即可。

|小贴士|
食用包菜时，有一种特殊的气味，去除的方法是在烹调时加些韭菜和大葱，用甜面酱代替辣椒酱，经这样处理，菜可变得清香爽口。

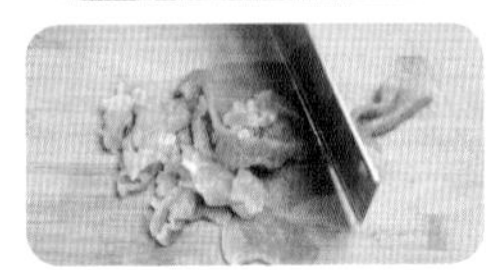
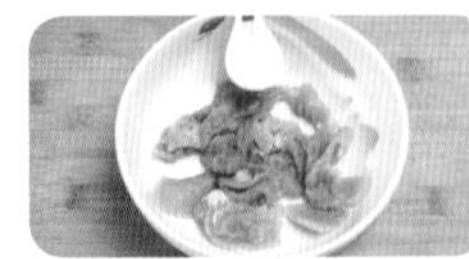

七彩炒瘦肉

制作时间	热　量	适合人群
8分钟	203千卡	一般人

|材料|瘦肉50克，胡萝卜、辣椒、西芹、香菇、金针菇各适量

|调料|盐、味精各适量

|做法|①胡萝卜、辣椒、西芹均洗净，切丝；香菇泡发洗净，切丝；金针菇去尾洗净。

②猪瘦肉洗净，切丝，加盐腌渍。

③油锅烧热，下入胡萝卜，辣椒，西芹，香菇，金针菇同炒。

④调入盐炒匀，再放肉丝同炒至熟，起锅前加入味精即可。

|小贴士|

胡萝卜营养丰富，含较多的胡萝卜素、糖、钙等营养物质，对人体具有多方面的保健功能，因此被誉为“小人参”。

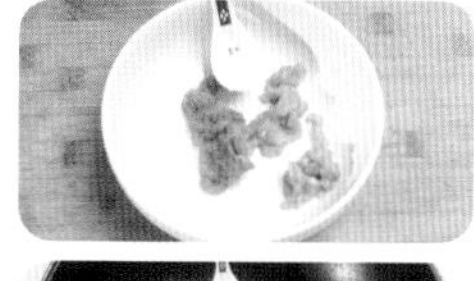

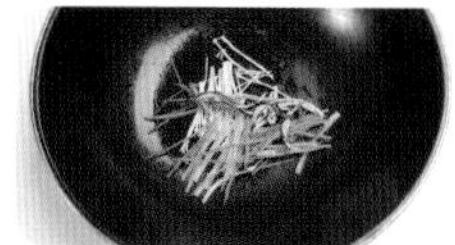

香菇豆腐蒸肉

制作时间	热　量	适合人群
7分钟	150千卡	老年人

|材料|豆腐100克，猪瘦肉50克，香菇适量

|调料|盐、味精各2克

|做法|①香菇泡发洗净，切成丝。

②豆腐洗净，装入碗中，用勺子捣碎；猪瘦肉洗净，剁成末。

③将豆腐与猪瘦肉同拌，加盐、味精拌至入味。

④在顶端放上香菇丝，入锅蒸熟即可。

|小贴士|

①香菇中含有丰富的食物纤维，经常食用能降低血液中的胆固醇，防止动脉粥样硬化，对防治脑溢血、心脏病、肥胖症和糖尿病都有效。②香菇中含有一种干扰素的诱导剂，能干扰病毒蛋白质的合成。

扫一扫，直接观看
萝卜缨炒肉末的烹调视频

肉片南瓜炒魔芋

制作时间	热　量	适合人群
8分钟	205千卡	男性

|材料| 猪瘦肉50克，南瓜、魔芋各100克，鸡蛋1个

|调料| 盐2克，料酒适量

|做法| ①猪瘦肉洗净，切片；南瓜去皮洗净，切片；魔芋洗净，切块；鸡蛋磕入碗中，搅散。
②肉片加盐、料酒腌渍。
③油锅烧热，注入清水烧开，放入肉片、南瓜、魔芋。
④加入鸡蛋液，炒至水分收干，调入盐拌匀即可。

|小贴士|
选购南瓜时以新鲜、外皮红色为佳。表面出现黑点的说明变质了，不宜购买。

制作时间	热　量	适合人群
7分钟	220千卡	儿童

山楂炒肉片

|材料| 猪瘦肉60克，山楂50克

|调料| 盐4克

|做法| ①猪瘦肉洗净，切片；山楂洗净，去核，切片。
②肉片加盐腌渍。
③油锅烧热，入肉片、山楂片同炒。
④注入适量清水烧开，煮至汤汁收干，调入盐炒匀即可。

扫一扫，直接观看
木须肉的烹调视频

肉末酿青椒

制作时间	热　量	适合人群
10分钟	103千卡	男性

|材料| 猪肉80克，青椒50克

|调料| 盐、料酒、胡椒粉各适量

|做法| ①猪肉洗净，剁成末。

②肉末加盐、料酒、胡椒粉腌渍5分钟至入味。

③青椒洗净，在顶部斜切一个口，掏去肉瓤，将肉末酿入青椒内，压严实。

④将酿好的青椒装入盘中，隔水蒸熟即可。

|小贴士|

①多数人在清洗青椒时，习惯将它剖为两半，或直接冲洗，其实是不对的。因为青椒独特的造型与生长的姿势，使得喷洒过的农药都累积在凹陷的果蒂上。因此要先摘下果蒂再清洗。②肉类中含有蛋白质和脂肪，同青椒食用可促进消化液的分泌。

肉末茼蒿

制作时间	热　量	适合人群
8分钟	106千卡	一般人

|材料| 猪肉80克，茼蒿100克

|调料| 盐2克，味精、生抽各适量

|做法| ①猪肉洗净，剁成末；茼蒿洗净。

②肉末加盐腌渍2分钟至入味。

③茼蒿下入加了盐的沸水锅中稍烫后捞出，装盘。

④油锅烧热，入肉末炒熟，调入味精、生抽炒匀，起锅盛于茼蒿上即可。

|小贴士|

茼蒿中含有特殊香味的挥发油，有助于宽中理气、消食开胃、增加食欲。它丰富的粗纤维有助肠道蠕动，促进排便，达到通腑利肠的目的。

扫一扫，直接观看
蒜薹木耳炒肉丝的烹调视频

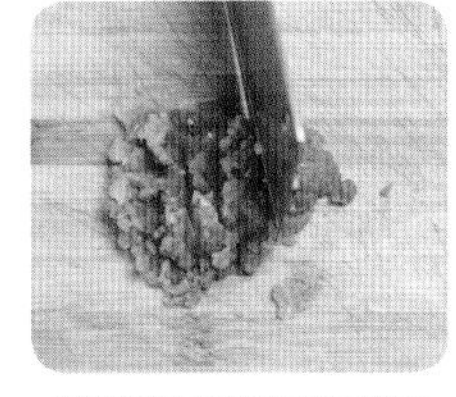

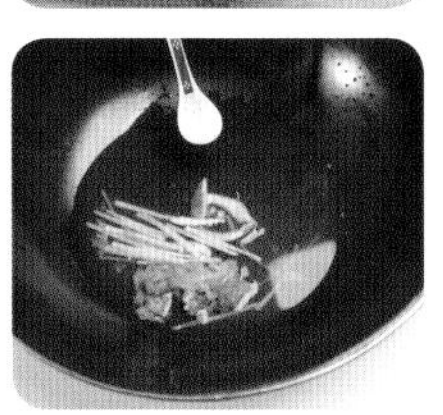

土豆肉末羹

制作时间	热　量	适合人群
9分钟	150千卡	女性

|材料| 猪瘦肉60克，胡萝卜、土豆、香菇各30克

|调料| 盐、味精、生抽各适量

|做法| ①猪瘦肉洗净，剁成末；胡萝卜洗净，切丝；土豆洗净，切丝；香菇泡发洗净，切丝。

②肉末加盐腌渍。

③油锅烧热，注入清水烧开，放入肉末、胡萝卜、土豆丝、香菇。

④调入盐，煮至材料均熟，加入味精、生抽拌匀即可。

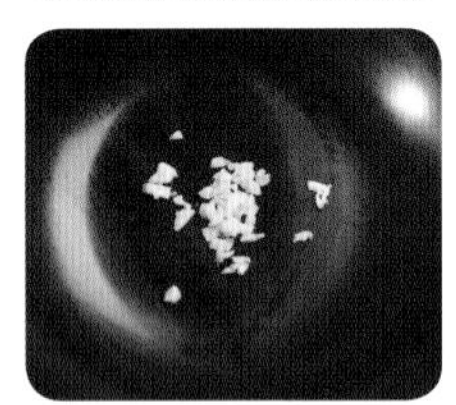

菠菜炒火腿

制作时间	热　量	适合人群
5分钟	130千卡	儿童

|材料| 火腿80克，菠菜100克

|调料| 盐2克，味精、生抽、香油、大蒜各适量

|做法| ①火腿洗净，切丝；大蒜去皮洗净，切末。

②菠菜洗净，切段，入锅稍烫后捞出。

③油锅烧热，下入蒜末爆香。

④放入火腿丝同炒片刻，再下入菠菜炒熟，调入盐、味精、生抽炒匀，淋入香油即可。

扫一扫，直接观看
椒香肉片的烹调视频

火腿炒茄子

制作时间	热 量	适合人群
10分钟	120千卡	一般人

|材料| 西红柿、南瓜、火腿、洋葱、茄子各60克

|调料| 盐2克

|做法| ①西红柿、火腿均洗净，切片。

②南瓜去皮洗净，切片，入锅焯水后捞出。

③茄子去皮洗净，切片，用盐水浸泡。

④油锅烧热，入西红柿、南瓜、火腿、洋葱同炒，再入茄子炒熟，调入盐炒匀即可。

洋葱炒火腿

制作时间	热 量	适合人群
6分钟	150千卡	男性

|材料| 土豆、洋葱各50克，火腿50克

|调料| 盐、味精各2克

|做法| ①火腿洗净，切片；土豆去皮洗净，切片；洋葱洗净，切块。

②油锅烧热，入土豆片稍炒。

③再加入洋葱、火腿同炒至熟。

④调入盐、味精炒匀即可。

|小贴士|

食用洋葱不仅能延迟细胞的衰老，达到养颜的效果，还能够降血脂，防治动脉硬化。患有高血压、高血脂等心血管疾病的老年人宜多食用洋葱。

扫一扫，直接观看
枸杞叶瘦肉汤的烹调视频

蘑菇牛肉汤

制作时间	热　量	适合人群
7分钟	205千卡	一般人

|材 料| 牛肉100克，鲜香菇、口蘑、洋葱、芹菜各30克

|调 料| 盐、味精、酱油、香油各适量

|做 法| ①牛肉洗净，切片；鲜香菇、口蘑均洗净，切块；洋葱洗净，切片；芹菜洗净，切小段。

②牛肉片加入适量盐腌渍。

③油锅烧热，放入所有原材料同炒片刻，注入清水烧开。

④调入盐、味精、酱油拌匀，起锅淋入香油即可。

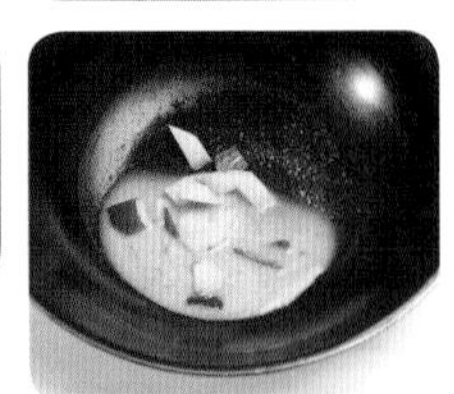

土豆咖喱牛肉

制作时间	热　量	适合人群
12分钟	220千卡	男性

|材 料| 牛肉150克，土豆、洋葱各50克，咖喱粉适量

|调 料| 盐、味精、红椒、生抽各适量

|做 法| ①牛肉洗净，切片；土豆去皮洗净，切丁；洋葱洗净，切片；红椒洗净，切块。

②牛肉片加盐、咖喱粉拌匀。

③油锅烧热，入土豆稍炒，注入清水烧开。

④加入洋葱、红椒、咖喱粉同煮至八成熟，再入牛肉煮至熟，调入盐、味精、生抽拌匀即可。

扫一扫，直接观看
青豆烧冬瓜鸡丁的烹调视频

菊花鸡片

制作时间	热　量	适合人群
8分钟	202千卡	女性

|材料| 鸡胸肉150克，干菊花10克

|调料| 盐、味精、料酒各适量

|做法| ①鸡胸肉洗净，切片。

②鸡胸肉加盐、料酒腌渍。

③干菊花用清水泡开。

④油锅烧热，入鸡胸肉稍炒，加入菊花同炒至熟，调入盐、味精、生抽炒匀即可。

|小贴士|

颜色太鲜艳、太漂亮的菊花不能购买，应选有花萼，且颜色偏绿的菊花，这样的菊花最新鲜。

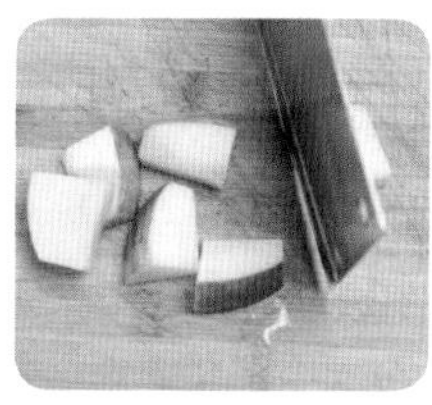

苹果苦瓜鸡

制作时间	热　量	适合人群
15分钟	219千卡	女性

|材料| 苦瓜、苹果、鸡腿各100克

|调料| 盐、生抽各适量

|做法| ①苹果洗净去核，切块；苦瓜去籽洗净，切块。

②鸡腿洗净，加盐腌渍。

③油锅烧热，注入清水烧开，放入苦瓜、苹果。

④调入盐拌匀，加入鸡腿同煮至熟，起锅前倒入生抽即可。

|小贴士|

青苹果具有较好的补心益气、益胃健脾、生津止渴、保持身材等功效。

扫一扫，直接观看
芦荟百合松仁鸡丁的烹调视频

大蒜鸡胸

制作时间	热　量	适合人群
11分钟	300千卡	老年人

|材料|鸡胸肉150克，大蒜50克

|调料|盐、味精各2克，酱油、料酒各8克

|做法|①鸡胸肉洗净，切块；大蒜去皮洗净，切片。
②鸡胸肉加盐、料酒腌渍。
③油锅烧热，入蒜片稍煎至两面金黄色。
④再加入鸡胸肉同炒至熟，调入盐、味精、酱油炒匀即可。

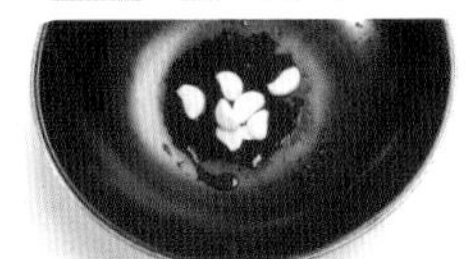

|小贴士|
大蒜能促进新陈代谢，降低胆固醇和甘油三酯的含量，并有降血压、降血糖的作用，故对高血压、高血脂、动脉硬化、糖尿病等有一定疗效。另外，大蒜可阻断亚硝胺类致癌物在体内的合成，其含有的多种成分都有单独的抗癌作用。

味汁鸡

制作时间	热　量	适合人群
7分钟	280千卡	一般人

|材料|鸡胸肉150克，包菜100克，西红柿适量

|调料|盐、味精各2克，陈醋、酱油、料酒各适量

|做法|①包菜洗净，切丝，焯水后捞出；西红柿洗净，切片，摆入盘中。
②鸡胸肉洗净，切丝，加盐、料酒腌渍。
③将鸡丝放入沸水锅中烫熟后捞出。
④将鸡丝、包菜同拌，置于摆有西红柿的盘中，调入盐、味精、陈醋、酱油拌匀即可。

|小贴士|
鸡肉在肉类食品中是比较容易变质的，所以购买后要马上放进冰箱里，方可在稍微迟一些的时候或第二天食用。

梅干菜南瓜蒸鸡

制作时间	热　量	适合人群
25分钟	245千卡	一般人

|材料| 鸡胸肉100克，西红柿、南瓜、菠菜、梅干菜各20克

|调料| 盐、料酒各适量

|做法| ①鸡胸肉洗净，切块；西红柿洗净，切块；南瓜去皮洗净，切片；菠菜洗净，取叶切片。

②鸡胸肉中加入适量盐、料酒腌渍。

③梅干菜用清水泡发。

④将西红柿、南瓜、菠菜摆盘，放上鸡胸肉，再放上梅干，入锅蒸熟即可。

|小贴士|

中医认为，鸡肉味甘、性温，入脾、胃经，有温中益气、补精填髓、益五脏、补虚损之功，可用于脾胃气虚、阳虚引起的乏力、浮肿、产后乳少、虚弱头晕等症。

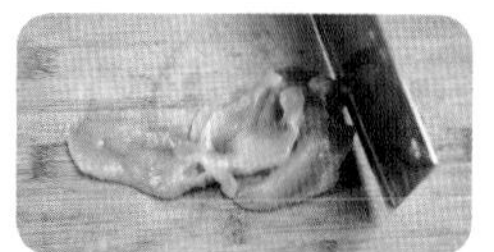

杂蔬炒鸡胸

制作时间	热　量	适合人群
13分钟	300千卡	一般人

|材料| 鸡胸肉、胡萝卜、香菇、荷兰豆、洋葱、豆芽各适量

|调料| 盐、料酒各适量

|做法| ①胡萝卜、鸡胸肉、洋葱洗净切片；香菇泡发洗净切片；荷兰豆洗净切段；豆芽洗净。

②鸡胸肉加盐、料酒腌渍。

③鸡胸肉入沸水锅中烫熟后捞出。

④热油锅，下鸡胸肉、胡萝卜、香菇、荷兰豆、洋葱、豆芽炒熟，调入盐即可。

|小贴士|

洋葱容易炒得软绵绵，且炒久了色泽灰暗，不好看。将切好的洋葱蘸点干面粉，炒熟后色泽金黄，质地脆嫩，味美可口。

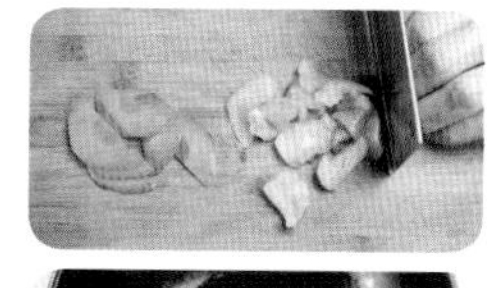

扫一扫，直接观看
魔芋结烧鸡翅的烹调视频

鸡丝黄瓜

制作时间	热 量	适合人群
7分钟	272千卡	女性

|材 料| 鸡胸肉150克，黄瓜150克

|调 料| 盐、味精各2克，酱油、料酒、红椒、醋各适量

|做 法| ①鸡胸肉洗净，切丝；黄瓜洗净，削去外皮，切成长条；红椒洗净，对切。
②鸡丝加盐、料酒腌渍3分钟至入味。
③将鸡丝放入沸水锅中烫熟后捞出。
④将鸡丝、黄瓜、红椒同拌，调入盐、味精、酱油、醋拌匀即可。

|小贴士|
黄瓜的主要成分为葫芦素，具有抗肿瘤的作用，对血糖也有很好的降低作用。它含水量高，是美容的瓜菜，经常食用可起到延缓皮肤衰老的作用。

洋葱鸡丝

制作时间	热 量	适合人群
10分钟	288千卡	男性

|材 料| 洋葱100克，鸡胸肉150克

|调 料| 盐2克，料酒、酱油、胡椒粉各适量

|做 法| ①洋葱洗净，切丝。
②鸡胸肉洗净，切丝，加盐、料酒腌渍。
③将鸡丝放入沸水锅中烫熟后捞出。
④将鸡丝、洋葱丝加入酱油、胡椒粉拌匀，以锡纸包好，放入烤箱中烤熟即可。

|小贴士|
洋葱是目前所知唯一含前列腺素A的蔬菜，是天然的血液稀释剂，能扩张血管、降低血液黏度。因而会降血压，减少外周血管和增加冠状动脉的血流量，预防血栓形成。

扫一扫，直接观看
南瓜炒鸡丁的烹调视频

猕猴桃鸡腿

制作时间	热　量	适合人群
15分钟	193千卡	儿童

|材料| 鸡腿1个，猕猴桃50克

|调料| 盐、料酒、红枣、桂圆、黄芪各适量

|做法| ①猕猴桃去皮洗净，切块。
②鸡腿洗净，打上花刀，加盐、料酒腌渍。
③猕猴桃、红枣、桂圆、黄芪一同入锅，加水煮成汁，盛出。
④油锅烧热，入鸡腿煎熟，再倒入煮好的汁同煮片刻即可。

|小贴士|
猕猴桃果和汁液，有降低胆固醇及甘油三酯的作用，亦可抑制致癌物质的产生，对高血压、高血脂、肝炎、冠心病、尿道结石有预防和辅助治疗作用。

酸菜木耳炒肉片

制作时间	热　量	适合人群
10分钟	180千卡	一般人

|材料| 猪瘦肉70克，酸菜80克，木耳30克

|调料| 盐、味精、生抽、料酒各适量

|做法| ①猪瘦肉洗净，切片；酸菜洗净，切块；木耳泡发洗净，切片。
②猪肉片加盐、料酒腌渍。
③油锅烧热，入酸菜稍炒，盛出。
④再热油锅，入猪肉片、木耳炒至变色，放酸菜，稍熟，调入盐、味精、生抽炒匀即可。

|小贴士|
优质黑木耳耳面呈深黑色，有光泽，耳背呈暗灰色，无光泽，朵片完整，无结块，干木耳用手握易碎，无韧性。掺假的劣质干木耳用手握不碎，有韧性，同一重量，掺假的木耳比正常木耳数量少。

扫一扫，直接观看
白萝卜肉丝汤的烹调视频

紫菜猪肉汤

制作时间	热　量	适合人群
10分钟	300千卡	儿童

|材料| 猪肉60克，紫菜50克

|调料| 盐、味精各2克

|做法| ①紫菜泡发洗净。
②猪肉洗净，剁成末。
③油锅烧热，放入猪肉末稍炒至肉色发白。
④注入适量清水烧开，加入紫菜同煮2分钟，调入盐、味精拌匀即可。

|小贴士|
要想选到优质紫菜，一要注意挑选色泽紫红色的，如色泽发黑可能是隔年陈紫菜，如色泽发红则菜质较嫩。二要注意紫菜厚薄要均匀，无明显的小洞与缺角。三要注意辨别陈紫菜，无香味，入口有一股海腥味者则是陈年紫菜。

制作时间	热　量	适合人群
8分钟	266千卡	老年人

木耳南瓜瘦肉汤

|材料| 猪肉60克，南瓜80克，木耳30克

|调料| 盐、味精、料酒各适量

|做法| ①瘦猪肉洗净，切片；南瓜去皮洗净，切丁；木耳泡发洗净去蒂，切片。
②肉片加盐、料酒腌渍。
③油锅烧热，注入清水烧开，加入猪肉、南瓜、木耳同煮至熟。
④调入盐、味精煮至入味即可。

冬瓜玉米瘦肉汤

制作时间	热　量	适合人群
8分钟	241千卡	女性

|材料| 冬瓜、玉米粒、胡萝卜、猪瘦肉各50克

|调料| 盐、牛奶、生抽各适量

|做法| ①瘦冬瓜洗净，切丁；玉米粒洗净；胡萝卜、猪瘦肉均洗净，切小块。
②油锅烧热，入玉米粒、冬瓜稍炒，注入适量清水烧开。
③调入盐拌匀。
④加少许牛奶，放入胡萝卜、猪瘦肉同煮至熟，调入生抽拌匀即可。

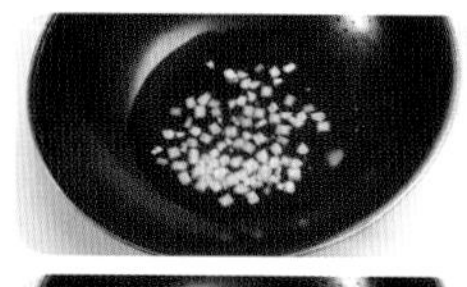

|小贴士|
冬瓜性寒，能养胃生津、清降胃火，使人食量减少，促使体内淀粉、糖转化为热能，而不变成脂肪。因此，冬瓜是肥胖者的理想蔬菜。

茼蒿牛肉汤

制作时间	热　量	适合人群
9分钟	241千卡	男性

|材料| 牛肉100克，蘑菇、茼蒿各50克

|调料| 盐、咖喱粉、味精、生抽各适量

|做法| ①牛肉洗净，切片；蘑菇、茼蒿均洗净。
②牛肉加咖喱粉、盐拌匀。
③油锅烧热，入蘑菇稍炒，注入适量清水烧开，放入牛肉。
④调入盐拌匀，加入茼蒿煮熟，起锅前放味精、生抽调味即可。

|小贴士|
炖牛肉时缝一个纱布袋，将够泡一壶茶水的茶叶放入纱布袋里，捆好口，把它放入锅内和牛肉一起炖，牛肉既熟得快，又不变味。

扫一扫，直接观看
马齿苋肉片汤的烹调视频

茄子牛肉汤

制作时间	热　量	适合人群
13分钟	185千卡	孕产妇

|材料| 牛肉100克，西芹、茄子各50克，红枣30克

|调料| 盐、味精、咖喱粉、生抽各适量

|做法| ①牛肉洗净切片；西芹洗净切小段；红枣洗净；茄子洗净切丁，入水稍浸泡捞出备用。

②牛肉加入咖喱粉、盐腌渍。

③油锅烧热，入西芹炒香，注入适量清水烧开，加入茄子、红枣、牛肉。

④调入盐拌匀，煮至所有材料均熟，起锅前加入味精、生抽拌匀即可。

西芹排骨汤

制作时间	热　量	适合人群
20分钟	228千卡	儿童

|材料| 排骨60克，玉米、包菜、海带、西芹各50克

|调料| 盐2克，味精、料酒、酱油各适量

|做法| ①排骨洗净，切段；玉米、包菜均洗净，切块；海带泡发洗净，切块；西芹洗净，切小段。

②排骨加入盐、料酒腌渍。

③油锅烧热，注入清水烧开，放入玉米、包菜、海带同煮。

④加入排骨，调入盐，再入西芹，煮至所有材料均熟，起锅前调入味精、料酒、酱油拌匀即可。

扫一扫，直接观看
莴笋莲藕排骨汤的烹调视频

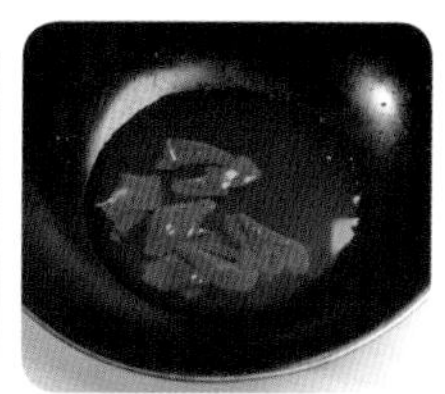

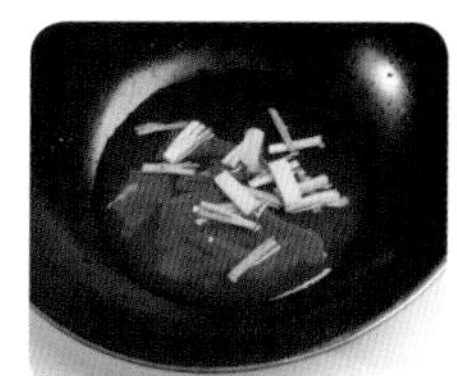

猪肝汤

制作时间	热　量	适合人群
10分钟	290千卡	男性

|材料| 猪肝200克

|调料| 盐、味精、胡椒粉、生抽、料酒、葱、姜各适量

|做法| ①猪肝洗净，切片，加盐、料酒腌渍；葱洗净，一部分切段，一部分切花；姜洗净，切片。

②油锅烧热，注入清水烧开，放入猪肝。

③再放入葱段、姜片煮至猪肝熟透，汤浓。

④调入盐、味精、胡椒粉、生抽拌匀，撒上葱花即可。

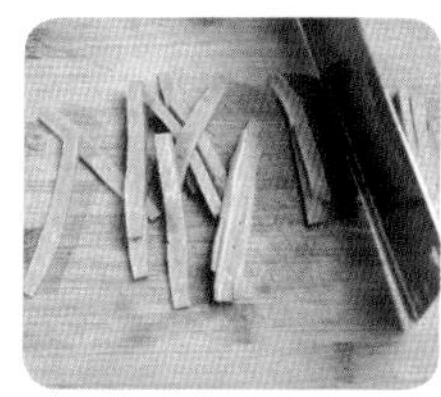

豆芽火腿汤

制作时间	热　量	适合人群
5分钟	100千卡	老年人

|材料| 火腿80克，绿豆芽80克，黑木耳适量

|调料| 盐、味精、香油各适量

|做法| ①火腿洗净，切丝；绿豆芽去头尾，洗净；黑木耳泡发洗净，切丝。

②油锅烧热，放火腿、绿豆芽、黑木耳同炒片刻，再注入清水烧开。

③调入盐、味精拌匀。

④起锅淋入香油即可装碗。

|小贴士|

用化肥或除草剂催发的豆芽生长快、长得好，但须根不发达，容易辨别。

扫一扫，直接观看
西葫芦鸡丝汤的烹调视频

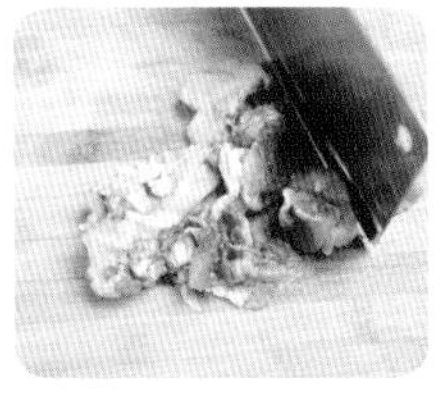

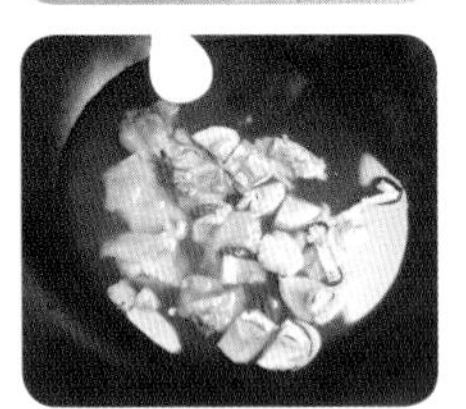

口蘑鸡肉汤

制作时间	热　量	适合人群
30分钟	278千卡	老年人

|材料| 鸡肉100克，口蘑50克

|调料| 盐、料酒、胡椒粉、枸杞、黄芪、参须各适量

|做法| ①鸡肉洗净，剁成小块；口蘑洗净，切块。
②鸡肉加盐、料酒腌渍5分钟至入味。
③油锅烧热，注入清水烧开，加入鸡肉、口蘑、枸杞、黄芪、参须同煮25分钟。
④各材料均熟后，调入盐、胡椒粉拌匀即可。

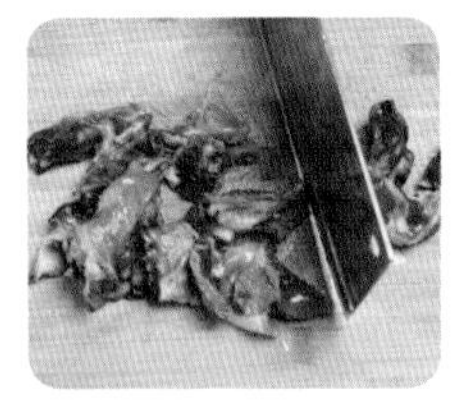

姜丝煮乌鸡

制作时间	热　量	适合人群
20分钟	278千卡	孕产妇

|材料| 乌鸡250克

|调料| 盐、味精、酱油、姜各适量

|做法| ①乌鸡治净，切块；姜洗净，切丝。
②乌鸡块加盐腌渍。
③油锅烧热，注入清水烧开，放入鸡块煮熟。
④姜丝、酱油、盐、味精调匀，倒入鸡块中煮片刻即可。

|小贴士|
乌鸡虽然营养丰富，但多食会生痰助火、生热动风，故体肥、患严重皮肤疾病者宜少食或忌食。

薏米鸡腿汤

制作时间	热　量	适合人群
20分钟	280千卡	孕产妇

|材 料| 鸡腿1个，冬瓜100克，薏米30克

|调 料| 盐2克，陈皮适量

|做 法| ①冬瓜洗净，切块；陈皮稍泡，洗净，切丝。

②薏米用清水浸泡至软，捞出沥干。

③鸡腿洗净，加盐腌渍。

④油锅烧热，注入清水烧开，放入冬瓜、薏米同煮，再下入鸡腿、陈皮煮至熟，调入盐拌匀。

|小贴士|

现代药理研究证实，薏米有抗癌作用，尤其对子宫癌有明显的效果。

黄瓜火腿三明治

制作时间	热　量	适合人群
13分钟	340千卡	女性

|材 料| 吐司2片，黄瓜、西红柿、火腿各50克

|调 料| 奶油适量

|做 法| ①吐司均切去四周硬边；黄瓜、西红柿均洗净，切片。

②火腿洗净，切片，入油锅稍煎后取出。

③在两片吐司上均涂上一层奶油。

④在一片吐司上依次摆上黄瓜、火腿、西红柿，盖上另一片吐司即可。

|小贴士|

想切好三明治，试试先用火烤一下刀片，然后再轻轻地切三明治。

扫一扫，直接观看
黄花菜蒸草鱼的烹调视频

葱花烤鲫鱼

制作时间	热　量	适合人群
10分钟	173千卡	一般人

|材 料| 鲫鱼300克

|调 料| 盐3克，料酒、姜、红椒、葱各适量

|做 法| ①鲫鱼治净；姜洗净，切末；红椒洗净，切圈；葱洗净，切成葱花。

②将治净的鱼加盐、料酒腌渍5分钟至入味。

③油锅烧热，放入鲫鱼、姜末、红椒圈稍煎。

④取盘铺上锡纸，将煎过的鲫鱼放在锡纸上，撒上葱花，入烤箱烤3分钟至熟透，取出即可。

|小贴士|

鲫鱼是富含蛋白质的淡水鱼，自古以来有“鲫鱼脑壳四两参”的说法，鲫鱼的蛋白质含量为17%，脂肪仅为2.7%。鲫鱼的糖分、谷氨酸、天冬氨酸含量都很高。

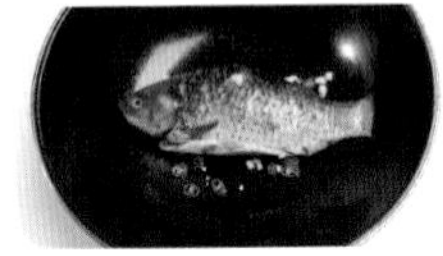

清蒸鱼

制作时间	热　量	适合人群
15分钟	300千卡	一般人

|材 料| 鱼300克

|调 料| 盐、生抽、料酒、葱、姜、香油各适量

|做 法| ①鱼治净，切块；葱、姜均洗净，切丝。

②鱼块加盐、料酒腌渍。

③将鱼摆入盘中，放上姜丝、葱丝，淋上生抽。

④将备好的材料入锅蒸10分钟，至熟取出，淋上香油即可。

|小贴士|

食用碱去鱼鳞法：盆中加入一半温水和适量食用碱拌匀，把鱼放到里面浸泡5分钟，用手直接搓洗，鱼鳞就会掉下来了。

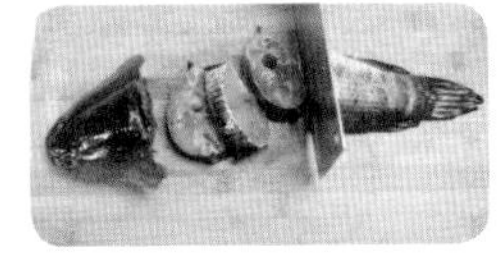

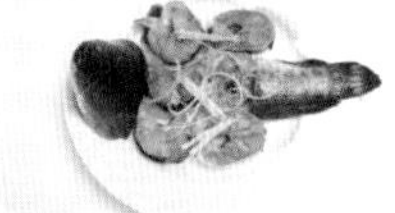

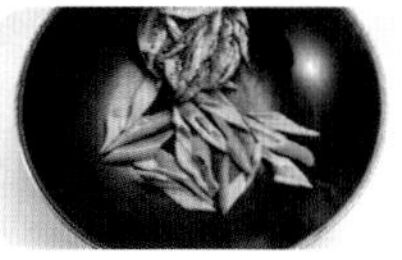

青椒小鱼干

制作时间	热　量	适合人群
15分钟	170千卡	一般人

|材料| 小鱼干、青椒各50克

|调料| 盐、料酒各适量

|做法| ①小鱼干用清水浸泡开，洗净。
②青椒洗净，切块。
③油锅烧热，入小鱼干炸至酥脆干香后盛出。
④再热油锅，放青椒爆香，再入小鱼干同炒片刻，调入盐、料酒炒匀即可。

|小贴士|
优质鱼干体形完整、色泽鲜明，有鱼香，肉质通透，干爽，不发黄，硬度较大。发黄发黑的则是时间过长不新鲜的鱼干，如表皮干而肉质软则是不干或烘干之品不能存放，而且没鱼香，回味不够。

姜丝蒸白鲳

制作时间	热　量	适合人群
11分钟	184千卡	一般人

|材料| 白鲳鱼200克

|调料| 盐2克，料酒、姜、豆豉各适量

|做法| ①白鲳鱼治净，在两面均打上花刀；姜洗净，切丝。
②用盐抹在鱼身上，加入料酒腌渍。
③再在鱼身上抹上油，铺上姜丝、豆豉。
④入锅蒸6分钟，至熟即可。

|小贴士|
白鲳鱼富含蛋白质及其他多种营养成分，具有益气养血、柔筋利骨之功效，对消化不良、脾虚泄泻、贫血、筋骨酸痛等很有效。白鲳鱼还含有丰富的不饱和脂肪酸，有降低胆固醇的功效，对高血脂、高胆固醇的人来说是一种不错的食品。

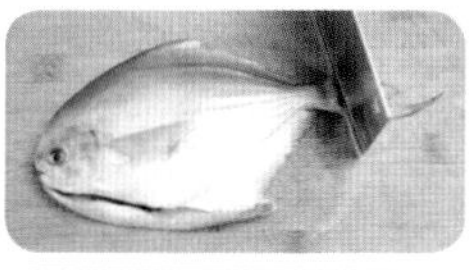

扫一扫，直接观看
辣味鱿鱼须的烹调视频

姜泥炒鱿鱼

制作时间	热　量	适合人群
12分钟	155千卡	男性

|材料|鱿鱼200克，姜适量

|调料|盐、味精各2克，料酒、辣椒酱各适量

|做法|①鱿鱼治净，先在表面打上花刀，再切成小块，加盐、料酒腌渍；姜洗净，切末。
②锅内注水烧开，放入鱿鱼汆水后捞出。
③油锅烧热，入姜末炒香。
④再放入鱿鱼同炒片刻，调入盐、味精、料酒、辣椒酱炒至干香即可。

|小贴士|
鱿鱼清洗不干净会有很重的腥味，影响口感。鱿鱼买回后，先用清水洗净，再将鱿鱼头拉出，用手撕去鱼皮，可以用适量白酒搓洗，能够有效去除腥味。

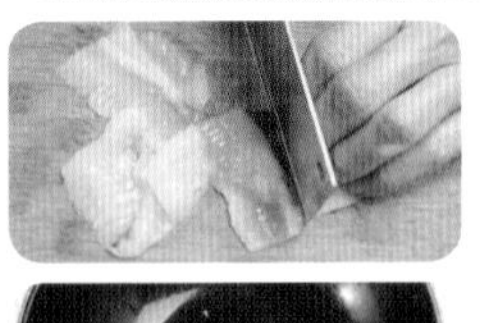

黄瓜鱿鱼

制作时间	热　量	适合人群
7分钟	190千卡	一般人

|材料|鱿鱼、黄瓜各200克

|调料|盐2克，料酒、葱花、辣椒酱、香油各适量

|做法|①鱿鱼治净，在表面打上花刀，再切成小块，加盐、料酒腌渍；黄瓜洗净，切块。
②锅注水烧开，下鱿鱼焯熟，捞出沥干。
③将鱿鱼、黄瓜一起装入碗中，同拌。
④加入葱花、辣椒酱、香油一起拌匀至入味即可。

|小贴士|
鱿鱼是有益健康的食物，有调节血压、保护神经纤维、活化细胞的作用，经常食用鱿鱼还能延缓身体衰老。

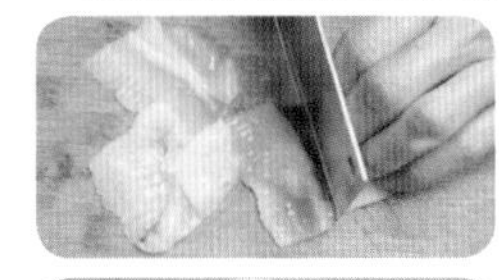

扫一扫，直接观看
蒜薹拌鱿鱼的烹调视频

椒丝鲜鱿

制作时间	热 量	适合人群
6分钟	195千卡	一般人

|材料| 鱿鱼250克

|调料| 盐、味精各2克，酱油、姜、红椒各适量

|做法| ①鱿鱼治净，打上花刀，再切块；姜洗净切丝；红椒洗净，切丝；盐、味精、酱油调成味汁。
②将鱿鱼放入沸水中烫熟后捞出装碗。
③姜丝、红椒丝入锅稍炒后同鱿鱼一起装碗。
④再淋入调好的味汁拌匀即可。

|小贴士|
鱿鱼的脂肪里含有的大量高度不饱和脂肪酸和肉中所含的高量牛磺酸，都可有效减少血管壁内所累积的胆固醇，对预防血管硬化、胆结石的形成都颇具功效。

香菇芹菜炒鱿鱼

制作时间	热 量	适合人群
9分钟	230千卡	老年人

|材料| 鱿鱼150克，鲜香菇、芹菜各50克，青椒、红椒各适量

|调料| 盐、味精各2克，料酒、生抽各适量

|做法| ①青椒洗净切块；鱿鱼治净，打花刀，切块；芹菜洗净切段；红椒洗净，切块；香菇洗净，对切。
②鱿鱼入沸水锅中焯水后捞出。
③油锅烧热，入青、红椒，芹菜炒香。
④再入香菇、鱿鱼同炒至熟，调入盐、味精、料酒、生抽炒匀即可。

|小贴士|
将新鲜、整齐的芹菜捆好，用保鲜袋或保鲜膜将芹菜茎叶部分包严，再将芹菜根部朝下竖放在清水盆中，这样可以保鲜。

扫一扫，直接观看
丝瓜炒虾仁的烹调视频

萝卜炒墨鱼

制作时间	热　量	适合人群
12分钟	200千卡	一般人

|材料|墨鱼200克，白萝卜、胡萝卜、香菇、牛蒡各适量

|调料|盐、味精、料酒、辣椒酱各适量

|做法|①墨鱼治净打花刀，切块，加盐、料酒腌渍；白萝卜、胡萝卜、牛蒡洗净切片；香菇泡发洗净切片。
②将墨鱼放入沸水锅中焯水后捞出。
③油锅烧热，下入白萝卜、胡萝卜、牛蒡、香菇同炒。
④加入墨鱼炒片刻，调入盐、味精、辣椒酱炒匀即可。

|小贴士|
墨鱼肉味微咸，性质温和，有补精益气、通调月经、收敛止血、美肤乌发的功效。

制作时间	热　量	适合人群
10分钟	154千卡	女性

芹菜虾仁

|材料|芹菜100克，虾仁150克

|调料|盐2克，料酒、香油各适量

|做法|①芹菜洗净，切成长短一致的段。
②虾仁治净，加盐、料酒腌渍。
③锅置火上，注入清水烧开，放入芹菜、虾仁烫熟后捞出。
④芹菜、虾仁加入盐、香油同拌匀即可。

虾仁蒸豆腐

制作时间	热　量	适合人群
10分钟	200千卡	女性

|材料| 虾仁150克，豆腐150克

|调料| 盐2克，料酒、葱、香油各适量

|做法| ①虾仁治净，加盐、料酒腌渍。
②豆腐洗净，切成长条；葱洗净，切末。
③将豆腐、虾仁摆入盘中，放上葱末，调入盐。
④入锅蒸6分钟，至熟，取出淋上香油即可。

|小贴士|
虾类忌与维生素C同食。美国科学家发现，食用虾类等水生甲壳类动物的同时，服用大量的维生素C能够致人死亡，因为一种通常被认为对人体无害的砷类在维生素C的作用下能够转化为有毒的砷。所以食用虾类食品后，尽量少进食富含维生素C的食品。

牛奶虾仁小白菜

制作时间	热　量	适合人群
7分钟	198千卡	儿童

|材料| 虾仁200克，小白菜80克

|调料| 盐、牛奶、姜各适量

|做法| ①姜洗净，切丝；小白菜洗净。
②虾仁挑去背部泥沙，洗净。
③油锅烧热，放入虾仁稍炒，加入适量清水烧开，倒入牛奶，再放入姜丝，调入盐拌匀。
④稍煮后起锅盛于小白菜上，摆盘即可。

|小贴士|
小白菜中所含的矿物质能够促进骨骼的发育，加速人体的新陈代谢和增强机体的造血功能。小白菜还有“和中，利于大小肠”的作用，能健脾利尿、促进吸收。

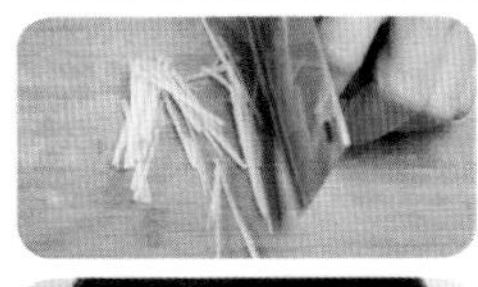
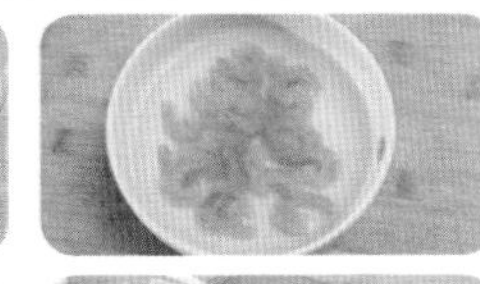
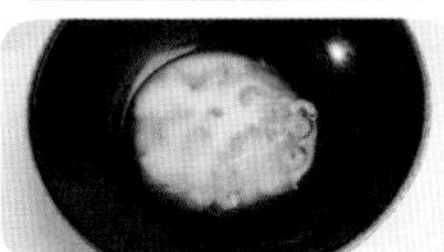
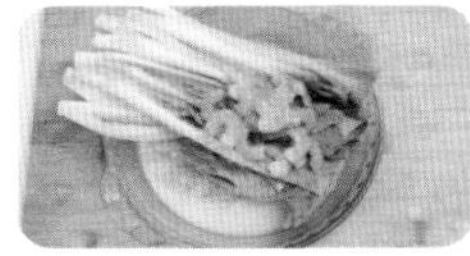

扫一扫，直接观看
西芹芦荟滑虾仁的烹调视频

五蔬炒虾仁

制作时间	热量	适合人群
10分钟	300千卡	一般人

|材料|虾仁100克，竹笋、胡萝卜、荷兰豆、火腿、香菇各30克

|调料|盐2克，香油适量

|做法|①竹笋洗净，切丁；火腿、香菇、胡萝卜均洗净，切丁；荷兰豆洗净，切小段。

②虾仁洗净，加盐腌渍。

③将竹笋、火腿、香菇、胡萝卜、荷兰豆、虾仁放入沸水锅中稍烫后捞出。

④油锅烧热，入竹笋、火腿、香菇、胡萝卜、荷兰豆、虾仁同炒至熟，调入盐，起锅淋入香油。

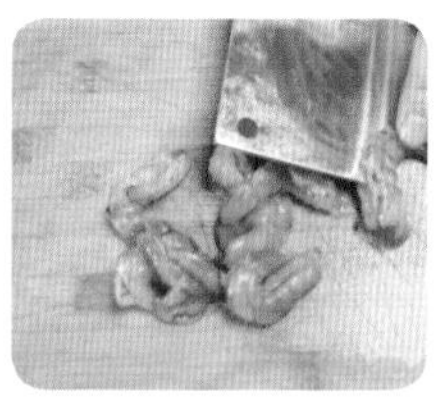

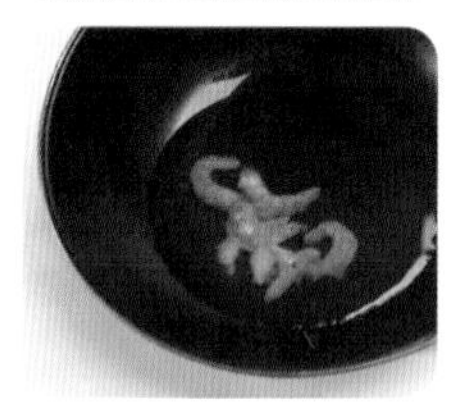

蒜苗炒虾仁

制作时间	热量	适合人群
8分钟	297千卡	一般人

|材料|虾仁100克，蒜苗80克

|调料|盐、生抽、料酒、香油各适量

|做法|①虾仁洗净，从背部切开，挑去虾线；蒜苗洗净，切段。

②虾仁加盐、料酒腌渍。

③虾仁入沸水锅中稍烫后捞出。

④油锅烧热，入蒜苗和虾仁同炒，调入盐、生抽炒匀，起锅淋入香油即可。

|小贴士|

蒜苗中含有丰富的维生素C，具有明显的降血脂及预防冠心病和动脉硬化的作用，并可防止血栓的形成。

扫一扫，直接观看
百合虾米炒蚕豆的烹调视频

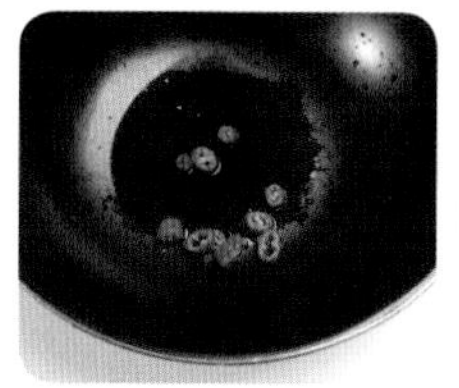

虾米炒黄瓜

制作时间	热 量	适合人群
7分钟	123千卡	女性

|材料|虾米50克，黄瓜150克

|调料|盐、味精、料酒、红椒各适量

|做法|①黄瓜洗净，切片；红椒洗净，切圈。

②虾米用清水泡开，洗净。

③油锅烧热，放入红椒炒香。

④加入虾米、黄瓜同炒至熟，调入盐、味精、料酒炒匀即可。

|小贴士|

鲜虾可先汆水后存，即在入冰箱储存前，先用开水或油汆一下，可使虾的红色固定，鲜味持久。

虾米冬瓜

制作时间	热 量	适合人群
25分钟	106千卡	女性

|材料|虾米50克，冬瓜100克

|调料|盐2克，香油适量

|做法|①虾米用清水浸泡，洗净后捞出沥干水分。

②冬瓜去皮洗净，切四方的小块。

③将冬瓜放入沸水锅中稍烫后捞出。

④冬瓜摆入盘中，放上虾米，撒上盐，入锅蒸15分钟，取出淋上香油即可。

|小贴士|

冬瓜在夏天食用，一般是切开出售，因此购买时容易分辨出好坏。瓜肉雪白、肉质坚实、瓜身较重者为佳。

扫一扫，直接观看南瓜炒虾米的烹调视频

虾米拌西芹

制作时间	热　量	适合人群
6分钟	220千卡	老年人

|材 料| 西芹150克，虾米100克

|调 料| 盐、白醋、红椒、大蒜各适量

|做 法| ①西芹洗净，切成斜段；红椒洗净，切块；大蒜去皮洗净，剁成末；虾米泡发，洗净，焯水。

②将西芹、红椒放入沸水锅中焯水后捞出。

③大蒜加盐、白醋拌匀。

④将西芹、红椒、虾米装入碗中，加入拌好的大蒜，再一起搅拌均匀即可。

烤蛤蜊丝瓜

制作时间	热　量	适合人群
8分钟	100千卡	男性

|材 料| 丝瓜、蛤蜊各150克

|调 料| 盐、青椒、红椒、大蒜各适量

|做 法| ①丝瓜去皮洗净，切条；青、红椒均洗净，切碎粒；大蒜去皮洗净，切末。

②蛤蜊放入清水中，加入适量盐，让其吐尽泥沙。

③丝瓜加盐和蒜末搅拌均匀。

④将丝瓜、蛤蜊、青椒、红椒、蒜末用锡纸包好，放入烤箱烤熟即可。

|小贴士|

蛤蜊极富鲜味，烹制时不要再加味精，也不宜多放盐，以免失去鲜味。

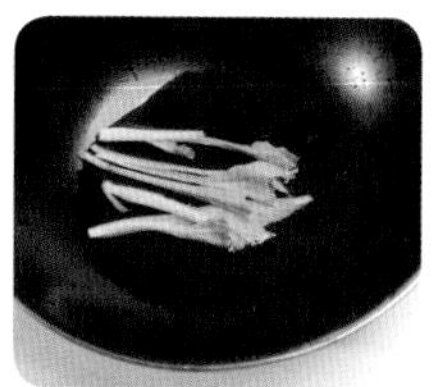

干贝蒸黄瓜

制作时间	热　量	适合人群
15分钟	98千卡	女性

|材料| 黄瓜200克，干贝20克，小白菜50克

|调料| 盐2克

|做法| ①黄瓜洗净，切成小圈。
②小白菜洗净，入沸水锅中稍烫后捞出。
③干贝用清水泡开。
④将干贝放在黄瓜上，撒上盐，入锅蒸熟后取出，以小白菜围边即可。

|小贴士|
干贝所含的谷氨酸钠是味精的主要成分，可分解为谷氨酸和酪氨酸等，在肠道细菌的作用下，转化为有毒、有害物质，因此一定要适量食用干贝。

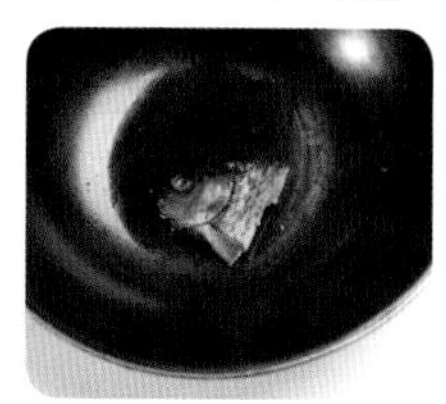

鱼头百合汤

制作时间	热　量	适合人群
25分钟	153千卡	孕产妇

|材料| 鱼头1个，百合50克

|调料| 盐、味精、料酒、酱油各适量

|做法| ①百合剥成片，用清水洗净。
②鱼头洗净血水，备用。
③鱼头加入盐、料酒、酱油腌渍5分钟备用。
④油锅烧热，将鱼头稍煎，注入清水烧开，加入百合同煮至汤呈奶白色，调入盐、味精搅匀入味即可。

|小贴士|
百合有润肺、清心、调中之效，还可止咳、止血、开胃、安神。

扫一扫，直接观看
黄花菜鲫鱼汤的烹调视频

金针菇鱼尾汤

制作时间	热　量	适合人群
15分钟	127千卡	一般人

|材料| 鱼尾100克，冬瓜、金针菇各50克

|调料| 盐、味精、料酒各适量

|做法| ①冬瓜洗净，切成薄片；金针菇切去尾部，洗净。

②鱼尾洗净，加盐、料酒腌渍。

③油锅烧热，下入鱼尾稍煎。

④注入清水烧开，再加入冬瓜、金针菇同煮至熟，调入盐、味精、料酒拌匀即可。

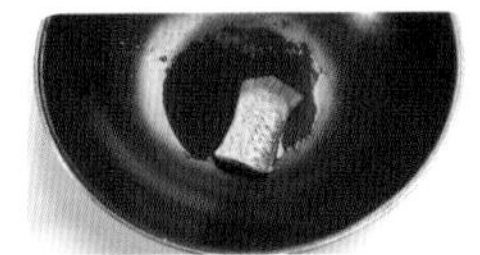

|小贴士|

新鲜的金针菇中含有秋水仙碱，人食用后，容易因氧化而产生有毒的秋水仙碱。秋水仙碱易溶于水，在一定的高温下可以被破坏，在食用前，应将鲜金针菇在冷水中浸泡2小时。烹饪时，要把金针菇煮软炒熟，分解秋水仙碱。

鱼片酸汤

制作时间	热　量	适合人群
15分钟	231千卡	一般人

|材料| 草鱼200克，西红柿50克

|调料| 盐、生抽、料酒、姜各适量

|做法| ①草鱼治净，取肉切片；西红柿洗净，切块；姜洗净，切片。

②鱼片加盐、料酒腌渍。

③油锅烧热，下入西红柿、姜片稍炒，注入清水烧开。

④再放入鱼片，调入盐、生抽煮熟即可。

|小贴士|

草鱼含有丰富的蛋白质、脂肪，并含有多种维生素，还含有核酸和锌，有增强体质、延缓衰老的作用。对于身体瘦弱、食欲不振的人来说，草鱼肉嫩而不腻，开胃、滋补的效果不错。

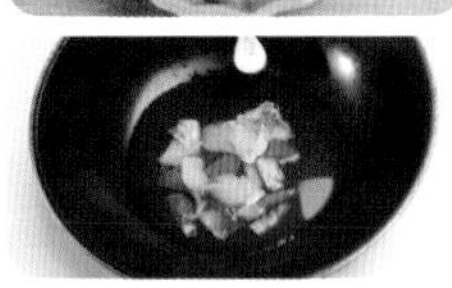

第三章 大厨推荐的美味简易菜

家庭烹调中，各种简易又美味的菜烹饪起来也是有一点小技巧的。下面让大厨的烹饪智慧更多地传授给热爱美食的你，让你也可以轻松地做出堪与大厨媲美的美味佳肴来吧！

做出美味菜肴的八大要素

做菜大有学问，做简易菜也是一样的。怎样才能使你做的菜与众不同？怎样做才能既丰富又营养，还要兼顾美味呢？掌握烹饪美味菜肴的八大要素，问题就迎刃而解了！

原料

做菜离不开原料，而原料本身就有其固定的气味或滋味。比如黄瓜的清香、羊肉的膻、鱼类的腥等，这是原料没遇热前的气味。当原料加热乃至烹调出成品后，味道又不一样了。这就是说，原料本身的气味是菜肴口味的基础，如果想做清香淡雅的菜肴，便要选用青蔬绿叶作为原料；如果想做浓香味厚的菜肴，便用鸡鸭鱼肉作为原料。

原料加工

原料的初步加工范畴较大，比如蔬菜择根、去杂、去斑、除叶；动物除脏、拔毛、去鳞、洗涤等。这当中，除脏和洗涤影响口味大些，如将鱼刮鳞后便要除内脏。大家知道，鱼胆是苦的，在除内脏时如不小心或取内脏方法不得当，便很容易将鱼胆弄破，结果胆汁四溢，在烹调时，苦味自然带入菜肴之中。再例如各种动物的肠肚，在烹调前（或初步热处理前），必须彻底反复清洗，并且加放一定量的碱、盐、面粉等物，洗至肠肚表面清澈为佳，否则，恶臭味会被带入菜中，从而影响菜肴的口味。

汆水

凉水汆水会影响菜肴的口味，例如肠肚在正式烹调前，放凉水锅内焯一下捞出。为什么都用凉水呢？因为这种原料异味、臭味较大，会随着水温的升高而逐渐散发出来，流失在水中或释放在空气里。如果用热水汆水，那么原料表面骤然接触高温，会形成外膜，或多或少地阻碍着内部异味、臭味的散发，影响菜肴质量。

过油

过油是原料热处理的过程，凡是过油的原料其成品都有增香。原料过油后口味会大为改观，还有一些特殊情况，比如，有时原料买多了，或已过完第一遍油又没使用的“半成品”在第二天会有点异味 ，这时只要在使用前将原料再过一遍油，菜肴口味便基本如初。但这里必须注意两点：一点是原料未变质；另一点是油温要稍高一些。

扫一扫，直接观看
菜心炒鱼片的烹调视频

调味

调味，简而言之，是烹制菜肴时往锅中加入一定量的调味品的过程，它是决定菜肴口味的重要因素。在具体调味时有三个阶段：

（1）原料加热前调味

一般分两种方法：一种是将味调足；另一种是将原料腌渍出底味，不多放调味品。

（2）原料加热中调味

（3）原料加热后调味

属于辅助性调味，再追加一次调味品，菜肴口味更加令人惊喜。

烹调方法

纵观所有烹调方法，可以总括地归纳成速成菜烹调方法和迟成菜烹调方法。速成菜是指一般性的熘、炒、爆、煎类品种，是将原料放在锅内，大火爆炒片刻即可出锅。例如熘豆腐、炒青椒、爆鸡肫、煎鸡蛋等，口味都侧重清鲜素雅。迟成菜是指一般性炖、烧、烩等类品种，是将原料放在锅内小火长时间烹制，例如猪排炖豆角、红烧鸡块、烩菜等，口味侧重浓郁芳香。

锅具

现在烹调菜肴主要有两种性质的锅具：一类是铁锅、铁勺，另一类是铝锅、铝勺。铁锅，锅身坐入灶台里，外面只剩下窄窄的锅沿。铝锅，只锅底吸热，锅身全部露在外面。铁勺和铝勺都坐在灶眼儿上，吸热情况基本一样，多用来制作速成菜，其成品风味也基本一样。但是，如果利用铁锅或铝锅加工同样的迟成菜，风味就大不一样了。迟成菜烹制时间较长，铁锅可以发挥吸热量大的优势，并且充分利用余温来促进菜肴成熟，可以说，用火随便、大小自如，所制作出的菜肴不仅质地柔软可口，而且入味均匀。铝锅却不然了，它只是锅底吸热，也只是锅底原料相对直接受热来改变其性质，其他周围原料或浮在上面的原料只能借助锅底余温来间接受热。这样不仅成熟时间较慢，而且原料入味不均，不过虽然可以采取翻锅的方法来补救，但终因多半原料离火源太远，而致使菜肴口感欠佳。

饮食温度

菜肴有凉热之分。凉菜应该在常温下食用，才能保持风味，比如肉皮冻、水晶肘子等；如果要加热食用，那么便会形改质变，反倒削弱了菜肴的质量与风格。热菜应在40～70℃之间食用较为理想，原因是热菜在这个温度范围内分子比较活跃、香味扑鼻、食用起来爽口、不烫嘴。

扫一扫，直接观看
草菇西蓝花的烹调视频

如何“调出”好味道

做菜什么时候放调料好？放什么调料能保持菜的色香味？这的确是一门大学问。下面为你介绍一些调味的小窍门，不仅能让你更好地保留菜的鲜美，而且对提高你的烹饪水平有很大的帮助。

调味品用量适当

调味品要由少到多慢慢地加，边加边尝，特别是在调制复合味时，要注意到各种味道的主次关系。

比如，有些菜肴以甜酸为主，其他的为辅；有些菜肴以麻辣为主，其他的为辅。这最好都一边尝试一边加入调味料。

调味保持风味特色

烹调菜肴时，必须按照菜肴的不同规格要求进行调味，要做到：烧什么菜像什么菜，是什么风味就调什么风味，防止随心所欲地进行调味，把菜肴的口味做得混杂了。

根据季节调节色泽和口味

人的口味会随着季节的变化会有所不同，如在天气炎热的夏季，人喜欢口味比较清淡的菜肴；而在寒冷的冬季里，则喜欢浓厚肥美的菜肴。

不仅如此，甚至在一天的早、中、晚三餐中，人对口味的需求都有所不同。在调味时，可在保持风味特色的前提下，适当灵活地调味。

根据原料的性质掌握调味

（1）新鲜原料要突出本味

调味时不压主味，如新鲜的鸡、鸭、鱼、肉等，不要用太麻或太辣的调味品。

（2）一些有腥膻气味的原料，要除去异味

比如，牛、羊肉有膻味，鱼有腥味，等等，要加一些料酒、醋、辣椒等。

（3）味淡的原料要增加滋味

如白菜、黄瓜等蔬菜，可加少许盐或者番茄酱等等。

扫一扫，直接观看
芹菜炒蛋的烹调视频

用好调料，让菜肴更加健康美味

盐、料酒、油、醋、酱油、糖、味精等多种调料，是我们每个家庭日常做菜时都会用到的，是最基础、最普通的调味料。那你在平日的烹饪中使用得正确吗？你知道应该如何使用吗？看看大厨是怎么使用这些最普通的东西，让食物添色、添味的吧！

盐的使用

盐作为菜肴的重要调料之一，什么时候放盐可以让菜肴更入味？

（1）烹调前先放盐的菜肴

烧制整条鱼或者炸鱼块的时候，在烹制前，先用适量的盐腌渍再烹制，有助于咸味的渗入。

（2）在刚烹制时就放盐的菜肴

做红烧肉、红烧鱼块时，肉、鱼经煎后，应立即放入盐及调味品，然后旺火烧开，小火煨炖。

（3）熟烂后放盐的菜肴

肉汤、骨头汤等荤汤在熟烂后放盐调味，这样才能使肉中蛋白质、脂肪较充分地溶在汤中，使汤更鲜美。同理，炖豆腐时，也应当熟后放盐。

（4）烹制快结束时放盐的菜肴

烹制爆肉片、回锅肉、炒白菜、炒蒜薹、炒芹菜时，应在全部煸炒透时适量放盐，这样炒出来的菜肴嫩而不老，养分损失较少。在做其他肉类菜肴时，为使肉类炒得嫩，在炒至八成熟时放盐最好。

（5）不同油做菜时的放盐方法

用大豆油、菜籽油炒菜时，为减少蔬菜中维生素的损失，一般应炒过菜后再放盐；用花生油炒菜时，由于花生油易被黄曲霉菌污染，应先放盐，这样可以减少黄曲霉菌；用菜油炒菜时，可先放一半盐，用以去除菜油中农药的残留，然后再加入另一半盐。

料酒的使用

烧制鱼肉、羊肉等荤菜时放一些料酒，可以借料酒的蒸发去除腥气。因此，加料酒的最佳时间应当是烹调过程中，锅内温度最高的时候。此外，炒肉丝最好在肉丝煸炒后加料酒；烧鱼最好在煎好后加料酒；炒虾仁最好在炒熟后加料酒；汤类一般在开锅后改用小火炖、煨时放料酒最好。

油的使用

炒菜时，当油温高达200℃以上，会产生一种叫做“丙烯醛”的有害气体，还会产

扫一扫，直接观看
蜜汁苦瓜的烹调视频

生大量极易致癌的过氧化物，而且经常食用烧得过热的油炒的菜，人体容易产生低酸胃或胃溃疡，如不及时治疗，还会发生癌变。因此，炒菜还是用八成热的油较好。

另外，经反复炸过的油，其热能的利用率只有一般油脂的1/3，而食用油中的不饱和脂肪酸经过加热还会产生各种有害的聚合物，此类物质可使人体生长停滞，肝脏肿大。而且，此种油中的维生素以及脂肪酸均已被破坏，更不要提烹饪出的菜品味道了。

醋的使用

在烧菜时，如果在蔬菜下锅后加少许醋，能减少蔬菜中维生素C的损失，促进钙、磷、铁等营养成分的溶解，提高菜肴营养价值和人体的吸收利用率，还会使人胃口大开，提高菜品的味道。而且服用磺胺类药物、胃舒平等碱性药以及抗菌素药物的患者不宜多吃醋。

酱油的使用

酱油在锅里高温久煮，会破坏其营养成分并失去鲜味，因此，最好在菜即将出锅之前再放酱油。而且，服用治疗心血管疾病、胃肠道疾病以及抗结核药品的患者，不宜多吃酱油。

糖的使用

在制作糖醋鲤鱼等菜肴时，最好先放糖后加盐，否则盐的“脱水”作用会促进蛋白质凝固而难于将糖味吃透，从而造成外甜里淡，影响其味道。但是糖不宜与中药汤剂同时服用，因为中药的蛋白质、鞣质等成分会与糖起化学反应，使药效降低。

味精的使用

当受热到120℃以上时，味精会变成焦化谷氨酸钠，不仅没有鲜味，而且还有毒性。因此，味精最好在起锅时加入。还有，酸性食物放味精同时高温加热，味精会因此失去水分，而变成焦谷氨酸二钠，虽然无毒，却没有一点鲜味。在碱性食物中，当溶液处于碱性条件下，味精也会转变成谷氨酸二钠，失去鲜味。

此外，味精摄入过多会使人体中各种神经功能处于抑制状态，从而出现眩晕、头痛、肌肉痉挛等不良反应。此外，老年人、婴幼儿、哺乳期妇女、高血压、肾病患者更要禁吃或少吃味精。

如何保持各种食材的美味

烹饪中，看似简单的食材如果处理不当就会使烹饪出的菜肴味道大大降低，所以如何处理食材和调配食材也是一门学问。

蔬菜不宜久存

新鲜的青菜买来存放在家里不吃，便会慢慢损失一些维生素。当要烹饪的时候蔬菜就会“蔫”了，做出的菜品味道也大打折扣。因此，如有必要，须妥善储存。如菠菜在20℃时放置一天，维生素C损失达84%，若要保存蔬菜，应在避光、通风、干燥的地方储存。

蔬菜最好现做现处理

蔬菜买回家后不能马上整理。许多人都习惯把蔬菜买回家以后就立即整理，整理好后却要隔一段时间才烹制。但是包菜的外叶、莴笋的嫩叶、毛豆的荚等都是活的，它们的营养物质仍然在向食用部分运输，因此保留它们有利于保存蔬菜的营养物质。整理以后，营养物质容易丢失，做出的菜肴品质自然下降，因此，不打算马上烹制的蔬菜就不要立即整理，应现理现做。

肉类不要用旺火猛煮

不要用旺火猛煮肉有两个原因：一是肉块遇到急剧的高热时肌纤维变硬，肉块就不易煮烂，不易于人体消化；二是肉中的芳香物质会随猛煮时的水汽蒸发掉，使香味减少，自然也不容易刺激人的食欲。

水产食用也有要求

水产很容易携带细菌，但是细菌大都很怕加热，所以烹制水产要用大火熘炒几分钟才会安全。而螃蟹、贝类等有硬壳的，则必须彻底加热，一般需煮或蒸30分钟才可食用（加热温度至少100℃），而熟透的水产自带的腥味也会随之消失，只留下让人回味的鲜味。

水产性寒凉，而姜性热，与水产同食可中和寒性，以防身体不适。生蒜、食醋本身有着很好的杀菌作用，可以杀灭水产中一些残留的有害细菌。所以食用水产时可搭配姜、蒜、醋等，不仅杀菌，还能提升菜肴的鲜味。

扫一扫，直接观看
茼蒿拌鸡丝的烹调视频

常见食材预处理分步图解

猪肉面粉清洗法

扫一扫，看看
猪肉的多种清洗法

1.将用猪肉放在和好的面团上。

2.将猪肉在面团上来回滚动，将脏物粘走。

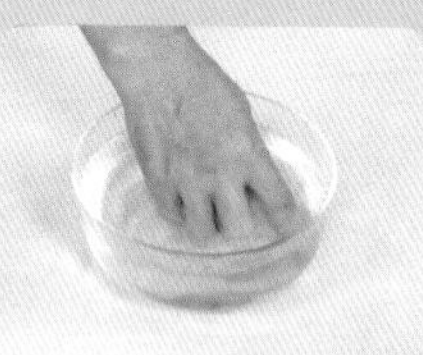

3.放入清水盆中清洗干净，捞出沥干即可。

排骨汆烫清洗法

扫一扫，看看
排骨的多种清洗法

1.猪排骨放入盆里，加水和适量食盐，浸泡15分钟左右。

2.再将排骨清洗干净。

3.把排骨放进锅中汆烫一下，捞出沥水备用即可。

牛肉浸泡清洗法

扫一扫，看看
牛肉的多种清洗法

1.将牛肉切开成大块，放进盆里，加入清水。

2.浸泡大约15分钟，而后反复揉洗牛肉。

3.捞起牛肉，在流水下冲洗干净，沥干水即可。

鸡肉啤酒清洗法

扫一扫，看看
鸡肉的多种清洗法

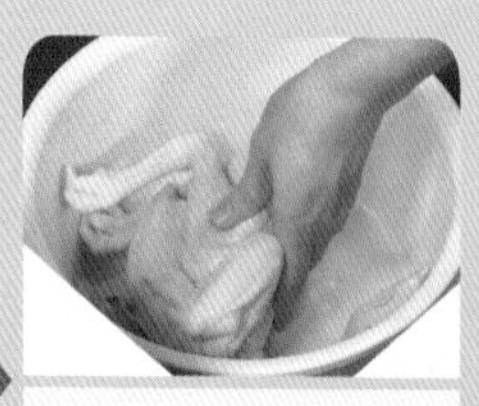

1.鸡加食盐，倒半罐啤酒洗净，抹遍鸡的全身。

2.浸泡15～20分钟，加入清水搓洗鸡。

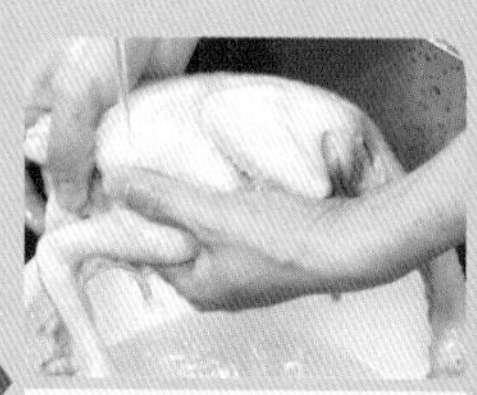

3.将鸡放在流水下冲洗干净，沥干水分即可。

鲫鱼剖腹清洗法

扫一扫，看看
鲫鱼的多种清洗法

1.将全身的鱼鳞刮去，鳃丝清除掉刮鱼鳞。

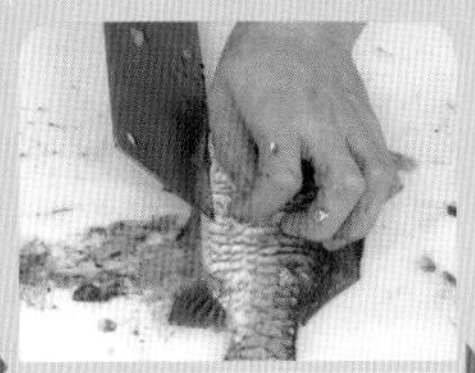

2.鱼腹剖开，把内脏清理干净。

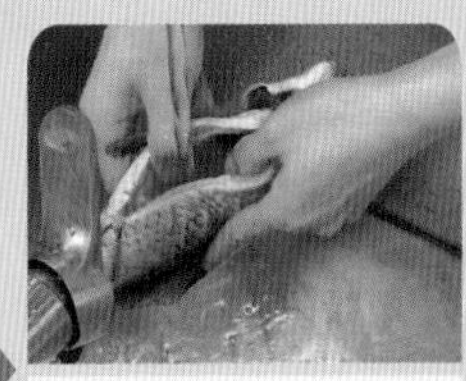

3.把剖开的鱼放在流水下冲洗干净即可。

秋刀鱼清洗

扫一扫，看看
秋刀鱼的多种清洗法

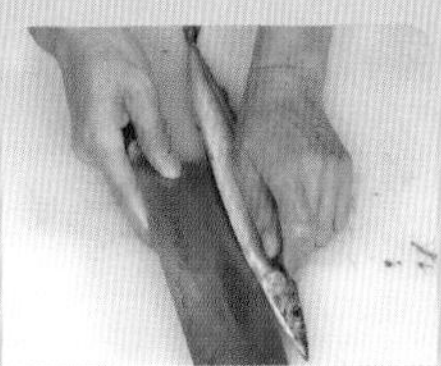

1.将秋刀鱼鳞刮除，冲洗干净，剖开鱼腹。

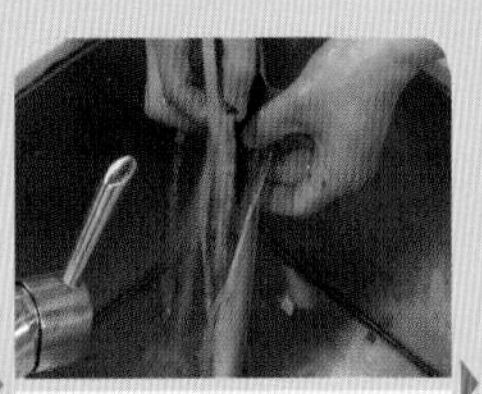

2.将鳃壳打开，摘除鱼的内脏、鱼鳃，去黑膜。

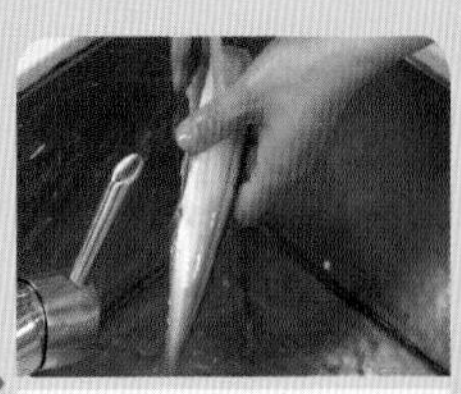

3.将鱼肉冲洗干净，沥水即可。

带鱼清洗

扫一扫，看看
带鱼的多种清洗法

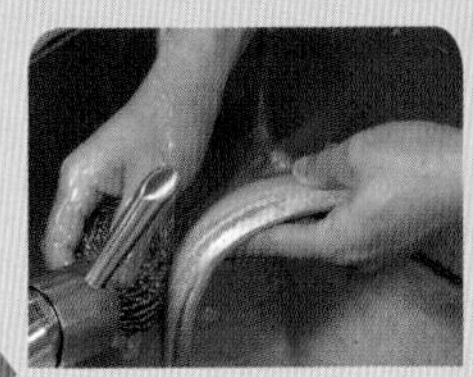

1.带鱼洗净，用钢丝球刷去表面的白色物质。

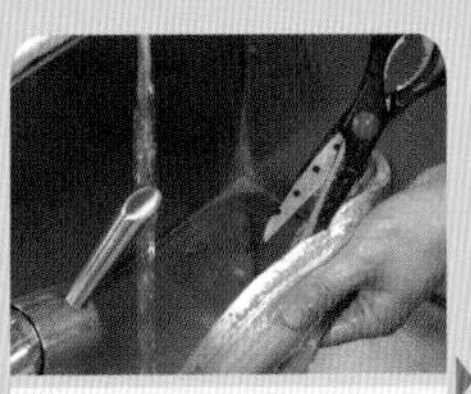

2.把鱼腹剪开，去除里面的内脏和黑膜。

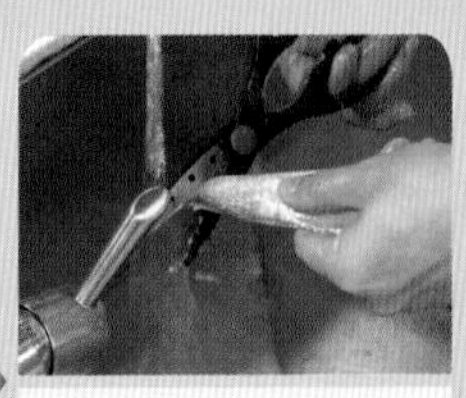

3.剪去头部、尾部，在流水下清洗干净即可。

黄鱼开背清洗法

扫一扫，看看
黄鱼的多种清洗法

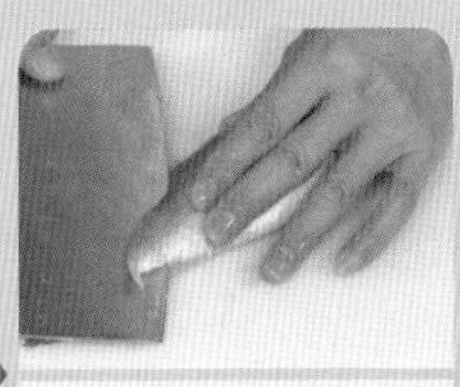

1.刮去鱼鳞，从尾部切开向背脊线方向倾斜。

2.从切口开始，沿着背脊线将鱼撑开，清除内脏。

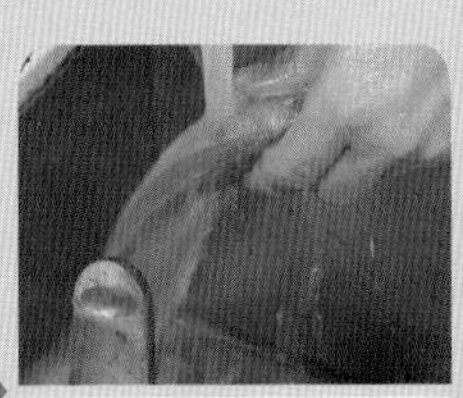

3.用清水冲洗干净即可。

扫一扫，直接观看
辣炒包菜的烹调视频

蒜蓉菠菜

制作时间	专家点评	适合人群
9分钟	排毒瘦身	女性

|材 料| 菠菜500克

|调 料| 盐3克，大蒜10克

|做 法| ①把菠菜去根，清洗干净，切成均匀的小段。

②大蒜去皮洗净，然后拍碎，切成末备用。

③锅中放油烧热，先爆香蒜蓉，再倒入菠菜用大火翻炒。

④最后加上适量的盐调味，炒匀装盘即可。

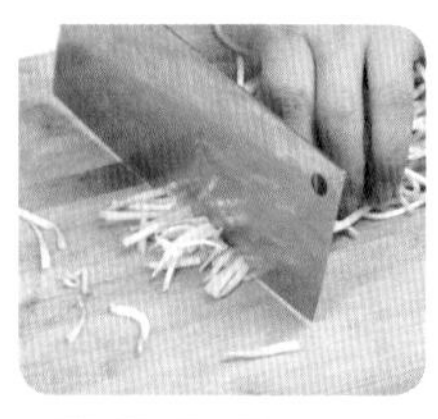

红椒绿豆芽

制作时间	专家点评	适合人群
8分钟	排毒瘦身	女性

|材 料| 绿豆芽200克，红椒15克

|调 料| 盐3克，大蒜15克，葱15克

|做 法| ①把绿豆芽洗净，切去根部；红椒洗净，去籽切丝；葱洗净切碎。

②大蒜去皮，洗净后剁成蒜蓉。

③炒锅入油，先放入蒜蓉爆香。

④再倒入绿豆芽、红椒丝翻炒，加入适量的盐，装盘后撒上葱花即可。

|小贴士|

绿豆芽性寒，烹调时应配上一点姜丝，以中和它的寒性，十分适于夏季食用。

扫一扫，直接观看
香炒蕨菜的烹调视频

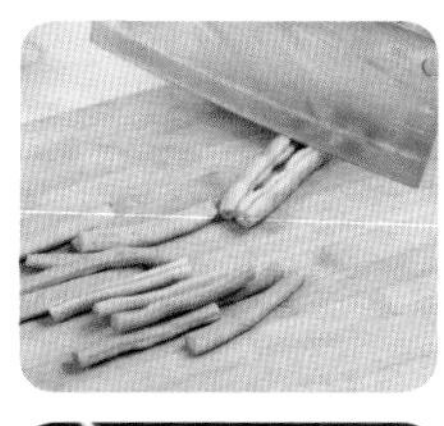

干煸四季豆

制作时间	专家点评	适合人群
14分钟	补血养颜	一般人

|材 料| 四季豆250克，猪肉100克，虾米25克

|调 料| 盐3克，香油适量

|做 法| ①把四季豆洗净去筋，再切成段；肉洗净，剁成肉末；虾米洗净，备用。

②热锅，下适量的油，倒入四季豆、肉末、虾米爆炒。

③加入适量的盐，再翻炒片刻。

④接着淋上香油，炒匀至熟后，装盘即可。

鱼香茄子

制作时间	专家点评	适合人群
13分钟	补血养颜	孕产妇

|材 料| 茄子250克，彩椒20克

|调 料| 盐2克，酱油10克，醋、料酒、糖、淀粉各适量

|做 法| ①将茄子洗净切段；彩椒洗净，去籽切圈。

②取出一个碟，盛上淀粉，把茄子放入淀粉内拌匀。

③接着将茄子放入热油中，炸至五成熟，然后捞出沥干油。

④锅内留少许油，倒入茄子及彩椒一并翻炒，最后放入盐、酱油、醋、料酒和糖调味，炒至汁收干即可。

扫一扫，直接观看
香芹豆腐丝的烹调视频

麻婆豆腐

制作时间	专家点评	适合人群
8分钟	防癌抗癌	老年人

|材料|豆腐250克，猪肉50克，花椒粉5克，干椒20克

|调料|盐3克，葱15克，淀粉10克，酱油适量

|做法|①豆腐洗净，切块；干椒洗净备用；猪肉洗净，剁成末，放入酱油、盐、淀粉、油等腌渍入味。

②将葱洗净后，切成葱花备用。

③将油倒入锅内烧热后，放入干椒爆香,再倒入肉末、豆腐小心翻炒。

④随后加少许水煮至快干时，加盐、酱油、花椒粉调味，出锅后撒上葱花即可。

麻辣豆腐

制作时间	专家点评	适合人群
7分钟	增强免疫	男性

|材料|豆腐250克，花椒10克，红椒15克

|调料|盐3克

|做法|①将豆腐洗净，切成均匀的块；花椒洗净；红椒洗净，去籽切成圈。

②把切好的豆腐平铺于碟上，表面均匀地撒上花椒。

③再撒上盐，抹匀，腌渍片刻。

④待豆腐腌渍入味后，拣去花椒粒，下入烧热的油锅中煎至两面金黄色，装盘后放上红椒装饰即可。

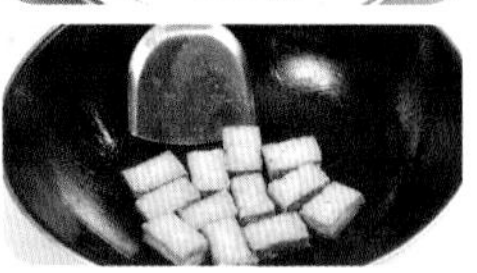

扫一扫，直接观看
芹菜肉丝的烹调视频

西芹炒香干

制作时间	专家点评	适合人群
10分钟	降低血压	老年人

|材料| 香干100克，西芹120克，胡萝卜25克

|调料| 盐3克，大蒜10克

|做法| ①把香干洗净，切成均匀的条状；大蒜洗净切片。

②将西芹洗净，剖开后切成条；胡萝卜洗净切丝。

③净锅上火，倒油，放入香干、西芹、胡萝卜、大蒜翻炒。

④最后调入盐，翻炒至熟，装盘即可。

|小贴士|

焯西芹时间要短，水微沸即可捞出晾凉。如果焯的时间过长，西芹的颜色会变浅，味道也会不脆嫩。

小葱爆肉

制作时间	专家点评	适合人群
11分钟	增强免疫	女性

|材料| 猪肉250克，红椒10克

|调料| 盐3克，料酒 10克，葱15克

|做法| ①将猪肉洗净切条；葱洗净切段；红椒洗净，去籽切丝。

②猪肉放入碗中，用料酒、盐腌渍片刻。

③待猪肉腌渍入味后，放入油锅中爆炒。

④再倒入葱、红椒同炒至熟，最后加盐调味即可。

|小贴士|

切好的肉片放在碗内，加入些许盐、水淀粉，用手抓捏一会儿，这样处理过的肉炒起来更好吃。

扫一扫，直接观看
雪里蕻肉末的烹调视频

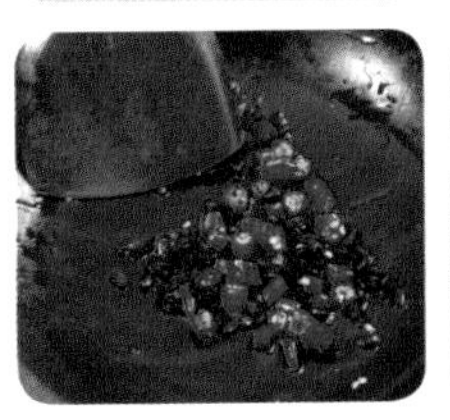

韭菜肉末

制作时间	专家点评	适合人群
8分钟	保肝护肾	男性

|材 料|猪肉、韭菜各100克，红椒30克

|调 料|盐3克，豆豉20克，酱油适量

|做 法|①将韭菜洗净切段；红椒洗净，切圈备用；豆豉洗净。

②将肉洗净剁成肉末。

③锅中放少量油加热，放入豆豉、红椒炒香。

④接着倒入肉末、韭菜花翻炒，加适量盐、酱油调味，炒熟即可。

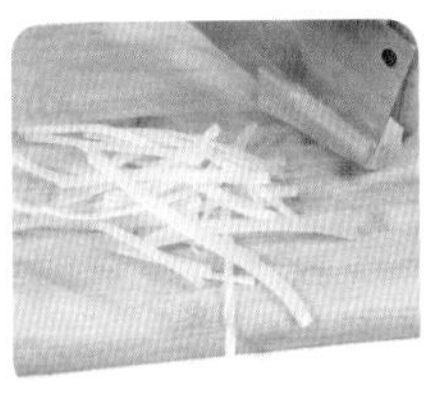

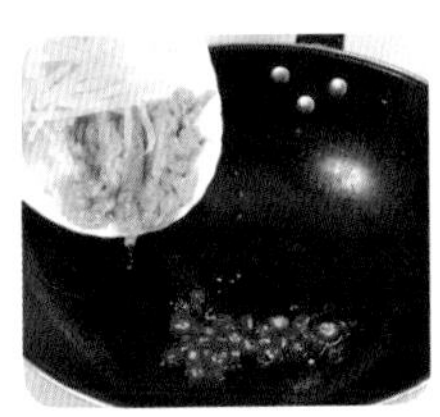

莴笋肉丝

制作时间	专家点评	适合人群
10分钟	排毒瘦身	女性

|材 料|莴笋250克，瘦肉100克，红椒30克

|调 料|盐3克，姜10克

|做 法|①将莴笋洗净，切成细丝；红椒洗净切碎；瘦肉洗净切丝；姜去皮，洗净切片。

②起油锅，放入红椒爆香。

③接着再倒入莴笋、瘦肉、姜片一并翻炒至熟。

④最后放适量的盐，炒至入味即可。

扫一扫，直接观看
茭白炒肉的烹调视频

鱼香肉丝

制作时间	专家点评	适合人群
12分钟	降低血脂	老年人

|材料|木耳50克，荷兰豆、瘦肉各100克，红椒20克

|调料|盐3克，淀粉、糖、醋、酱油各适量

|做法|①木耳泡发，洗净切条；荷兰豆洗净切段；瘦肉、红椒洗净切丝。

②把瘦肉丝放入碗中，加入盐、淀粉，腌渍片刻。

③烧热锅，下油，先放入瘦肉丝爆炒；糖、醋、酱油调成鱼香汁备用。

④再倒入荷兰豆、木耳、红椒翻炒，加入鱼香汁炒香，最后放盐即可。

腊肉蒜薹

制作时间	专家点评	适合人群
13分钟	降低血压	老年人

|材料|蒜薹250克，腊肉100克

|调料|盐3克，红椒30克

|做法|①将蒜薹洗净切段；红椒洗净，去籽切丝。

②将腊肉洗净，入锅稍煮后切成片。

③炒锅入油，放入蒜薹、腊肉翻炒至八成熟。

④最后放入红椒拌炒，调入适量的盐，炒熟即可。

扫一扫，直接观看
小南瓜炒鸡蛋的烹调视频

西红柿炒蛋

制作时间	专家点评	适合人群
8分钟	补血养颜	孕产妇

|材料| 西红柿250克，鸡蛋3个

|调料| 盐3克，姜10克，葱15克

|做法| ①将西红柿洗净切块；葱洗净切碎；姜去皮，洗净切片。

②把鸡蛋打入碗中，加盐后充分打散，然后下入油锅中炒至凝固后盛出。

③原锅加油烧热，将西红柿炒至七成熟。

④最后倒入鸡蛋、姜同炒，调入盐，装盘后撒上葱花即可。

|小贴士|

把鸡蛋打入碗中，搅打鸡蛋的速度要逐渐加快，筷子尖要每一下都刮到碗底，要让筷子尽可能多地浸在鸡蛋里，停止打蛋时鸡蛋表面要有大量泡沫，这样打蛋可以使炒出来的蛋更美味可口。

虾仁炒蛋

制作时间	专家点评	适合人群
10分钟	提神健脑	儿童

|材料| 鸡蛋4个，虾200克

|调料| 盐3克，葱15克

|做法| ①把鸡蛋洗净，打入碗中；鲜虾洗净，取出虾仁；葱洗净，切碎备用。

②把鸡蛋打散后，倒入虾仁。

③将虾仁蛋液中加盐充分搅匀。

④锅中放少量的油加热，将虾仁蛋液倒入锅内炒熟，最后撒上葱花即可。

|小贴士|

注意炒鸡蛋时，一次不要炒得太多，炒制时油要多，身手一定要敏捷，否则很容易炒老或炒糊。

扫一扫，直接观看
地三鲜的烹调视频

咸蛋炒苦瓜

制作时间	专家点评	适合人群
9分钟	排毒瘦身	女性

|材料| 苦瓜250克，咸蛋2个

|调料| 盐3克，葱15克，姜10克

|做法| ①把苦瓜洗净，剖开成四等份，去瓤备用。

②苦瓜切段；咸蛋煮熟去壳，取蛋黄切碎；葱洗净切出葱白；姜去皮洗净切片。

③净锅上火加油，先炒香咸蛋黄。

④再倒入苦瓜、姜片、葱白同炒至熟后，放入盐调味，装盘即可。

|小贴士|

要去除苦瓜的苦涩味，可将苦瓜放入加盐的沸水中焯一下，捞出冷却后再下锅烹煮，起锅前加少许白糖调味便可。

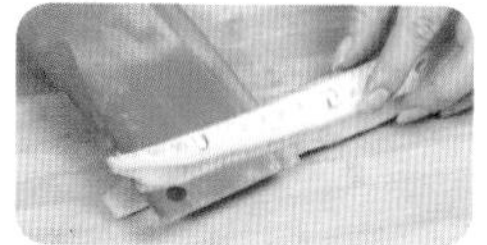

三杯鱿鱼

制作时间	专家点评	适合人群
13分钟	增强免疫	儿童

|材料| 鱿鱼筒300克，红椒30克，香菜10克

|调料| 盐、酱油、料酒、香油、糖、胡椒粉各适量

|做法| ①将鱿鱼筒洗净切圈；红椒洗净切段；香菜洗净切段。

②将水烧沸后放入鱿鱼汆水，然后捞出沥干水。

③将盐、料酒、酱油、糖、胡椒粉等调味料放入碗中搅匀，放入鱿鱼腌渍入味。

④热锅，倒入适量的香油，放入红椒爆香后，倒入鱿鱼、香菜翻炒，最后调入盐，炒至汁收干即可。

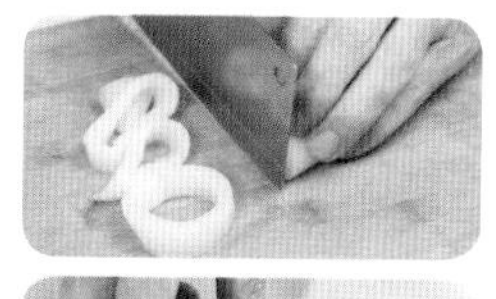

扫一扫，直接观看
黄豆酱炒蛏子的烹调视频

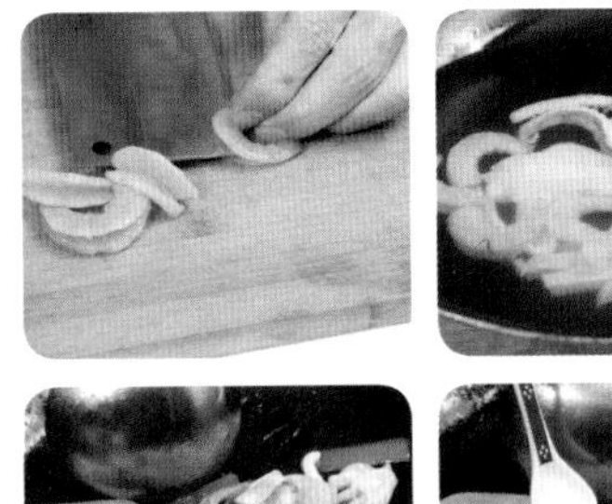

聚三鲜

制作时间	专家点评	适合人群
15分钟	降低血糖	老年人

|材料|鲜虾、鱿鱼、火腿各100克，青、红椒各10克，洋葱25克

|调料|盐3克

|做法|①鲜虾洗净；鱿鱼洗净切块，打上花刀；火腿洗净切条；青、红椒洗净，去籽切段；洋葱洗净切片。

②烧沸水，放虾仁、鲜鱿鱼、火腿条汆水后捞出沥干。

③锅中放少量油加热，倒入已汆水的原料及青椒、红椒、洋葱翻炒。

④待炒至八成熟时，调入适量的盐，炒匀即可。

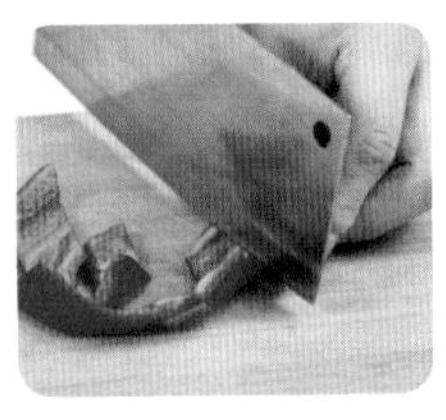

沙茶螺肉

制作时间	专家点评	适合人群
14分钟	增强免疫	男性

|材料|螺肉250克，沙茶酱20克，青、红椒各10克

|调料|盐3克，料酒25克，酱油适量

|做法|①将青、红椒洗净，去籽切块；螺肉洗净。

②将螺肉放进碗中加入料酒、盐腌渍片刻。

③待螺肉腌渍入味后，将油倒入锅中烧热，把螺肉炒至干香没有水分。

④再放入青、红椒，加盐、酱油、沙茶酱调味，最后炒熟装盘即可。

扫一扫，直接观看
豆干肉丁软饭的烹调视频

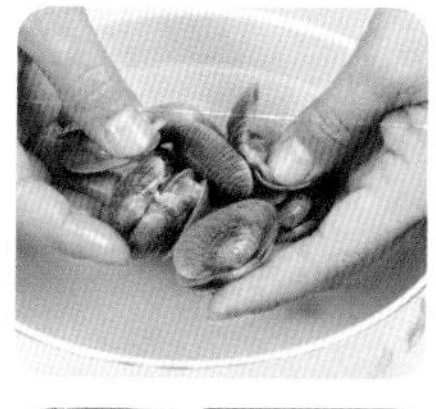

芹菜炒蛤蜊

制作时间	专家点评	适合人群
15分钟	降低血压	老年人

|材 料|蛤蜊500克，芹菜叶5克，红椒30克

|调 料|盐4克，酱油适量，糖5克

|做 法|①将蛤蜊放入淡盐水中至吐沙，并冲洗干净；红椒洗净，去籽切块；芹菜叶洗净。

②蛤蜊用盐腌渍片刻。

③将腌渍好的蛤蜊倒入沸水中汆水，捞出沥干水。

④将油烧热，倒入蛤蜊、红椒、芹菜叶不停翻炒，最后放盐、糖、酱油调味，炒至汁收干即可。

扬州炒饭

制作时间	专家点评	适合人群
8分钟	开胃消食	儿童

|材 料|火腿100克，鸡蛋2个， 冷米饭100克，青豆50克，玉米粒100克，胡萝卜50克

|调 料|盐3克

|做 法|①将火腿洗净切粒；青豆、玉米粒洗净；胡萝卜洗净切粒。

②把鸡蛋打入碗中，加入少许盐，搅拌均匀。

③在锅中加少量油，倒入蛋液炒熟。

④最后倒入冷米饭、青豆、玉米、胡萝卜、火腿与鸡蛋一起翻炒，调入盐炒匀即可。

扫一扫，直接观看
排骨汤面的烹调视频

冬菇虾米炒面

制作时间	专家点评	适合人群
10分钟	防癌抗癌	老年人

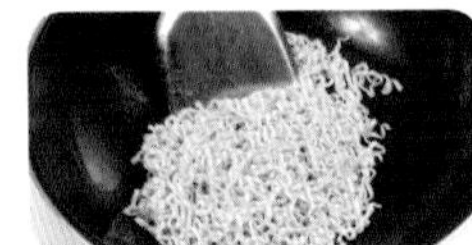

|材料| 冬菇15克，虾米10克，瘦肉50克，面条200克

|调料| 盐、酱油、葱、芹菜梗、胡萝卜各适量

|做法| ①胡萝卜洗净切丝；冬菇洗净切条；葱洗净切碎；虾米洗净备用；芹菜梗洗净切粒。

②将瘦肉洗净，然后切成条状。

③将面条煮好后捞出，然后下入油锅中翻炒片刻。

④再放入冬菇、胡萝卜、虾米、芹菜梗粒、肉丝同炒，最后放盐、酱油调味，装盘撒上葱花即可。

豆芽炒河粉

制作时间	专家点评	适合人群
7分钟	增强免疫	男性

|材料| 河粉250克，绿豆芽30克，洋葱25克，韭黄30克

|调料| 盐3克，葱15克，香菜10克

|做法| ①将洋葱洗净，切丝；香菜洗净，切段。

②将韭黄洗净，切段；葱洗净，切碎；绿豆芽洗净，备用。

③净锅上火，倒油，放入河粉炒片刻。

④待河粉炒至半熟后，放入洋葱、韭黄、绿豆芽同炒，并调入盐炒匀，装盘后撒上葱花、香菜即可。

|小贴士|

右手握锅铲炒，左手用筷子帮助翻动，这样炒成的河粉就不至于断或碎了。

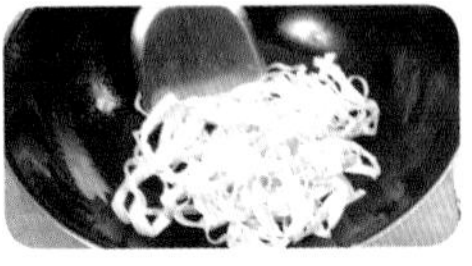

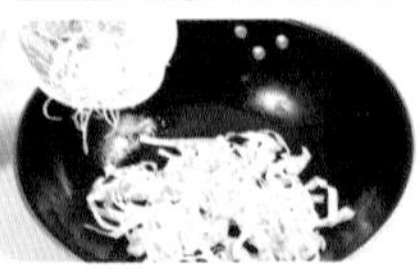

扫一扫，直接观看
莲藕酥汁丸的烹调视频

火腿蒸白菜

制作时间	专家点评	适合人群
14分钟	降低血糖	老年人

|材料| 火腿200克，白菜心500克，红椒5克

|调料| 盐3克，酱油、香油各少许

|做法| ①火腿切成细长条状；红椒洗净切成丝。

②白菜心洗净，对半切开，用盐水略腌，然后摆入盘中。

③将火腿和红椒丝放到白菜心上，淋上少许酱油。

④将盘放入蒸锅，用大火隔水蒸约20分钟，出锅淋上香油即可。

|小贴士|

醋可以使大白菜中的钙、磷、铁元素分解出来，从而有利于人体吸收。醋还可使大白菜中的蛋白质凝固，不致外溢而损失。

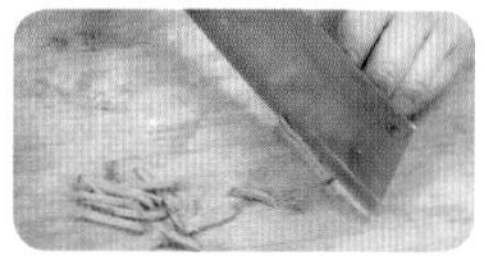
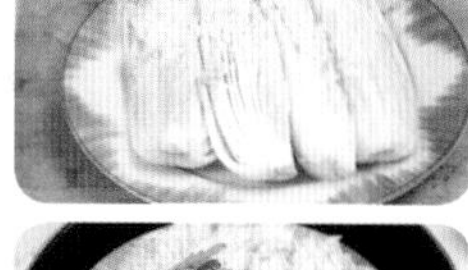
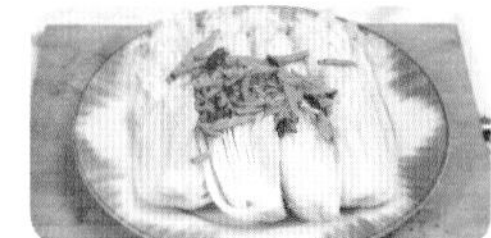
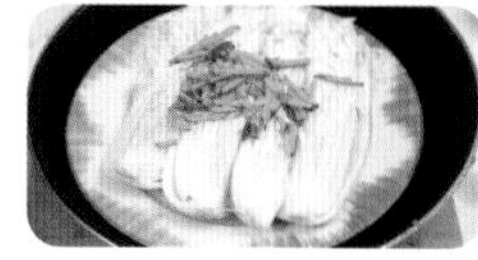

青豆蒸豆腐

制作时间	专家点评	适合人群
15分钟	增强免疫	儿童

|材料| 豆腐200克，青豆50克，猪肉80克

|调料| 盐1克，蚝油5克，葱3克，香油少许

|做法| ①豆腐用水略加冲洗，切大块。

②葱洗净切末；青豆洗净；猪肉洗净，剁成肉末。将葱末、青豆和肉末一起放入碗中，加蚝油和盐一起拌匀。

③将拌匀的馅摊到豆腐上，放入蒸锅。

④最后以大火蒸10分钟至熟，出锅淋上香油即可。

|小贴士|

撕去豆腐盒上的塑料膜，将豆腐盒倒扣在盘子中，在豆腐盒一角划一个小口，往里面吹一口气，轻拍盒子四壁，将盒子提起来，豆腐便完整地“躺”在盘子里了。

扫一扫，直接观看
鳕鱼蒸鸡蛋的烹调视频

干贝金针菇

制作时间	专家点评	适合人群
25分钟	防癌抗癌	老年人

|材料| 金针菇300克，干贝100克，红椒5克

|调料| 淀粉、葱各5克，盐3克

|做法| ①金针菇洗净，切去根部。

②干贝在沸水中浸泡过后捞出沥水；把金针菇置于盘中，上面放上干贝。

③红椒和葱分别洗净，切成细丝，放到金针菇和干贝上。

④材料放入蒸锅，隔水蒸20分钟至熟；锅中加油烧热，下盐和水淀粉勾芡，淋在金针菇上。

肉末蒸蛋

制作时间	专家点评	适合人群
14分钟	补血养颜	孕产妇

|材料| 猪肉100克，鸡蛋2个

|调料| 盐2克，葱5克

|做法| ①鸡蛋打入碗中，加盐，用筷子充分搅打成蛋液。

②猪肉洗净，剁成肉末；葱洗净切碎，加入蛋液中。

③再将猪肉末加入蛋液中一起搅拌均匀，再放入蒸锅。

④以大火隔水蒸5～8分钟至熟即可。

扫一扫，直接观看
蒸肉丸子的烹调视频

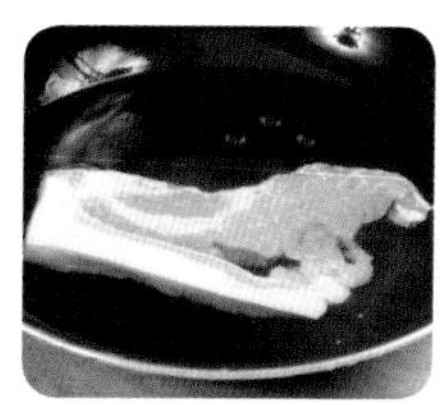

梅干菜五花肉

制作时间	专家点评	适合人群
25分钟	增强免疫	男性

|材 料|带皮五花肉800克，梅干菜200克

|调 料|盐5克，酱油10克，白糖3克

|做 法|①梅干菜用水冲净，然后切碎。

②锅中加入水煮沸，放入五花肉汆至变色，捞出沥干。

③酱油加糖、盐拌匀，用手指沾少许抹在五花肉的肉皮上。

④五花肉切成大块，与梅干菜一起放入碗中，浇上酱料，入蒸锅大火隔水蒸约15分钟即可。

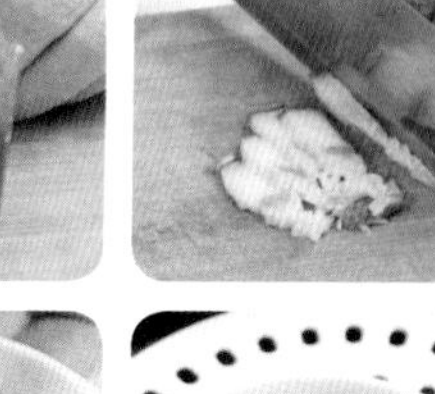

腐乳蒸五花肉

制作时间	专家点评	适合人群
20分钟	开胃消食	男性

|材 料|带皮五花肉500克，腐乳适量

|调 料|盐3克，葱、姜各5克，大蒜、酱油、料酒各少许

|做 法|①葱洗净切段；姜洗净切片；大蒜洗净切碎，将三者和酱油、盐、料酒一起混入碗中拌匀成调料。

②将带皮五花肉洗净，切成块，放入调料碗中腌至入味。

③将腌渍好的肉块取出，在表面上抹上腐乳。

④将肉块放到盘中，上蒸锅，大火隔水蒸熟即可。

扫一扫，直接观看
素蒸三鲜豆腐的烹调视频

豆腐蒸腊肉

制作时间	专家点评	适合人群
15分钟	开胃消食	男性

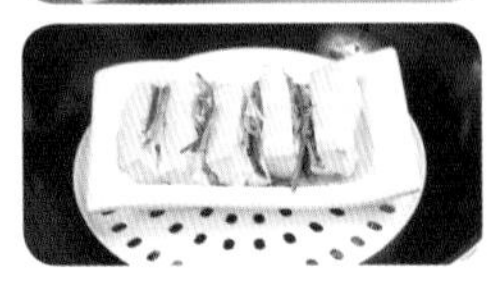

|材料| 豆腐300克，腊肉80克

|调料| 盐少许，姜10克，红椒20克

|做法| ①豆腐略洗，然后切块；腊肉洗净切丝；红椒、姜也洗净切丝。

②将豆腐块摆入盘中，将腊肉丝、红椒丝、姜丝夹在两块豆腐块中间。

③将盐撒在豆腐上，再倒上适量花生油。

④将盘放入蒸锅中，隔水用大火蒸8～10分钟即可。

|小贴士|

适合蒸的腊肉色泽鲜艳，肌肉呈鲜红色或暗红色，脂肪透明或呈乳白色，肉身干爽结实、富有弹性，指压后无明显凹痕，具有其固有的香味。

红薯蒸排骨

制作时间	专家点评	适合人群
15分钟	防癌抗癌	老年人

|材料| 红薯100克，排骨300克，蒸肉米粉适量

|调料| 盐3克，生抽8克，白糖5克，葱2克，料酒少许

|做法| ①葱洗净切碎；红薯去皮，洗净后切成长方块，整齐地排放入盘中。

②排骨洗净，剁成块状。

③将所有除了蒸肉米粉之外的调味料都倒入大碗中搅匀，再放入排骨块拌匀，腌至入味。

④将腌好的排骨块均匀裹上蒸肉米粉，排放到红薯上，然后放入蒸锅蒸4～5分钟即可。

扫一扫，直接观看
香菇蒸鸽子的烹调视频

芋头蒸排骨

制作时间	专家点评	适合人群
38分钟	增强免疫	女性

|材料| 芋头150克，排骨200克

|调料| 盐3克，香油1克，排骨粉、红椒各少许

|做法| ①芋头去皮，洗净后切成长方形条状；红椒洗净切碎。

②排骨洗净切块，抹上盐和排骨粉，腌至入味。

③炒锅放油加热，倒入芋头块炒至五成熟，捞出整齐地排放入盘中。

④将腌好的排骨放到芋头上，均匀地撒上红椒，蒸约30分钟，出锅淋上香油即可。

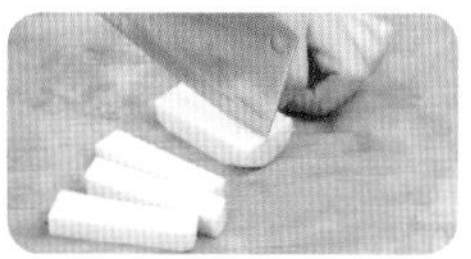

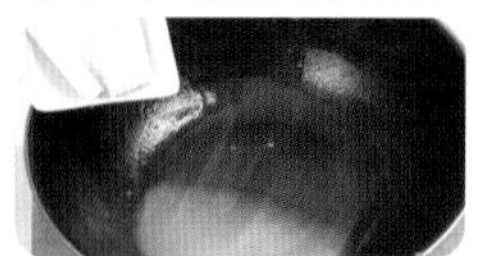

|小贴士|

①要选用带五花肉的小排，这种排骨蒸出来很嫩。②腌好排骨后放入冰箱冷藏，冷藏后的排骨肉质很松，蒸出来很嫩。

香菇蒸鸡

制作时间	专家点评	适合人群
47分钟	降低血脂	老年人

|材料| 鸡肉300克，香菇150克

|调料| 盐3克，红椒10克，大蒜5克，葱2克，料酒适量

|做法| ①香菇泡发后洗净，捞出沥干水，切成块。

②鸡肉洗净切块；红椒洗净切块；大蒜和葱洗净切碎。

③将香菇、鸡块、红椒、蒜末、葱末放入碗中，调入盐和料酒，拌匀，腌渍5分钟至入味。

④将腌好的材料放入盘中，上蒸锅隔水蒸30～40分钟之后出锅即可。

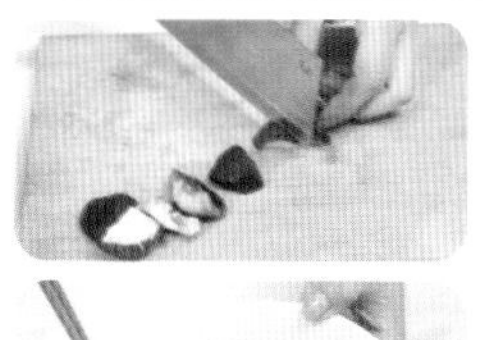

扫一扫，直接观看
冬瓜蒸鸡的烹调视频

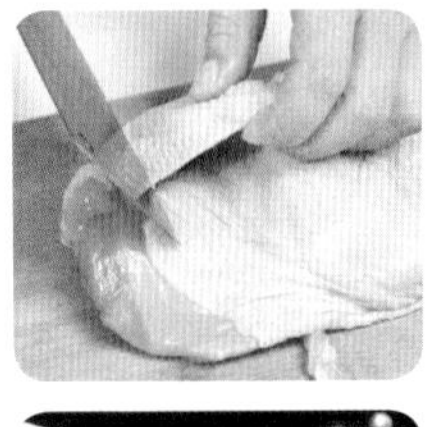

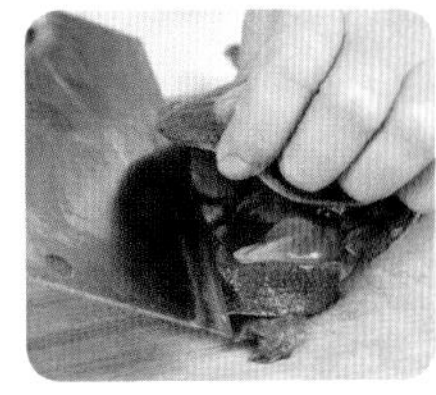

霸王蒸鸡

制作时间	专家点评	适合人群
60分钟	补血养颜	孕产妇

|材 料| 鸡500克，甲鱼600克，胡萝卜少许

|调 料| 盐5克，葱适量，酱油10克

|做 法| ①鸡洗净切块，入沸水中汆水，肉质变色后捞出沥干水。

②甲鱼洗净，也放入沸水中汆水至断生，捞出沥干水。

③将甲鱼与鸡肉摆放到盘中，将盘放入备好的蒸锅中，用大火隔水蒸约45分钟后取出。

④胡萝卜、葱洗净切条，入热油锅中，加酱油、盐略炒后出锅，倒在盛有鸡和甲鱼的盘中即可。

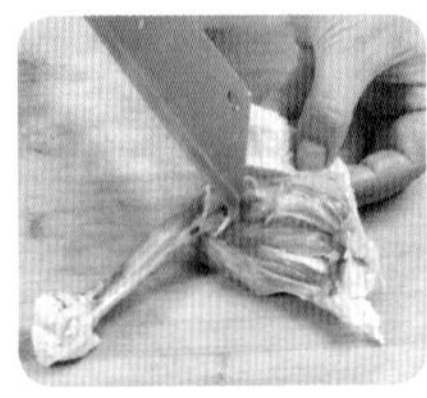

当归枸杞醉鸡

制作时间	专家点评	适合人群
20分钟	补血养颜	女性

|材 料| 鸡腿300克，枸杞5克，当归3克，啤酒适量，鸡肉高汤500克

|调 料| 盐3克

|做 法| ①枸杞、当归略浸泡，捞出沥干水备用；鸡腿洗净，用刀剔去骨头。

②鸡肉放入碗中，撒盐抹匀，再倒入啤酒，略腌入味。

③用锡纸将腌好的鸡肉包裹住。

④鸡肉隔水旺火蒸至熟透。将枸杞、当归放入鸡肉高汤加热，沸腾后放入鸡肉，再煮5分钟即可。

扫一扫，直接观看
草菇蒸鸡肉的烹调视频

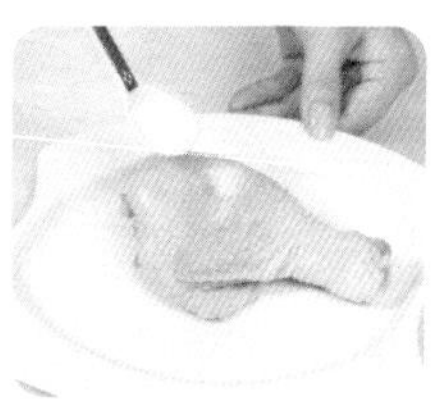

红椒葱油鸡

制作时间	专家点评	适合人群
17分钟	补血养颜	女性

|材 料| 鸡腿1个，红椒10克，香葱15克

|调 料| 盐3克，姜10克，酱油5克，香油4克

|做 法| ①将香葱洗净，切成碎末；姜、红椒均洗净，切成丝。
②将鸡腿洗净，在表面打花刀，再加盐、酱油腌渍入味。
③将腌好的鸡腿下入锅中煮10分钟至熟，取出切成块。
④锅中加油烧热，下入所有调味料炒出香味后，取出淋在鸡腿上即可。

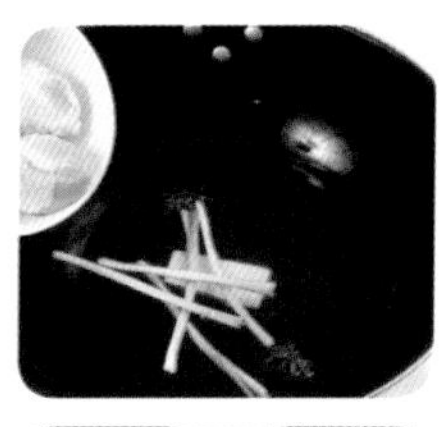

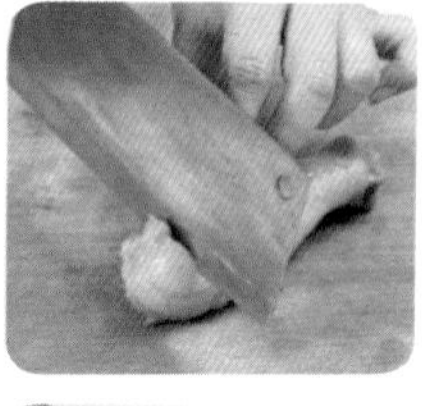

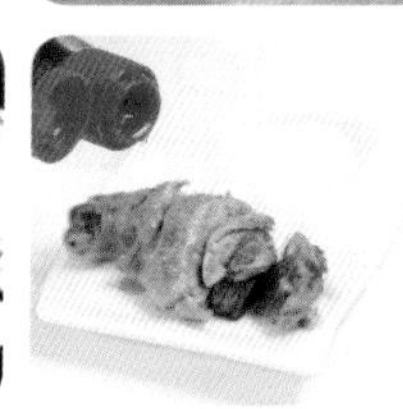

美味蒸鸡腿

制作时间	专家点评	适合人群
20分钟	养心润肺	女性

|材 料| 鸡腿350克，葱10克

|调 料| 盐3克，姜5克，糖、胡椒粉、料酒、鸡精、八角各适量

|做 法| ①锅中放水，加入洗净的葱、姜、八角煮沸，然后放入鸡腿汆水。
②捞出鸡腿沥干水，剁成块。
③将盐、糖、料酒、鸡精、胡椒粉调匀，抹在鸡腿块上，腌渍入味。
④将腌好的鸡腿块放入蒸锅蒸熟，拿出摆盘即可食用。

扫一扫，直接观看
剁椒蒸福寿鱼的烹调视频

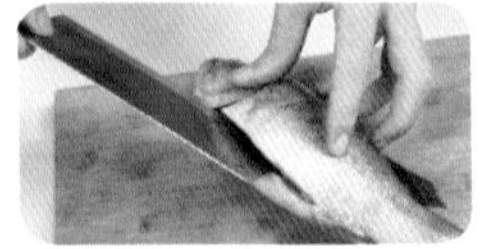

酸菜蒸鱼

制作时间	专家点评	适合人群
20分钟	开胃消食	男性

|材料| 酸菜300克，鲜鱼500克

|调料| 盐3克，料酒适量，葱、红椒少许

|做法| ①鲜鱼洗净，在鱼身上略划几刀，用盐和料酒抹在鱼身上。

②酸菜洗净切碎；葱洗净切段；红椒洗净切丝。

③将鱼摆入盘中，鱼身上放上酸菜、葱段、红椒丝，放上蒸锅。

④大火隔水蒸约15分钟即可出锅。

|小贴士|

蒸鱼前先用布将鱼身上的水分抹干，除配以葱、酒料外，还可放些鸡油在鱼身上，但切勿在蒸前加盐。然后将锅中水烧沸，把鱼放进蒸锅内，用旺火蒸至刚熟即可，不要蒸得过熟。

葱姜蒸带鱼

制作时间	专家点评	适合人群
20分钟	降低血脂	老年人

|材料| 带鱼600克，葱10克，姜5克

|调料| 盐适量，红椒5克

|做法| ①将带鱼洗净切成段，用盐抹匀，放置几分钟腌入味。

②葱洗净切段；姜洗净切丝；红椒洗净切丝，将三者和带鱼一起摆放入盘。

③将盘放上蒸锅，用大火隔水蒸约15分钟，然后出锅。

④将少许油倒入锅中，烧热之后淋在带鱼上即可。

|小贴士|

将带鱼放入蒸笼中蒸时，一定要确认锅中的水已经沸腾了才能放入，这样带鱼肉中的蛋白质才能快速凝固，肉质才会鲜嫩。

扫一扫，直接观看
干贝芙蓉蛋的烹调视频

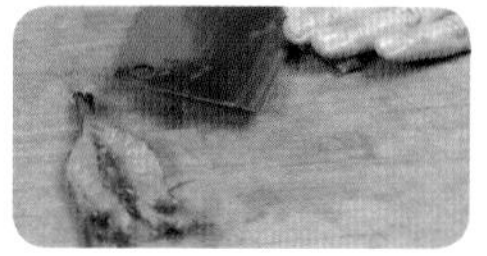

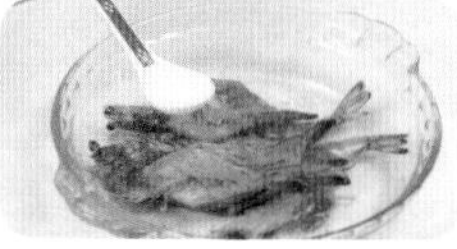

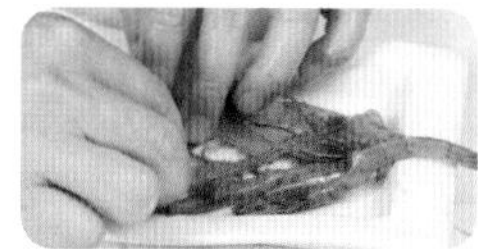

蒜蓉蒸开边虾

制作时间	专家点评	适合人群
13分钟	降低血糖	老年人

|材料|鲜虾100克，大蒜5克

|调料|盐2克，葱3克，料酒、香油少许

|做法|①鲜虾去泥洗净，对半切开；葱和大蒜分别洗净切碎。

②将切好的虾放入盘中，撒上盐和料酒，腌渍5分钟至入味。

③将腌好的虾排放在盘中。

④将葱末和蒜末盖在虾身上，上蒸锅蒸约5分钟，出锅淋上香油即可。

|小贴士|

蒸海鲜的技巧：①原料必须鲜活。②蒸制时必须用旺火猛气蒸，且蒸制海鲜、河鲜必须一气呵成，中途不能闪火，否则需在原定时间基础上补蒸大约2分钟，不过此时菜品的质量已经大打折扣了。

干贝烧芥菜

制作时间	专家点评	适合人群
12分钟	排毒瘦身	女性

|材料|干贝200克，芥菜300克

|调料|盐4克，红椒3克，姜3克，味精1克，清汤适量

|做法|①干贝洗净，放入蒸锅蒸5分钟后，取出撕成细丝。

②芥菜洗净，切长段；红椒、姜分别洗净，均切丝。

③锅中注水烧沸，下芥菜焯水，捞出沥干水备用。

④油烧热，下姜丝、红椒丝爆香，再下芥菜和干贝翻炒，加盐、味精调味，加清汤，焖5分钟后出锅。

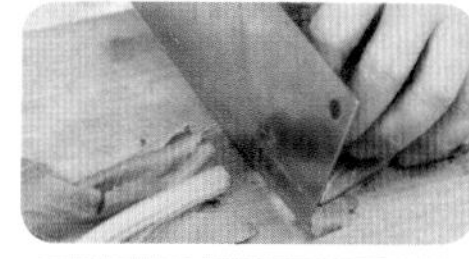

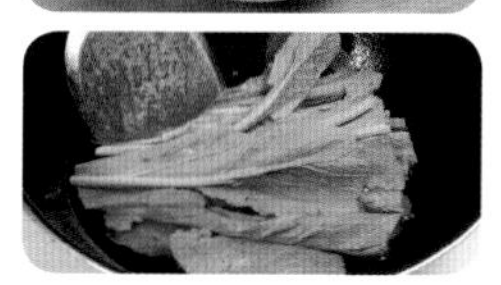

扫一扫，直接观看
魔芋炖鸡腿的烹调视频

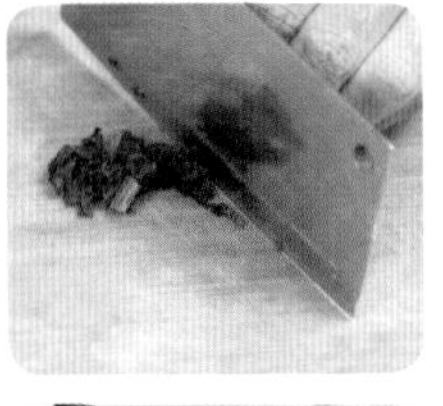

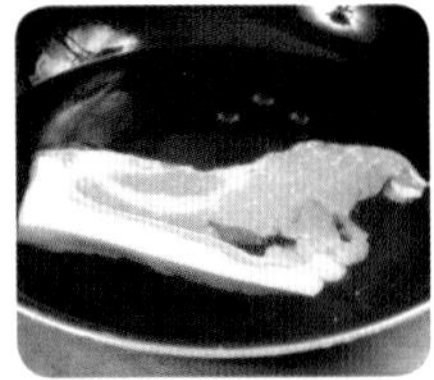

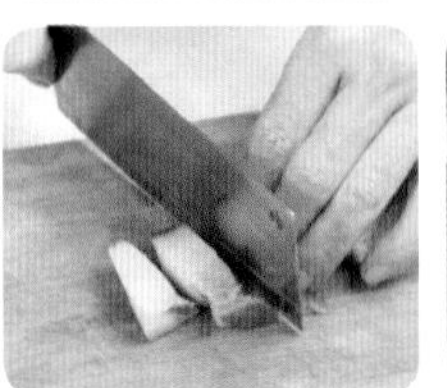

梅干菜炖五花肉

制作时间	专家点评	适合人群
25分钟	开胃消食	男性

|材料|五花肉500克，梅干菜适量

|调料|盐3克，酱油2克，料酒2克，糖少许，香菜1根

|做法|①将梅干菜洗净，用水泡发后切段；香菜洗净后备用。

②接着把五花肉洗净，取锅将水烧沸，放入五花肉汆熟。

③五花肉捞出过凉，切成肉条，放在盘中备用。油锅烧热，放入调料，将五花肉入锅翻炒上色。

④下梅干菜炒熟，加水炖煮至水将干，加盐出锅，放香菜点缀即可。

八角炖肉

制作时间	专家点评	适合人群
30分钟	增强免疫	孕产妇

|材料|带皮五花肉500克，八角5克

|调料|盐5克，桂皮3克，酱油15克，糖10克，料酒少许，葱5克，姜10克

|做法|①带皮五花肉洗净；葱、姜、八角、桂皮洗净备用。

②五花肉切大块，摆放入盘。

③取部分酱油和料酒，用手均匀地抹在五花肉块上，静置略腌。

④锅内注水烧热，放入五花肉块，烧沸后加入所有调料，转小火炖煮至肉酥烂入味，即可出锅装盘。

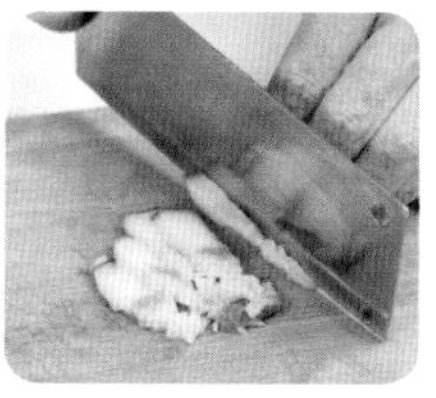

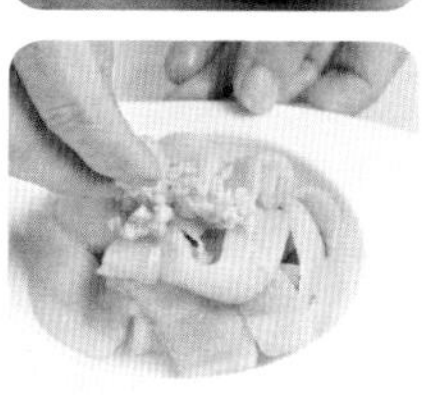

蒜泥白肉

制作时间	专家点评	适合人群
27分钟	增强免疫	男性

|材料| 五花肉300克，大蒜30克

|调料| 盐5克，白醋3克，味精1克，香油少许

|做法| ①大蒜去皮后洗净，剁碎成蒜蓉备用。

②锅中注水烧沸，将五花肉放入炖至熟，然后捞出沥干水。

③将汆水后的五花肉切成长条状，整齐地摆放入盘中。

④蒜蓉加盐、白醋、味精、香油搅拌均匀，淋到摆好的五花肉上即可。

酱炖狮子头

制作时间	专家点评	适合人群
35分钟	排毒瘦身	女性

|材料| 五花肉250克，生菜100克，鸡蛋1个

|调料| 盐、蒜、酱油、葱、姜、高汤、水淀粉各适量

|做法| ①五花肉洗净剁碎。

②葱、姜洗净；蒜洗净切末；生菜洗净烫熟放入碟中。

③鸡蛋打入碗中搅匀，加入肉蓉、蒜末、盐、酱油，搅拌至有黏性，捏成肉丸子。

④肉丸入热油中炸至金黄。净锅放入肉丸、调料和高汤，小火烧熟，水淀粉勾芡出锅，摆盘。

扫一扫，直接观看
马蹄炖排骨的烹调视频

茄汁炖排骨

制作时间	专家点评	适合人群
18分钟	提神健脑	儿童

|材 料| 排骨300克，番茄酱汁30克

|调 料| 盐4克，酱油、陈醋、糖各2克

|做 法| ①排骨洗净后剁成块状。

②锅中注水烧沸，将排骨放入水中烫熟，然后捞出沥干水。

③油锅加热，放入烫熟的排骨稍微翻炒，加入盐、番茄酱、酱油、陈醋和糖，小火烧炖至汁水变浓。

④将炖好的排骨出锅整齐地排列入盘中，再将剩余的汁浇在排骨上即可。

|小贴士|

煮汤时，如果在汤内放点醋，可使骨头中的磷、钙等营养物质更多地溶解于汤中。

话梅炖排骨

制作时间	专家点评	适合人群
35分钟	开胃消食	孕产妇

|材 料| 猪排骨500克，话梅5颗

|调 料| 盐3克，酱油4克，料酒、淀粉适量，糖少许

|做 法| ①话梅用水泡发洗净；猪排骨洗净后剁成块。

②取锅烧沸水，放入猪排汆水后捞出。加入酱油、淀粉，将猪排腌渍几分钟。

③取锅加油，大火烧热，放入适量的料酒、酱油、糖，将腌好的猪排入锅翻炒，放入话梅。

④翻炒匀后加适量水炖煮25分钟至排骨酥烂，撒上适量的盐即可。

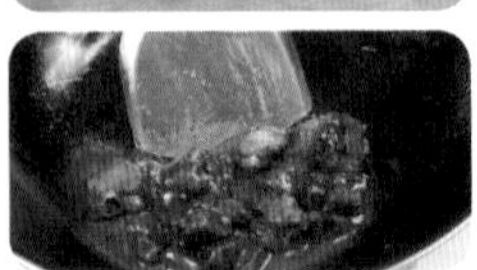

扫一扫，直接观看
牡蛎煲猪排的烹调视频

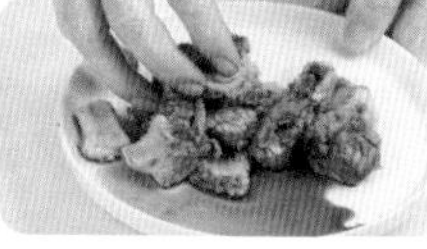

土豆炖排骨

制作时间	专家点评	适合人群
22分钟	排毒瘦身	女性

|材料|排骨300克，土豆80克，红椒、葱段、姜片各适量

|调料|盐2克，酱油、糖、豆瓣酱、料酒、香油各少许

|做法|①排骨洗净剁块；红椒洗净切块；土豆洗净，去皮切块。
②排骨入烧沸水中汆水，捞出沥干；将排骨放入盘中，在排骨表面抹上酱油稍腌。
③油锅烧热，加排骨、葱、姜、红椒和盐煮熟，将土豆块放入锅中，下糖、豆瓣酱、料酒，小火炖。
④汁水快干时加酱油和盐，滴上少许香油在锅中，翻炒几下即可出锅。

可乐炖猪蹄

制作时间	专家点评	适合人群
30分钟	补血养颜	女性

|材料|猪蹄500克，可乐200克

|调料|盐3克，酱油20克，糖5克，红椒2克

|做法|①将猪蹄刮洗干净，砍成块；红椒洗净，切成圈。
②将酱油、盐、糖混合，均匀地抹在猪蹄上，放置一会儿腌入味。
③油锅加热，倒入猪蹄炸至表面的皮呈金黄色。
④将可乐倒入锅中，烧沸后转小火炖煮，至汁水快烧干后撒上红椒即可起锅装盘。

|小贴士|
将猪蹄置于沸水中浸烫1分钟左右拿出，用干布使劲擦有毛的部位，毛垢便可去得干干净净。

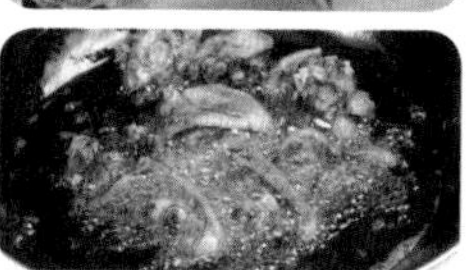

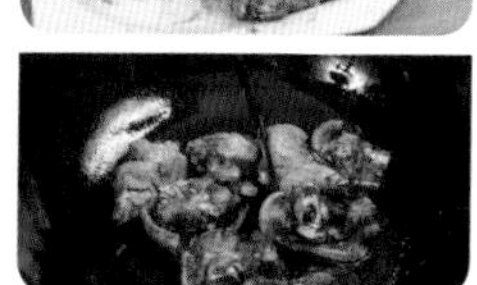

扫一扫，直接观看
土豆炖牛腩的烹调视频

油菜炖牛腩

制作时间	专家点评	适合人群
19分钟	补血养颜	女性

|材料| 牛腩500克，油菜400克，胡萝卜5克

|调料| 盐3克，味精1克，清汤适量

|做法| ①牛肉洗净，切成长条状。
②锅中注水烧沸，放入牛肉块汆水后捞出沥干水备用。
③油菜洗净，取茎部切成块状；胡萝卜洗净切片。油锅加热，放入牛肉和胡萝卜片炒熟。
④加盐、味精，放入油菜，加清汤小火炖煮约5分钟后即可出锅。

白萝卜炖牛腱

制作时间	专家点评	适合人群
25分钟	防癌抗癌	老年人

|材料| 牛腱400克，白萝卜100克

|调料| 盐3克，葱、姜片各2克，柱候酱适量，八角3克，桂皮2克

|做法| ①牛腱洗净切块；白萝卜治净切块；葱洗净切碎；八角、桂皮洗净。
②锅中注水烧沸，放入切好的牛腱汆水，捞出沥干水备用。
③将白萝卜和牛肉放入碗中，加葱、八角、桂皮、盐、柱候酱拌匀，放置稍腌一会儿。
④锅中注油烧热，倒入姜片爆香，放入碗中材料，加水焖至快干时即可。

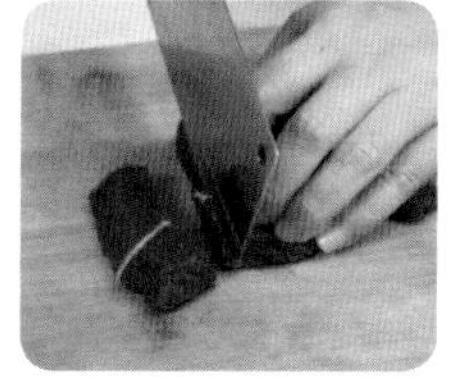

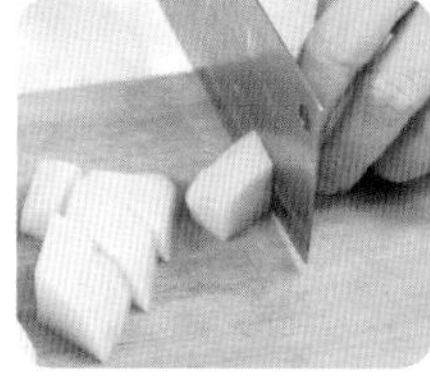

土豆炖牛腩

制作时间	专家点评	适合人群
20分钟	补血养颜	孕产妇

|材料| 牛腩300克，土豆100克

|调料| 盐3克，姜3克，酱油5克，糖3克，料酒少许

|做法| ①牛腩洗净，切成块；姜洗净，切成片。
②锅中注水烧沸，放入切好的牛腩汆水，捞出沥干水备用。
③土豆洗净，去皮后切成块。
④油锅加热，放入姜片爆香，再入牛腩、土豆块和料酒、盐、糖、酱油炒熟，加水，烧至汁水快干时即可。

红酒烧牛肉

制作时间	专家点评	适合人群
55分钟	补血养颜	女性

|材料| 牛肉500克，红酒200克，胡萝卜3克

|调料| 盐4克，洋葱5克，葱白、姜各3克

|做法| ①牛肉洗净，切成较厚的块；洋葱、胡萝卜、姜洗净，切成片；葱白洗净，切成段。
②锅内注水煮沸，放入牛肉块汆水，然后捞出沥干水备用。
③炒锅注油加热，入姜片、葱段爆香后加牛肉略炒，加适量水和红酒，再放洋葱片、胡萝卜片。
④加盐调味后，盖上锅盖焖煮约45分钟，即可出锅装盘。

扫一扫，直接观看
海带炖鸡的烹调视频

炖羊肉

制作时间	专家点评	适合人群
45分钟	养心润肺	老年人

|材料| 羊肉500克

|调料| 盐5克，葱3克，姜2克，料酒少许，酱油8克，清汤适量，胡萝卜3克

|做法| ①羊肉洗净后切成小块；葱洗净切段；胡萝卜、姜分别洗净切片。
②锅中注水烧沸，下羊肉块汆水，然后捞出沥干水备用。
③油锅加热，下葱段、姜片、胡萝卜片爆香，放羊肉翻炒。
④加盐、料酒和酱油调味后，注入清汤，小火焖煮至汁水快干时即可出锅装盘。

小鸡炖蘑菇

制作时间	专家点评	适合人群
40分钟	防癌抗癌	老年人

|材料| 鸡500克，蘑菇100克

|调料| 盐5克，姜2克，味精1克，高汤适量，胡萝卜3克

|做法| ①鸡洗净，取鸡肉切成块状；胡萝卜、姜分别洗净切片。
②蘑菇泡发后洗净，去掉蒂头，沥干水分，备用。
③锅中注高汤加热，放入鸡块、蘑菇、姜片和胡萝卜片。
④大火将汤煮沸后转小火炖煮，约30分钟后加盐和味精调味后即可出锅。

|小贴士|
菇类有些具有较重的土腥味，要去土腥味同时增加菇类特有的香气，就须先汆烫后烹调。

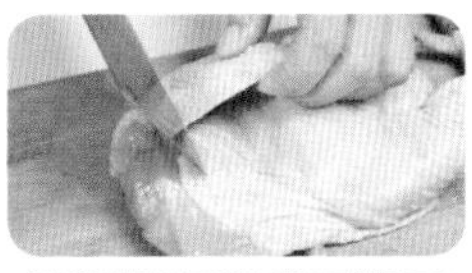

香菇炖鸡

制作时间	专家点评	适合人群
45分钟	降低血脂	男性

|材 料| 鸡肉500克，香菇100克

|调 料| 盐5克，酱油3克，高汤、料酒、红椒各适量

|做 法| ①鸡肉洗净，切成块。
②香菇泡发后洗净，切去老蒂；红椒洗净，切成片。
③油锅加热，放入鸡肉块、香菇、红椒炒熟，倒入酱油调味。
④再放入盐、料酒和高汤，大火烧沸后转小火炖煮，至汁水快烧干时即可出锅装盘。

|小贴士|
鸡肉用于焖煮时，要先放在水里烫透。因为鸡肉表皮受热后，毛孔张开可以排除一些表皮脂肪油，达到去腥味的目的。

冬瓜蛤蜊汤

制作时间	专家点评	适合人群
30分钟	排毒瘦身	女性

|材 料| 蛤蜊、冬瓜各100克

|调 料| 盐5克，姜10克，红椒1个，葱适量

|做 法| ①将冬瓜洗净，去皮、瓤，切条；红椒洗净切条；姜洗净切丝；蛤蜊洗净。
②蛤蜊放入碗中，撒上盐腌渍片刻。
③烧热半锅水，倒入冬瓜、蛤蜊，用中火煮至蛤蜊开壳，捞出泡沫。
④放入红椒丝、姜丝、葱花，再调入油、盐即可。

|小贴士|
做汤时，用水量一般是主材量的3倍，同时应使食品与冷水共同受热，以使食品中的营养物质缓慢地溢出，最终达到汤色清澈的效果。

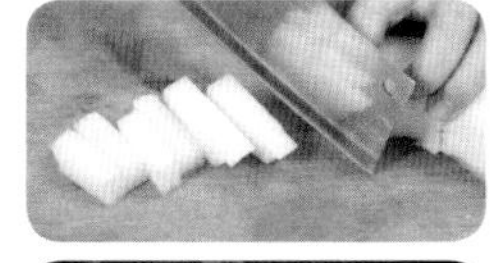

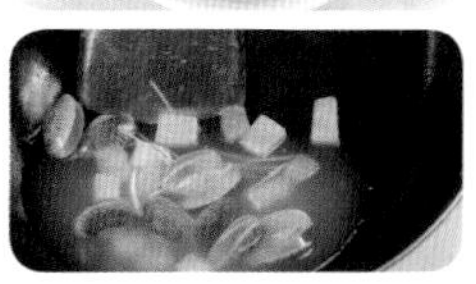

扫一扫，直接观看
榴莲煲鸡汤的烹调视频

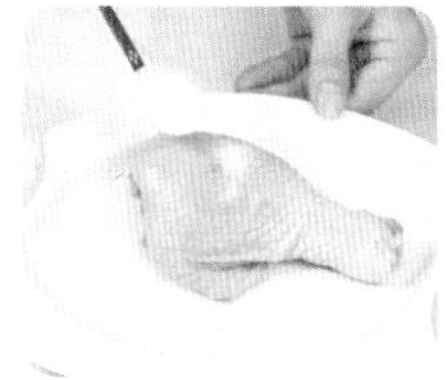

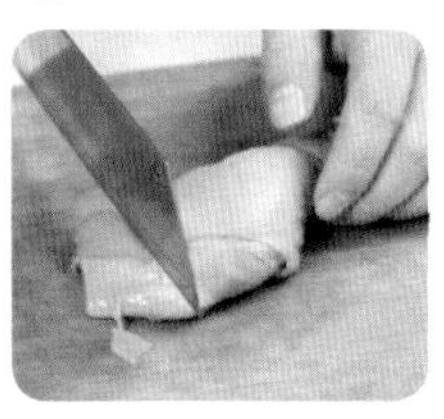

葱油鸡腿

制作时间	专家点评	适合人群
40分钟	开胃消食	儿童

|材料| 鸡腿

|调料| 盐3克，白醋4克，料酒、香油各少许，葱10克，大蒜5克，姜片3克

|做法| ①鸡腿洗净，加少许盐、料酒腌渍入味。葱洗净，一半切丝，一半切碎；大蒜洗净切碎。

②将葱末和蒜末放到调料碗中，加白醋和盐、香油拌匀成调料。

③汤锅注水，下葱丝和姜片，大火烧沸后放入鸡腿煮熟，捞出砍成小块。

④将鸡块装盘，将调好的调料浇淋在鸡腿上即可。

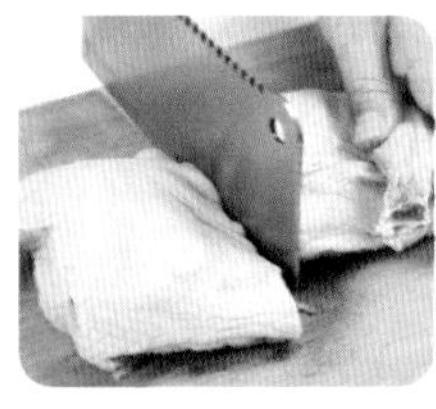

美味炖双鸭

制作时间	专家点评	适合人群
37分钟	增强免疫	男性

|材料| 烧鸭、鸭肉各300克

|调料| 盐5克，姜、葱各3克，味精1克

|做法| ①鸭肉洗净，切成块；烧鸭切块备用；姜洗净切丝；葱洗净切段。

②将切好的鸭肉放入盘中，撒上盐抹匀，腌至入味。

③锅中注水加热，放入鸭肉、姜、葱，将鸭肉煮熟。

④随后再放入烧鸭块煮沸，转小火炖煮约15分钟后放入盐和味精调好味即可出锅。

扫一扫，直接观看
木瓜炖鱼头的烹调视频

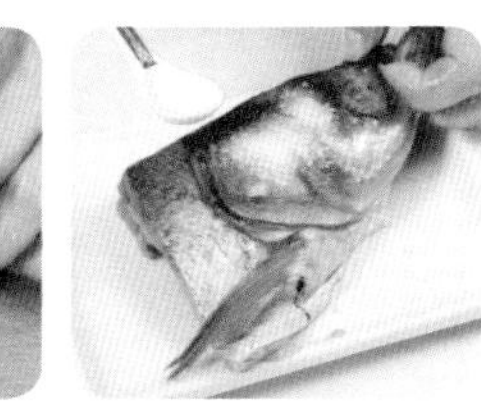

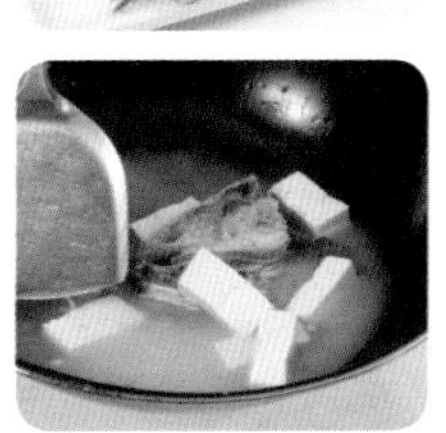

豆腐鱼头汤

制作时间	专家点评	适合人群
25分钟	提神健脑	儿童

|材料| 鱼头1个，豆腐100克

|调料| 盐4克，葱1根

|做法| ①将豆腐洗净切块；葱洗净切碎；鱼头洗净，对半切开。

②把鱼头放在碟上，撒上盐，腌渍片刻至入味。

③锅中放油烧热，下入鱼头煎至两面微黄，捞出沥干油。

④锅中留油，加水，倒入鱼头、豆腐，煮沸后改文火煮至汤汁成奶白色，加盐，撒上葱花即可。

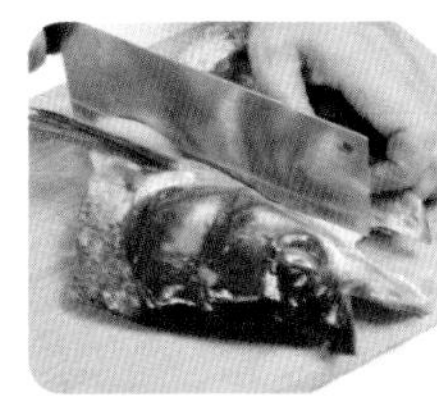

砂锅炖鱼头

制作时间	专家点评	适合人群
40分钟	提神健脑	男性

|材料| 鱼头500克，胡萝卜2克，红椒5克

|调料| 盐5克，姜片、香菜各3克

|做法| ①鱼头洗净后从中间砍成两半；红椒洗净切碎；胡萝卜洗净切片；香菜去根洗净。

②将盐撒在鱼头上，充分抹匀，静置略腌入味。

③油锅烧热，将腌好的鱼头下油锅炸熟，然后捞出沥油。

④鱼头放入砂锅中，放入水、红椒、胡萝卜、姜、香菜和盐，大火烧沸后转小火炖煮约半小时即可。

扫一扫，直接观看
马蹄木耳煲带鱼的烹调视频

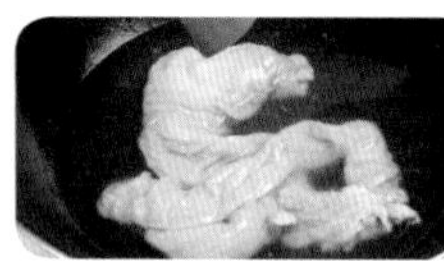

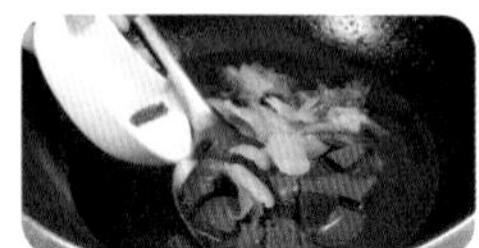

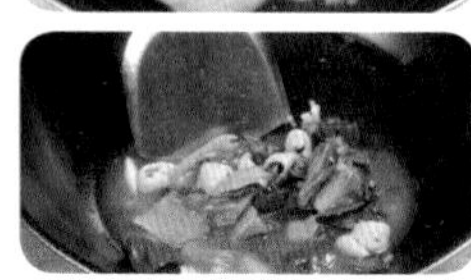

鸭血炖肠

制作时间	专家点评	适合人群
42分钟	开胃消食	男性

|材料| 鸭血150克，猪大肠300克，红椒3克，酸菜40克

|调料| 盐、姜、葱、大蒜、花椒、糖、水淀粉各适量

|做法| ①鸭血略洗后切块；红椒、姜、大蒜洗净切碎；葱洗净切段；花椒洗净，备用。

②猪大肠洗净烫熟，捞出沥干，切筒状；酸菜洗净切碎。

③锅中注水烧沸，将鸭血与酸菜一起放入烫熟。

④再加入猪大肠和除了水淀粉之外的所有调味料，转小火炖煮约30分钟后，用水淀粉勾芡即可出锅。

红烧鱼

制作时间	专家点评	适合人群
20分钟	增强免疫	孕产妇

|材料| 鲜鱼500克，红椒3克

|调料| 盐、酱油各5克，糖3克，姜3克，葱2克，料酒少许

|做法| ①鲜鱼洗净，砍去头尾，取鱼肉切成块；姜、红椒、葱洗净切丝。

②鱼块撒上盐抹匀，腌入味。

③油锅烧热，将腌好的鱼块放入，炸熟后捞出沥干油。

④油锅烧热，入姜、葱、红椒丝爆香，再入鱼块略炒，加酱油、糖和料酒，煮至汁水快干时出锅。

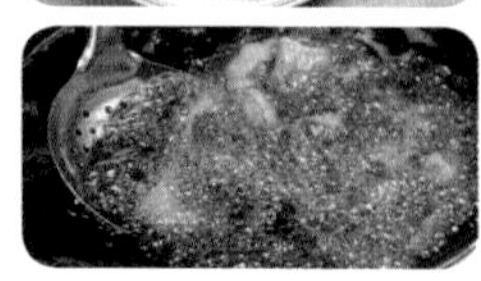

扫一扫，直接观看
腐皮菠菜卷的烹调视频

清炖虾球

制作时间	专家点评	适合人群
40分钟	提神健脑	儿童

|材 料| 虾仁300克，肉末50克，鸡蛋1个，高汤适量

|调 料| 盐、葱各5克

|做 法| ①鸡蛋取蛋清；虾仁洗净，剁成蓉，加上盐、肉末和蛋清一起充分拌匀。
②葱洗净切碎，拌入虾蓉中。
③取部分拌好的材料捏在手心，挤成圆球状，依此方法将材料全部揉捏成虾球。
④锅内注入高汤，放盐加热，将虾球放入，煮熟后即可出锅装盘。

|小贴士|
新鲜的虾头尾完整，头尾紧密相连，虾身较挺，有一定的弯曲度，皮壳发亮。河虾呈青绿色，对虾呈青白色或蛋黄色且手触摸时感觉硬，有弹性。

豆芽韭菜卷

制作时间	专家点评	适合人群
16分钟	保肝护肾	男性

|材 料| 绿豆芽200克，豆腐皮200克，韭菜150克

|调 料| 盐3克

|做 法| ①将绿豆芽洗净，切去根部；韭菜洗净切段；豆腐皮洗净后，每张切成四等份。
②将豆腐皮摊开，均匀地撒上盐，抹均匀，接着放入适量的绿豆芽和韭菜，卷成卷筒状。
③倒油入锅，油热至七成熟时，把豆芽韭菜卷逐个放入油中煎炸。
④待炸至金黄色并熟透后，捞出沥干油，装盘即可。

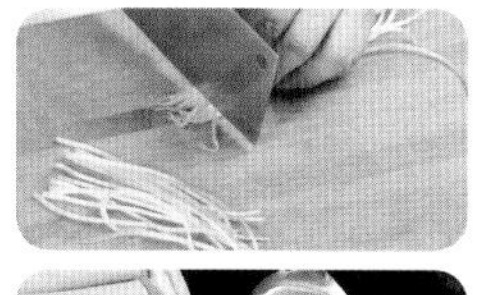
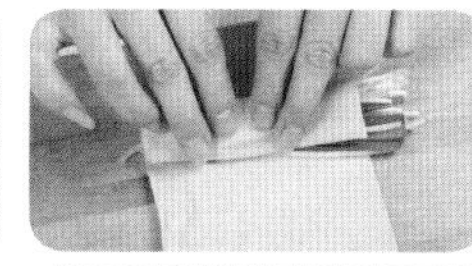
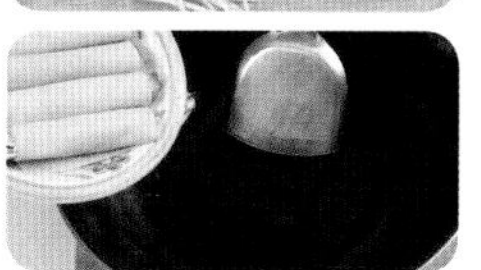

扫一扫，直接观看
蒜香排骨的烹调视频

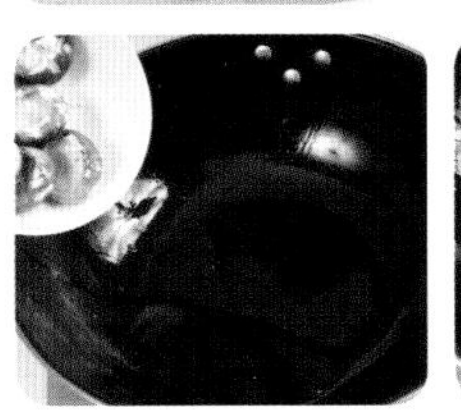

椒盐鲜香菇

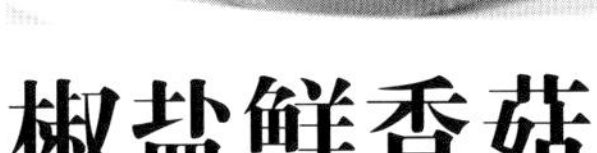

制作时间	专家点评	适合人群
15分钟	防癌抗癌	老年人

|材料|鲜香菇200克，淀粉50克

|调料|椒盐、味精各3克，红椒30克

|做法|①将鲜菇洗净，在表面打上“十”字花刀，用椒盐及味精拌匀入味；红椒洗净切碎。

②把鲜香菇放入碗中，倒入适量淀粉，搅拌均匀。

③锅中油烧热至六成熟时，把裹好淀粉的鲜菇倒入锅中煎炸片刻。

④待鲜菇炸至表面金黄时，撒上红椒碎，捞出沥干油，装盘即可。

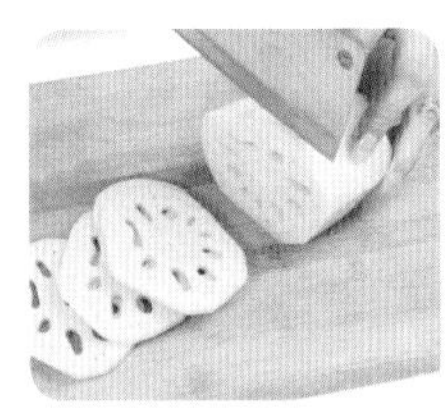

油炸藕夹

制作时间	专家点评	适合人群
25分钟	排毒瘦身	女性

|材料|莲藕250克，瘦肉200克，鸡蛋2个，淀粉50克

|调料|盐3克，葱15克

|做法|①莲藕洗净去皮切片；葱洗净切碎；鸡蛋打散后加淀粉、盐搅拌均匀。

②将瘦肉洗净剁成末，加葱、盐、淀粉、油搅拌均匀。

③接着在每两片藕中间夹入适量的肉馅，做成藕夹。

④烧热半锅油，把藕夹放入蛋液糊中浸泡片刻后，放入热油中炸至两面金黄，捞出沥干油即可。

扫一扫，直接观看
多彩豆腐的烹调视频

炸豆腐

制作时间	专家点评	适合人群
15分钟	防癌抗癌	老年人

|材料| 豆腐150克，白萝卜30克，鸡蛋1个

|调料| 盐3克，酱油5克，白糖4克，玉米粉20克

|做法| ①将豆腐洗净，切成均匀的块；白萝卜去皮洗净，先切成块后再磨成泥；鸡蛋打散。

②将所有调味料拌匀，再加上磨成泥的萝卜拌匀后做成蘸酱备用。

③将豆腐块放入玉米粉中，均匀沾裹上玉米粉。

④涂上一层蛋液，下入热油锅中炸至两面金黄色即可。

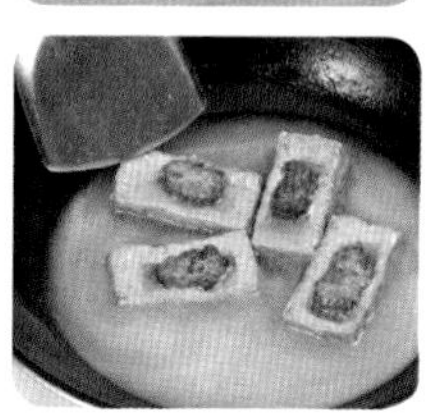

煎炸酿豆腐

制作时间	专家点评	适合人群
16分钟	养心润肺	儿童

|材料| 豆腐250克，瘦肉200克

|调料| 盐3克，淀粉15克

|做法| ①豆腐洗净后，切长方形块，并在表面用刀切一个口，掏空三分之二。

②将瘦肉洗净后剁成末，加油、盐、淀粉腌渍入味。

③接着把肉馅酿入掏空的豆腐中。

④锅中放油加热后，放入酿好的豆腐炸至两面金黄，取出装盘即可。

扫一扫，直接观看
椒盐煎豆腐的烹调视频

韭菜鸡蛋煎豆腐

制作时间	专家点评	适合人群
14分钟	保肝护肾	男性

|材料|豆腐300克，韭菜50克，鸡蛋3个

|调料|盐3克

|做法|①将豆腐洗净，切成均匀的块；韭菜洗净，切碎；鸡蛋打散，加盐拌匀。
②把切碎的韭菜倒入蛋液中，充分搅匀。
③接着将豆腐块在韭菜蛋液中浸泡片刻，让豆腐均匀地沾裹上蛋液。
④热锅温油，放入豆腐以小火煎至两面金黄，装盘即可。

|小贴士|
怎样才能炸出好看又美味的黄嫩豆腐呢？其实，只要在入锅前将切好的豆腐块在米醋中蘸一下，然后再入油锅中炸1分钟，将豆腐捞出，即可得香喷喷的黄嫩豆腐。

豆干春卷

制作时间	专家点评	适合人群
12分钟	降低血脂	老年人

|材料|鲜香菇、豆干、绿豆芽各50克，豆腐皮100克，胡萝卜丝50克

|调料|盐3克

|做法|①把鲜香菇洗净，去蒂后切丝；绿豆芽洗净备用。
②把豆干洗净切条；豆腐皮洗净，每张切成四等份。
③炒锅下油，放鲜香菇、胡萝卜丝、豆干、绿豆芽，加盐炒熟，把豆腐皮铺开，夹入原料卷成卷。
④净锅上火，注油烧热，把卷好的春卷下入油锅中炸至金黄色，捞出沥干油即可。

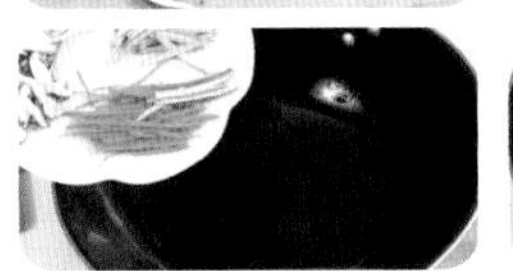
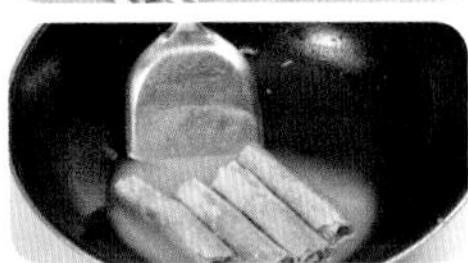

扫一扫，直接观看
金珠葡萄的烹调视频

苹果夹沙

制作时间	专家点评	适合人群
13分钟	养心润肺	儿童

|材料| 苹果100克，豆沙馅50克，鸡蛋2个

|调料| 淀粉50克，白糖适量

|做法| ①苹果洗净去皮，切片，再挖去果核；鸡蛋打散后，加入淀粉、白糖搅拌均匀。

②取一片苹果，将豆沙涂在上面，然后把另一片苹果盖在豆沙上面，轻轻压紧。

③将夹好豆沙的苹果块粘上适量的淀粉。

④将苹果放入蛋液糊中浸泡片刻，接着放入油锅中炸至金黄色，捞出沥干油，装盘即可。

蜂蜜排骨

制作时间	专家点评	适合人群
17分钟	排毒瘦身	女性

|材料| 排骨300克，鸡蛋2个，蜂蜜适量

|调料| 盐3克，酱油适量，料酒、淀粉、糖各适量

|做法| ①排骨洗净，剁成小块；鸡蛋打散。

②将排骨放入淀粉中搅匀。

③接着放进鸡蛋液中充分浸泡。烧热半锅油，排骨入锅炸至金黄捞出。

④留少许油，加入白糖至糖变色后放入排骨及调料炒匀，至汁收干后即可。

|小贴士|

蜂蜜不能用沸水冲，因为沸水可使蜂蜜中的淀粉酶发生分解，维生素C破坏达到20%~50%，其他营养成分也都会发生变化，色泽也由白变暗。

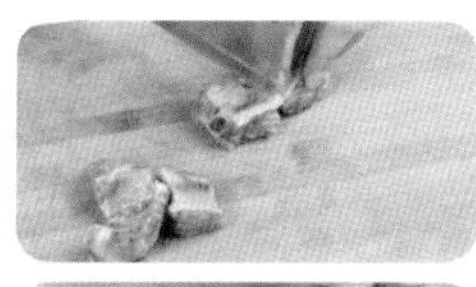

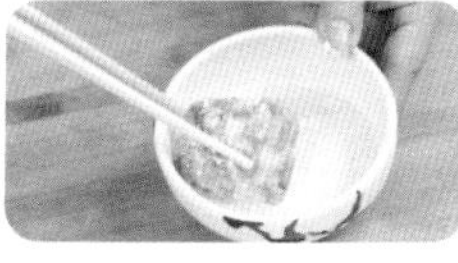

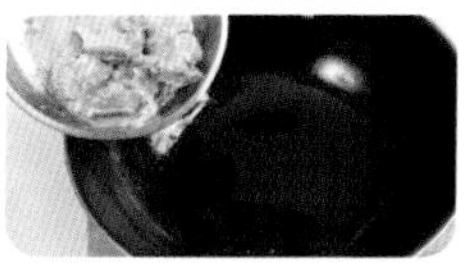

扫一扫，直接观看
炸洋葱圈的烹调视频

脆皮麦芽肠

制作时间	专家点评	适合人群
16分钟	开胃消食	男性

|材料| 猪大肠400克，麦芽糖8克

|调料| 盐3克，白醋10克，姜5克

|做法| ①将所有调味料放入碗中，调拌均匀备用。

②再将调好的麦芽糖水倒入锅中以火煮至全部溶解。

③猪大肠入沸水锅中煮熟，捞出转入盛有麦芽糖的锅中粘裹均匀，使表皮均匀沾上麦芽糖水。

④将油倒入锅中烧热，放入肥肠，炸至呈深黄色后取出切块，装盘即可。

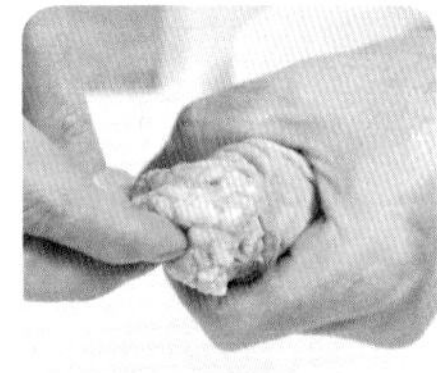

炸酿大肠

制作时间	专家点评	适合人群
18分钟	增强免疫	男性

|材料| 猪大肠400克，猪肉150克，鸡蛋2个，淀粉50克

|调料| 盐4克，料酒适量，味精5克

|做法| ①猪大肠洗净，汆水去腥，捞出沥干；猪肉洗净剁成末；鸡蛋洗净，打散后放入淀粉、盐搅匀。

②将盐、料酒、淀粉、味精放入肉末中搅拌均匀，并将肉馅灌入大肠内。

③把猪大肠的两端用线扎紧，放在盘内，蒸熟取出冷却。

④大肠切块，放入蛋液糊中浸泡，入油锅炸至金黄即可。

扫一扫，直接观看
鸡米花的烹调视频

椒麻酥炸鸡

制作时间	专家点评	适合人群
13分钟	补血养颜	孕产妇

|材料|鸡脯肉200克，青、红椒30克，花椒粉15克，淀粉30克

|调料|盐3克，酱油、香油、葱花各适量

|做法|①鸡脯肉洗净切块；青、红椒洗净切碎。鸡脯肉放入花椒粉、葱花、盐、酱油、香油中腌渍入味。

②接着将腌渍好的鸡脯肉放入淀粉中，充分搅匀，再入锅煎炸片刻。

③再把切碎的青、红椒撒在鸡脯肉上，稍微翻动。

④待肉炸至金黄色，捞出装盘即可。

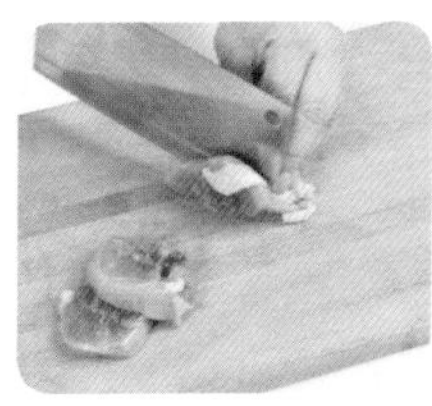

酥炸鸡腿

制作时间	专家点评	适合人群
15分钟	开胃消食	儿童

|材料|鸡腿600克，鸡蛋1个，番茄酱、彩椒各适量

|调料|盐3克，淀粉10克，香油、酱油、醋各适量

|做法|①鸡腿洗净切块；彩椒洗净，去籽切块；鸡蛋打开，留下蛋清。

②在放有鸡腿肉的碗内，加入蛋清、酱油和淀粉拌匀。

③热锅注油，将鸡块炸熟，捞出；锅中留油烧热，放入炸好的鸡块稍炒。

④加盐、酱油、香油、醋、番茄酱拌炒至熟，再勾芡，下彩椒装盘即可。

扫一扫，直接观看
白芝麻鸭肝的烹调视频

香酥鸭

制作时间	专家点评	适合人群
20分钟	增强免疫	男性

|材料| 鸭1.25千克，鸡蛋2个，葱段15克，姜丝10克

|调料| 盐5克，白糖10克，淀粉、料酒、酱油各适量

|做法| ①鸭洗净去头尾，加油、料酒、酱油、盐、白糖，放上葱和姜丝。
②烧沸半锅水，然后把鸭放进锅中蒸酥，出锅砍成块状。
③把鸡蛋洗净后打散，放入淀粉、盐拌匀，把鸭块放入蛋糊中浸泡片刻。
④净锅上火，烧热油，把鸭块放入油中炸至深黄色，捞出，装盘即可。

肉末烘蛋

制作时间	专家点评	适合人群
15分钟	开胃消食	儿童

|材料| 鸡蛋3个，猪肉150克，葱10克，红椒丝5克

|调料| 盐3克，辣豆瓣酱、酱油、糖、醋各适量

|做法| ①将葱洗净切碎；鸡蛋打散，加入盐拌匀；猪肉洗净剁末。
②锅内加油烧热，倒入蛋液糊，撒上葱粒和红椒丝，煎成蛋皮后盛盘。
③锅油烧热，下肉末、辣豆瓣酱、葱粒炒匀，加酱油、盐、糖、醋炒熟。
④热锅注油，放入蛋皮，将炒好的肉末放在蛋皮上，小火烘一下即可。

扫一扫，直接观看
彩椒圈太阳花煎蛋的烹调视频

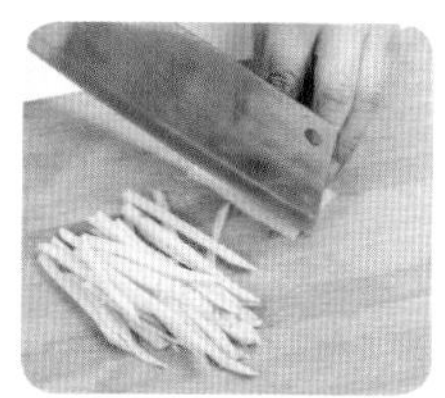

竹笋煎蛋

制作时间	专家点评	适合人群
10分钟	降低血糖	老年人

|材 料| 鸡蛋3个，火腿、竹笋各50克，胡萝卜10克

|调 料| 盐3克，胡椒粉、葱各5克，香菜10克

|做 法| ①鸡蛋打散加盐、胡椒粉搅匀；胡萝卜去皮洗净切丝；香菜洗净。

②竹笋洗净，去皮切丝；火腿洗净切丝；葱洗净，分别切段和切碎备用。

③倒油入锅，油热后倒入竹笋丝、火腿丝和葱段翻炒。

④倒入鸡蛋液煎至金黄色，盛盘撒上葱粒、胡萝卜丝、香菜叶即可。

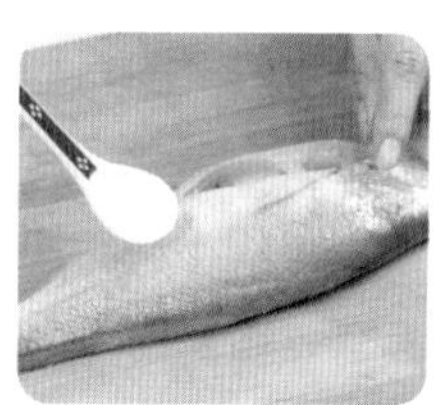

香煎黄鱼

制作时间	专家点评	适合人群
13分钟	降低血压	老年人

|材 料| 黄鱼400克

|调 料| 盐4克，酱油适量

|做 法| ①将黄鱼洗净后，在鱼身两侧划“一”字花刀。

②并在鱼的表面撒上适量的盐，充分抹匀。

③净锅上火，倒油烧热后，放入腌好的黄鱼，将两面煎成金黄色。

④最后倒入适量的酱油调味，捞出沥干油，装盘即可。

扫一扫，直接观看
香煎鲷鱼的烹调视频

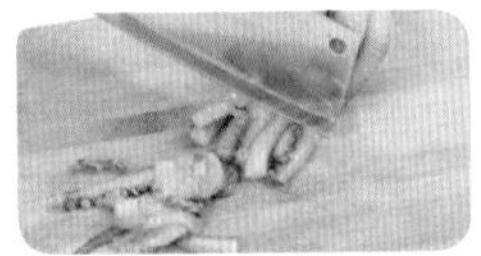

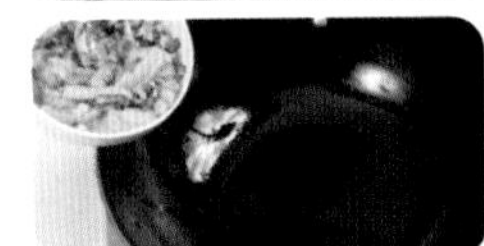

椒盐鱿鱼须

制作时间	专家点评	适合人群
15分钟	增强免疫	儿童

|材料|鲜鱿鱼须200克，鸡蛋2个，青椒、红椒各30克

|调料|椒盐4克，大蒜20克，淀粉30克

|做法|①将鲜鱿鱼须洗净，切成均匀的小段；青、红椒洗净，去籽切碎；大蒜去皮，洗净切碎；鸡蛋打散。

②将鱿鱼须、大蒜、淀粉、椒盐和青、红椒碎放入蛋液中，搅拌均匀。

③净锅上火，倒油烧热，把原料倒入锅中炸片刻。

④待鱿鱼须炸至金黄色后捞出，沥干油装盘即可。

豆豉煎鳕鱼

制作时间	专家点评	适合人群
14分钟	补血养颜	女性

|材料|鳕鱼250克

|调料|盐3克，豆豉10克，酱油适量

|做法|①将鳕鱼洗净，沥干水后切块，放入碗内，表面撒上盐；豆豉洗净备用。

②在鳕鱼中加入酱油腌渍片刻。

③锅烧热，下油，放入腌渍好的鳕鱼块，用中火煎至两面金黄。

④再倒入酱油、盐、豆豉，改用小火煎片刻，取出装盘即可。

|小贴士|

煎鱼前将锅洗净，擦干后烧热再放油，将锅稍加转动，使锅内四周都有油。待油烧热后将鱼放入，鱼皮煎至金黄色时再翻动，这样鱼就不会粘锅。

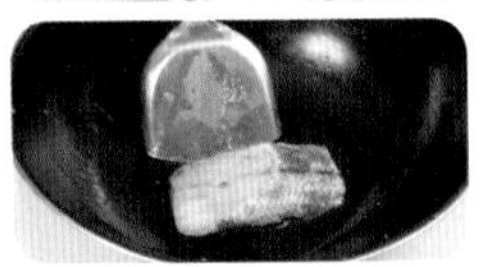
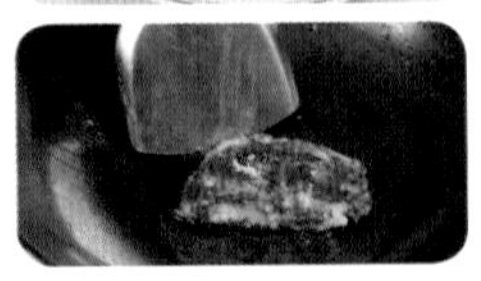

扫一扫，直接观看
茄汁鳕鱼的烹调视频

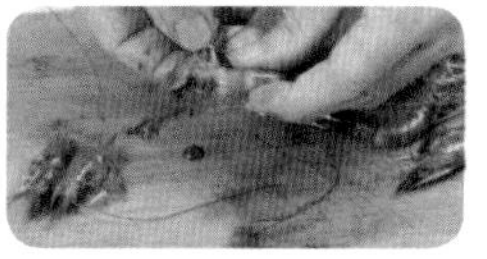

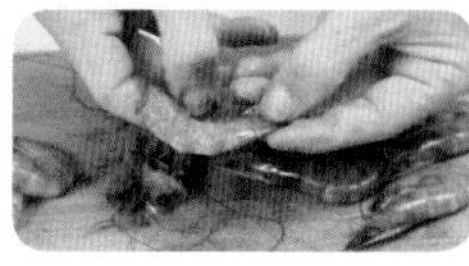

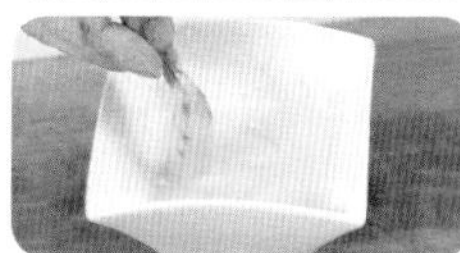

酥炸鲜虾

制作时间	专家点评	适合人群
12分钟	增强免疫	孕产妇

|材料| 鲜虾200克，鸡蛋2个

|调料| 盐4克，淀粉30克，柠檬水适量

|做法| ①将鲜虾洗净后去头，挑去泥肠；鸡蛋充分打散。

②接着将虾壳除去，但保留尾部壳。

③然后用刀从虾的背部剖开至腹部，将其摊开；将淀粉、柠檬水和盐放入打好的蛋液中拌匀。

④把虾仁放入其内浸泡片刻，再放入热油中炸至金黄，捞出沥油。

|小贴士|

浆好的虾仁要轻轻散落油锅，用筷子沿一个方向先轻后重、先慢后快有节奏地划动，切不可用勺猛劲搅动，以防止划碎虾仁，影响成品形状。

双鲜烤白菜

制作时间	专家点评	适合人群
10分钟	降低血压	老年人

|材料| 白菜300克，面粉100克，奶油、牛奶、虾米、蟹柳各适量

|调料| 盐3克，糖、白胡椒粉、葱各适量

|做法| ①将白菜洗净，切成四等份；虾米泡水约10分钟，捞出沥干水备用；葱洗净切末。

②锅中水烧沸，将白菜焯水至软，捞出沥干水备用。

③将蟹柳洗净，撕成小块。锅烧热，入奶油、牛奶、面粉、盐、糖和白胡椒粉拌匀盛起。

④白菜、蟹柳和虾米装盘，入烤箱烤3分钟取出，倒上奶油、葱末即可。

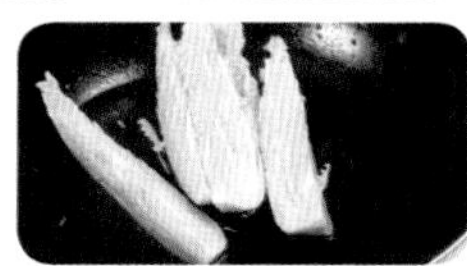

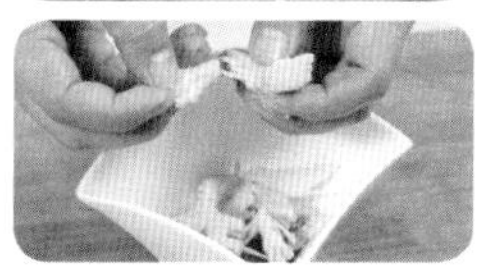

扫一扫，直接观看
辣拌烤鸭片的烹调视频

香烤排骨

制作时间	专家点评	适合人群
35分钟	增强免疫	儿童

|材料|排骨2千克，白菜10克，香菜5克

|调料|黑胡椒、五香粉、蚝油、盐、白糖、酱油各适量

|做法|①排骨洗净，剁成小段；白菜、香菜洗净。

②将黑胡椒、五香粉、蚝油、白糖、盐和酱油拌匀，均匀地抹在排骨上并腌渍2小时。

③将排骨放入烤箱，烤15分钟，取出翻面烤10分钟。

④烤至外表金黄时取出，装在铺有白菜叶的盘子上，撒上香菜即可。

|小贴士|

在烧烤肉类或鱼类前，最好先用调味料腌渍，否则即使多加烧烤酱，味道也只是停留在表面。

锡纸烤小排

制作时间	专家点评	适合人群
28分钟	增强免疫	男性

|材料|小排骨1千克，锡纸1张，番茄酱10克，香菜5克

|调料|盐3克，大蒜5克，酱油15克，酒、糖各适量

|做法|①小排骨洗净，剁成小段；大蒜洗净，用刀背拍碎备用；香菜洗净备用。

②将蒜末、番茄酱、酱油、酒、盐和糖拌匀，均匀地抹在小排骨上，腌渍40分钟至入味。

③将腌好的小排骨用锡纸包好，装在烤盘上，放入烤箱。

④以中火烤15分钟，取出翻面，继续烤熟，取出装盘，撒上香菜即可。

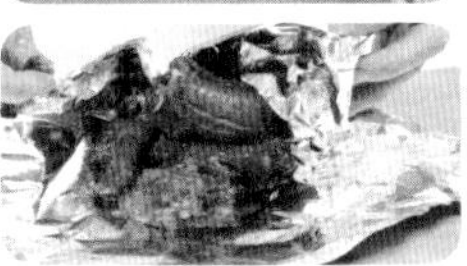

扫一扫，直接观看
板栗烧鸡的烹调视频

沙茶烤牛肉

制作时间	专家点评	适合人群
15分钟	保肝护肾	男性

|材料| 牛肉240克，沙茶酱20克，柠檬汁10克

|调料| 盐3克，酱油15克，淀粉10克，大蒜5克

|做法| ①将牛肉洗净，切成长片；大蒜洗净，剁成蓉状。
②将柠檬汁、蒜蓉、沙茶酱、酱油、盐和淀粉拌匀，加入牛肉腌渍30分钟入味。
③用竹签穿上腌渍好的牛肉，装入烤盘。
④将牛肉串放入烤箱内，以250℃的温度烤6分钟，取出翻面，再烤4分钟取出装盘。

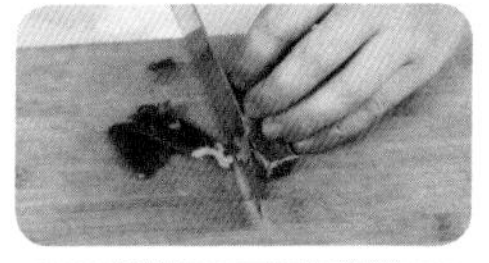

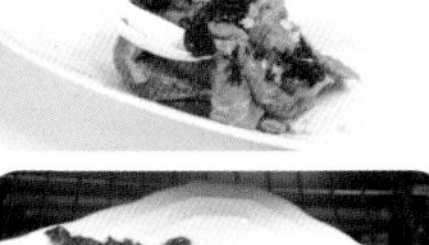

|小贴士|
做这道菜时可将红葡萄酒和牛肉一起腌渍，可以让牛肉变得柔软、易熟，而且还能增加牛肉的香味，口感更好。

蜂蜜烤鸡

制作时间	专家点评	适合人群
40分钟	排毒瘦身	女性

|材料| 鸡500克，蜂蜜10克

|调料| 盐3克，酱油、料酒、糖、葱段、姜片各适量

|做法| ①将鸡洗净剁成块，装入盘中，再加入适量料酒。
②将酱油、盐、糖、葱片和姜片放入碗中拌匀，加入鸡块腌渍30分钟入味。
③将腌好的鸡块装盘，放入烤箱，以200℃的温度烤20分钟，取出翻面，刷上腌汁，烤熟。
④最后用刷子在烤好的鸡块上刷上适量蜂蜜，即可食用。

扫一扫，直接观看
香辣孜然鸡的烹调视频

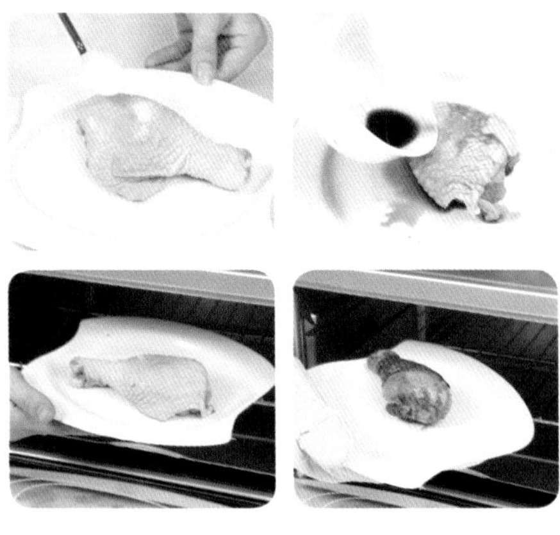

烧烤鸡腿

制作时间	专家点评	适合人群
30分钟	补血养颜	孕产妇

|材料| 鸡腿200克，香菜10克

|调料| 盐、米酒、酱油、糖、五香粉、照烧汁各适量

|做法| ①鸡腿洗净，沥干水装盘，将盐撒在鸡腿上抹匀；香菜洗净备用。

②将米酒、酱油、糖、五香粉和照烧汁搅拌均匀，浇在鸡腿上腌渍30分钟至入味。

③鸡腿摆到烤盘上，放入微波炉以250℃的温度烤约20分钟。

④烤至鸡腿外表金黄，取出，撒上香菜即可。

孜然烤鸡翅

制作时间	专家点评	适合人群
20分钟	开胃消食	儿童

|材料| 鸡翅500克，孜然粉15克

|调料| 盐3克，酱油10克，料酒15克，糖10克，蜂蜜10克

|做法| ①将鸡翅洗净装盘，放入酱油、孜然粉、盐、料酒、糖拌匀。

②将鸡翅用锡纸包好，腌渍30分钟。

③将腌渍好的鸡翅连同锡纸放在烤盘上，放入烤箱，高火烤4分钟，再翻面烤4分钟。

④烤至外表金黄取出装盘，用刷子刷上蜂蜜即可。

扫一扫，直接观看
红烧鱼块的烹调视频

香烤鲫鱼

制作时间	专家点评	适合人群
15分钟	保肝护肾	男性

|材 料| 鲫鱼200克，彩椒5克

|调 料| 盐3克，大蒜5克，葱丝8克，干辣椒粉、孜然、香油各适量

|做 法| ①鲫鱼洗净；大蒜洗净切粒；彩椒洗净切圈。

②将鲫鱼装盘，在两面抹上盐、干辣椒粉、孜然和油。

③鲫鱼入烤箱以中高火烤2分钟后取出撒上孜然粉，再入微波炉烤1分钟。

④烤至外表金黄，取出装盘，撒上蒜粒、彩椒、葱丝，淋上香油即可。

茶叶烤鳕鱼

制作时间	专家点评	适合人群
13分钟	排毒瘦身	女性

|材 料| 鳕鱼200克，干茶叶20克

|调 料| 胡椒粉2克，葱5克，姜5克，盐3克，酱油、白酒、淀粉各适量

|做 法| ①鳕鱼洗净切块；葱、姜洗净，切成末备用。将胡椒粉、酱油、白酒拌匀，浇在鳕鱼上。

②鳕鱼腌渍30分钟后装盘，入蒸锅。

③然后将切好的葱、姜末撒在鳕鱼上，以大火蒸5分钟后取出。

④锡纸上撒上干茶叶、淀粉，放入鳕鱼包好，入烤箱以中火烤5分钟即可。

扫一扫，直接观看
莴笋猪血豆腐汤的烹调视频

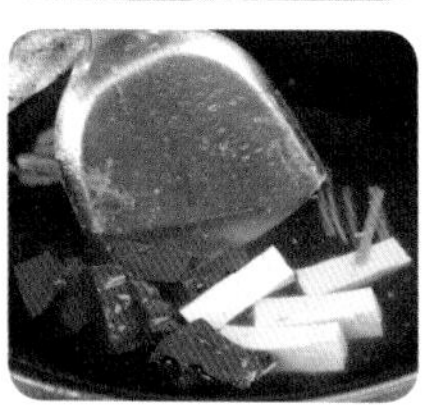

酸辣豆腐汤

制作时间	专家点评	适合人群
14分钟	补血养颜	孕产妇

|材料|鸡蛋2个，豆腐、猪血、瘦肉各100克，胡萝卜半根

|调料|盐4克，辣椒油适量，醋6克

|做法|①豆腐、猪血洗净切块；瘦肉洗净切丝；胡萝卜洗净切丝。

②把鸡蛋打入碗中，打散。

③锅内加适量水烧沸，将豆腐、猪血、肉丝、胡萝卜丝放入，用旺火煮至沸腾。

④转小火加打散的蛋液，再加上盐、醋调味，淋上辣椒油即可。

猪血豆腐韭菜汤

制作时间	专家点评	适合人群
12分钟	保肝护肾	男性

|材料|猪血、豆腐各150克，韭菜适量，胡萝卜1/4根

|调料|盐4克

|做法|①猪血洗净切块；韭菜洗净切碎；胡萝卜洗净切片。

②将豆腐洗净，切成块。

③将锅中加入适量水煮沸，倒入猪血、豆腐、胡萝卜同煮。

④煮沸后改文火稍煮片刻，加盐、油调味，撒上韭菜即可。

扫一扫，直接观看
莲藕排骨汤的烹调视频

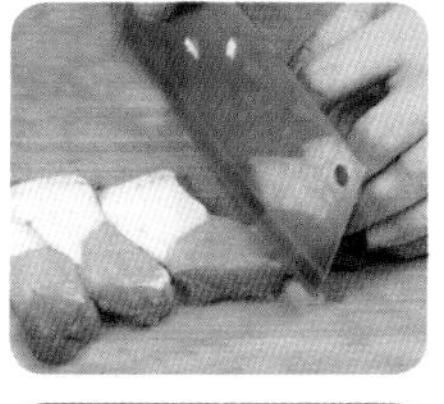

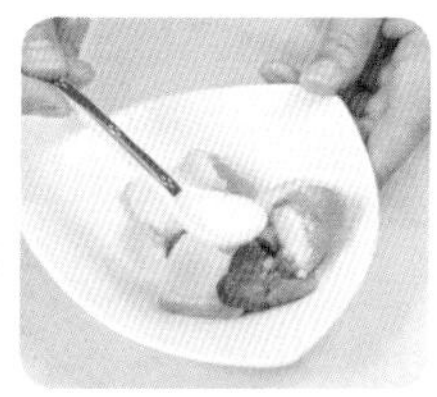

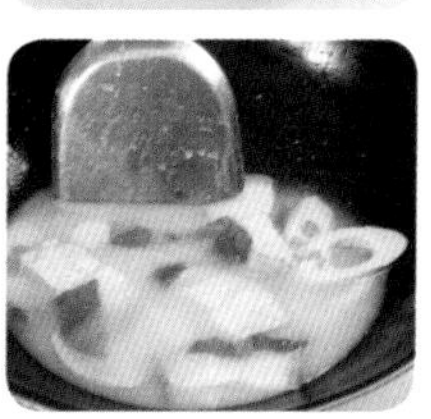

酸笋猪肉汤

制作时间	专家点评	适合人群
15分钟	开胃消食	孕产妇

|材料| 酸笋100克，五花肉250克，青菜100克

|调料| 盐5克，姜10克

|做法| ①五花肉洗净，切成块；酸笋洗净，切成斜片；青菜叶洗净切片；姜洗净切片。

②五花肉放在碟上，撒上适量盐，腌渍片刻。

③锅中倒入适量水，大火煮沸，倒入姜片和肉。

④再倒入酸笋片和青菜叶，改用中火煮熟，加盐调味即可。

双色排骨汤

制作时间	专家点评	适合人群
35分钟	防癌抗癌	老年人

|材料| 白萝卜500克，胡萝卜100克，排骨250克

|调料| 盐5克，姜10克

|做法| ①将白萝卜去皮，洗净切块；胡萝卜洗净切片；排骨洗净切块；姜洗净切片。

②排骨放入碗中，撒上适量盐，腌渍入味。

③锅内加入适量水烧沸，放入姜片、排骨、白萝卜、胡萝卜同煮。

④旺火煮沸后改用中火煮至排骨熟烂，加盐调味即可。

扫一扫，直接观看
萝卜排骨汤的烹调视频

胡萝卜大骨汤

制作时间	专家点评	适合人群
130分钟	提神健脑	儿童

|材料| 玉米250克，胡萝卜100克，排骨100克，花生50克

|调料| 盐5克，枸杞15克

|做法| ①玉米洗净，切块；胡萝卜洗净，切块；排骨洗净，切块；花生、枸杞均洗净，备用。

②排骨放入碗中，撒上适量盐，腌渍片刻至其入味。

③烧沸半锅水，将玉米、胡萝卜焯水；排骨汆水，捞出沥干水。

④砂锅中注入适量清水，煲沸腾后倒入全部原材料，煮沸后转慢火煲2小时，加盐调味即可。

花生排骨汤

制作时间	专家点评	适合人群
100分钟	补血养颜	女性

|材料| 排骨250克，花生50克，红枣30克

|调料| 盐5克，葱1根，薏仁10克，枸杞15克

|做法| ①把排骨洗净，砍成块；花生、枸杞、红枣、薏仁洗净后浸泡片刻；葱洗净切碎。

②将排骨放在碟上，撒上盐，腌渍片刻。

③烧沸适量水，把排骨倒入锅中汆水，捞出沥干水。

④将全部原材料和水一起放入砂锅中，用武火煮沸，改文火煲至肉烂，加盐调味，撒上葱花即可。

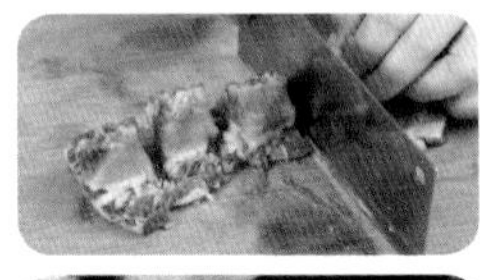

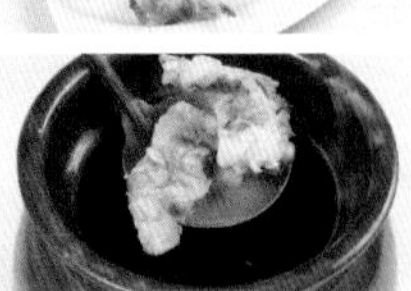

扫一扫，直接观看
菌菇无花果炖乌鸡的烹调视频

牛肉西红柿汤

制作时间	专家点评	适合人群
25分钟	补血养颜	女性

|材 料| 西红柿150克，牛肉100克

|调 料| 盐5克，姜10克，香菜15克

|做 法| ①将西红柿洗净切块；香菜洗净切碎；姜洗净切片。
②将牛肉洗净切片。
③将牛肉放在碟上，撒上盐，腌渍片刻。
④锅内加水煮沸，入西红柿、牛肉、姜片，改以中火煮至牛肉熟透后加盐、油调味，撒上香菜即可。

|小贴士|
过高的温度或大火会把牛肉的外表煮得太熟或烧焦而中间却没有熟。较嫩的牛肉做汤时应用中火烹煮，小火则适合肉质坚韧的牛肉。

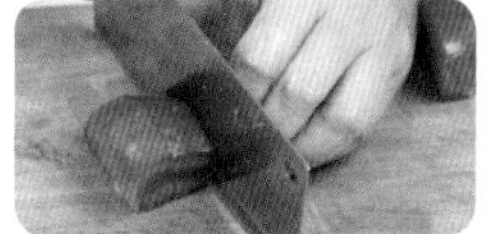
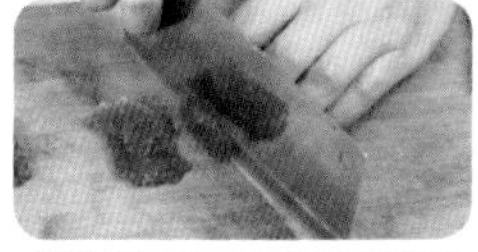

香菇枸杞鸡汤

制作时间	专家点评	适合人群
50分钟	补血养颜	女性

|材 料| 香菇50克，鸡500克，枸杞10克

|调 料| 盐5克，党参、胡萝卜各20克

|做 法| ①将鸡洗净剁块；枸杞、党参洗净；胡萝卜洗净切片。
②把鸡肉放入碟中，撒上盐，腌渍入味。
③把香菇浸泡软后去蒂，捞出，打上“十”字刀花。
④把香菇、鸡肉、枸杞、党参、胡萝卜片放入砂锅，加水，先以大火煲沸，改文火煲至肉烂，加盐即可出锅。

|小贴士|
炖好的鸡汤应在温度降至80～90℃时或食用前加盐，这样的口感最佳。

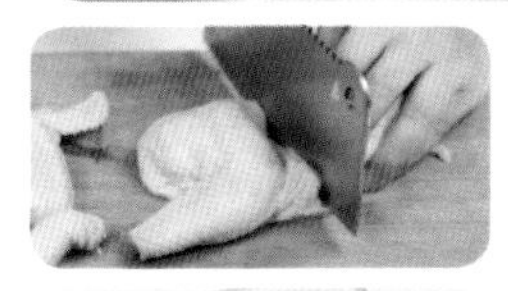
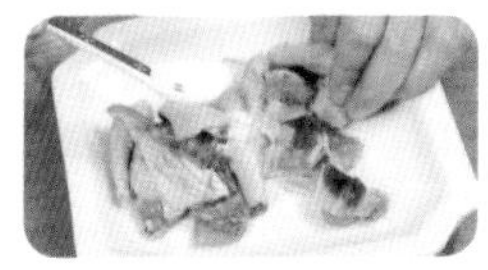

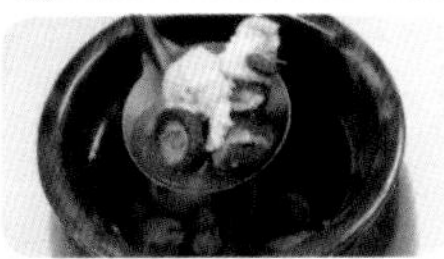

扫一扫，直接观看
猴头菇煲鸡汤的烹调视频

火腿炖鸡汤

制作时间	专家点评	适合人群
130分钟	养心润肺	孕产妇

|材 料| 鸡肉250克，火腿100克

|调 料| 盐、姜各5克，葱3克，枸杞10克

|做 法| ①将鸡洗净，斩成小块；枸杞泡发，洗净；姜去皮，洗净切片；葱洗净，切成葱花。
②火腿洗净后切成大小均匀的块。
③把鸡肉铺在碟上，撒上盐、姜片，腌渍片刻。
④砂锅中倒水，放鸡块、火腿、枸杞，煮沸后转文火煲2小时至肉烂，加盐调味，出锅时撒葱花。

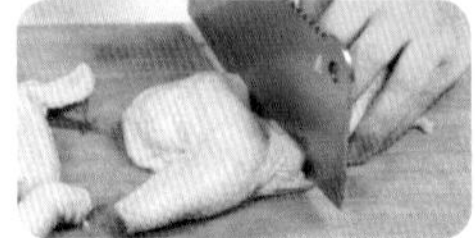

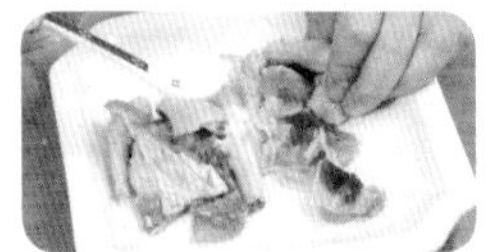

|小贴士|
鸡宰杀后放5～6小时，待鸡肉表面产生一层光亮的薄膜再下锅，味道会更美。先将水烧沸再放鸡下锅炖，汤汁会更鲜。此外，鸡汤在食用前才放盐味道会更鲜。

大蒜炖鸡汤

制作时间	专家点评	适合人群
135分钟	补血养颜	女性

|材 料| 鸡500克，红枣50克

|调 料| 盐5克，大蒜15克，枸杞15克

|做 法| ①将鸡洗净，砍成块；红枣、枸杞洗净备用。
②大蒜剥皮，入油锅中炸至金黄，捞出。
③鸡肉铺于碟上，撒上盐，腌渍入味。
④砂锅中加适量水煮沸，下鸡肉、大蒜、红枣、枸杞，煮沸后改文火煲2小时，放盐调味即成。

|小贴士|
鲜鸡买回来后，应先放冰箱冷冻室冰冻3～4个小时再取出解冻，这时的肉质最好，再来炖汤做菜明显香嫩。

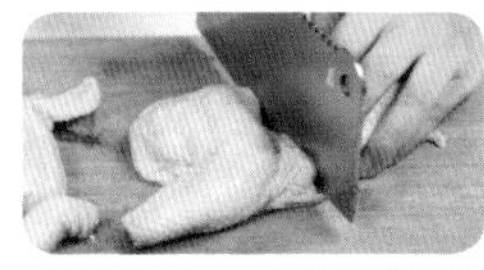

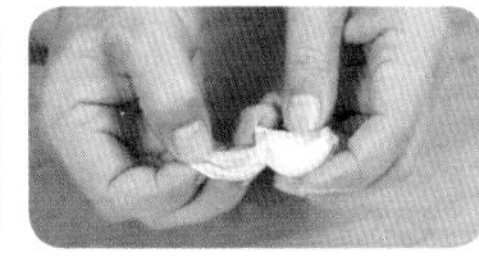

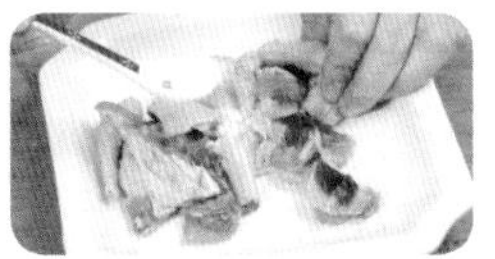

第四章 最受欢迎的简易素食

过去许多人认为吃素是老年人的专利，但如今“素食风潮”正在席卷全球。吃素不仅能使罹患心脏病、癌症等疾病的概率大幅度降低，还能减肥，增强判断力。本章提供了各种简易素食菜谱，希望能助你走上健康素食之路。

你今天吃素了吗

吃素，对绝大多数人来说，已不再是出于宗教的禁忌和约束。如今，素食已经超出了信仰的范围，变成了一种健康饮食的趋势，从而成为一种“新素食主义”。素食越来越成为一个全球时尚的标签，已经成为一种全新的健康生活方式。

素食理念

素食是以不吃肉类、家禽、鱼、蛋等动物产品的一种健康生活新理念，有时也包括奶制品和蜂蜜。遵循“素食主义”通常是出于健康原因，或是出于对动物的爱，以及对动物权益的尊重等。在中国，古代的很多先哲们相信素食可以修身养性、益寿延年。水果、蔬菜、豆类等植物性食品，能创造一个纯净的身体及神经系统，让人更加健康、轻松和精力充沛。

绝对的素食者并不多见，也很难坚持，如果非得严格吃素，肯定会遇到诸多不便，恐怕应酬时一到饭桌就难以下箸了。不过，“新素食主义者”找到了折中的办法，那就是并非单纯摒弃荤腥，而是以含有丰富营养素和微量元素的素食为主，辅之以乳制品、蛋、鱼甚至少量鸡肉。“新素食主义”在现实生活中更具可行性。

吃素的好处

素食的好处虽广为人知，但吃素总是首先让人联想到苦行僧般的清修。这直接影响许多女性是否接受“新素食主义”。不妨从实用的角度，先给自己个理由，将有助于自己坚持素食的信心。

（1）吃出健康来

素食的饱和脂肪含量很低，可降低高血压和高胆固醇含量。德国做过一次研究，偶尔才吃肉的素食者，得心脏病的概率是一般人的三分之一，癌症的罹患率是一般人的一半。而且，素食还能起到食疗的功效。

（2）吃出美丽来

经常素食者全身充满生气，脏腑器官功能活泼，皮肤显得柔嫩、光滑、红润，吃素堪称是种由内而外的美容法。

扫一扫，直接观看
青豆烧茄子的烹调视频

（3）吃出聪明来

吃素者自我感觉往往很清爽，似乎人也变得更聪明了。因为让大脑细胞活跃起来的养分主要是麸酸，其次是B族维生素；而谷类、豆类等素菜是麸酸和B族维生素的"富矿"，一日三餐从"富矿"里汲取能量，可以增强人的智慧和判断力，使人容易放松及提高专注力。

（4）吃出文化来

素食，表现出了回归自然、回归健康和保护地球生态环境的返璞归真的文化理念，能额外地体验到摆脱了都市的喧嚣和欲望的愉悦心情。

新素食入门手册

别一味拒绝肉食。以为一丁点儿荤腥都不沾才能取得素食的效果，这其实是个误区。吃素，并不意味着要彻底断绝荤食。从营养学的角度来看，彻底拒绝荤食对健康并无好处，肉类可以提供人体所需要的高热量，适当地补充高热量的食物是必需的。所以，最好坚持动植物食品混合食用的饮食原则，营养会更全面。

特殊人群的素食者，如何吃更营养

规划妥善素食也能满足一些特殊人群的营养需求，包括婴儿、儿童、青少年、老年人。同时，儿童、青少年时期开始吃素，摄取较少的胆固醇、饱和脂肪酸、总脂肪量以及摄取较多水果、蔬菜与纤维素，更能帮助我们养成终身的健康饮食习惯。

（1）婴儿的素食

研究发现，素食女性乳汁所含的营养成分与非素食女性的相同。因此，吃素食女性乳汁的宝宝也能健康成长。

（2）儿童时期的素食

素食儿童与非素食儿童的生长发育大致相同。通过食用麦片、面包、面糊、花菜、韭菜、西红柿、冬瓜、山楂、橘子等食物，有助于补充素食儿童所需的热量和营养。

（3）青少年时期的素食

食素的青少年相较于非食素的青少年，能摄取到较多的铁、叶酸、维生素A、维生素C等成分，同时更能养成摒弃吃甜食、烧烤、过咸零食的良好饮食习惯。

（4）老年时期的素食

老年人对热量的需求减少，但吃素要多留意钙、铁、锌、维生素D、维生素B_6及维生素B_{12}的摄入量。建议可食用富含维生素B_{12}的食物，比如绿叶菜、各种芽菜等。小麦、糙米、黄豆、果仁也富含维生素B_{12}。

扫一扫，直接观看
油麦菜烧豆腐的烹调视频

吃素也要注意营养均衡

目前，素食风潮在全球越刮越盛，但很多人因为没有掌握科学素食方法而让身体受到损害，而让世人误解吃素不营养，是很令人痛心的事情。要享受素食带来的好处，一定要充分了解素食的营养搭配知识，才能避免营养缺乏的危险。

吃素不科学对身体反而不健康

素食者可能比非素食者更容易发生某些营养素缺乏问题，如铁、锌和维生素(维生素食品)B_{12}等。其中，不肯吃鸡蛋和牛奶的“严格素食者”危险性更大。在膳食中，肉类、内脏和动物血是铁的最佳来源，而素食中的铁很难被人体吸收；锌在动物性食物当中比较丰富而且吸收率高；维生素B_{12}则只存在于动物性食品(包括蛋和奶)、菌类食品和发酵食品中。一般素食不含这种维生素。如果缺乏铁和维生素B_{12}，造血功能便会发生异常，使人身体衰弱。与男性(男性食品)相比，妇女因每月月经来潮损失数十毫升的铁，膳食中要特别注意铁(铁食品)和维生素B_{12}的供应。

做个健康快乐的素食者

如果真的身体力行开始吃素，可能很多人又会止步不前了。因为对许多人，平时对素食食物的种类和搭配了解很有限，如果把鸡鸭鱼肉都排除在外，可吃的食物种类就少得可怜了。生活中确实也有一些素食者或佛友，在吃素后没有合理安排饮食，食物品种过于单调导致身体消瘦、体力下降等，引起亲朋好友的担心和对素食的误会。其实无论吃什么，合理搭配饮食、保证营养供应都是很重要的。因为健康的身体、充沛的精力是我们学习、工作和生活的“本钱”，我们应该要爱护它，所以我们不仅要懂得素食的好处而选择素食，还要了解如何吃素，做个健康的素食者。

推荐渐进式吃素方法

素食者可分为两大类：一类是“广义素食者”或称“蛋奶素食者”，另一类是“严格素食者”。

广义素食者仅仅是不吃肉和鱼，但可以接受牛奶和鸡蛋。由于鸡蛋和牛奶的蛋白质含量高于鱼、肉类，其中富含多种维生素和矿物质，因此“蛋奶素食者”在营养摄入上受到的影响较小。可以通过豆类、豆制品、鸡蛋、奶制品和谷物获得足够的蛋白质。

“严格素食者”，他们不仅不吃鱼、肉，而且还不吃鸡蛋和牛奶。决定吃素前，先不妨尝试广义素食，一段时间后，再考虑严格素食。

合理素食的“十字口诀”

有关专家指出，吃素也要讲究营养搭配，搭配合理的素食对健康是有益的。想享受素食带来的好处，一定要充分了解素食的营养搭配知识，才能避免营养缺乏的危险。

有一个非常容易记忆的合理膳食口诀，就是：“一、二、三、四、五，红、黄、绿、白、黑。”

（1）“一、二、三、四、五”

“一”是指每天喝一袋牛奶，它的主要目的是补钙(钙食品)。如果不习惯饮用牛奶，喝豆浆来代替也是可以的，不过量要增加到两袋。也可以购买单独补钙的产品。

“二”是250～350克碳水化合物，相当于300～400克主食。对每个人来说，这300～400克不是固定的，根据情况来调整，也可以起到控制体重的作用。

“三”是指三分高蛋白。蛋白不能太多也不能太少，合适就好。

“四”是什么意思呢?即“有粗有细不甜不咸，三四五顿七八分饱”。精细粮搭配，一个礼拜吃三四次粗粮(粗粮食品)，棒子面、老玉米、红薯等。三四五顿是指每天吃的餐数，还有很重要的是注意不要吃太饱，吃七八分饱最合适。

“五”就是500克蔬菜和水果(水果食品)，相当于400克蔬菜(蔬菜食品)100克水果，补充维生素和纤维素，能起到预防癌症的效果。

（2）“红、黄、绿、白、黑”

“红”是一天一个西红柿。一天一个西红柿能使患前列腺癌概率减少45%。

“黄”是泛指含维生素A的蔬菜，包括胡萝卜、西瓜、红薯、老玉米、红辣椒等。

“绿”是绿茶及深绿色蔬菜，有助预防肿瘤、动脉硬化。

“白”是燕麦粉、燕麦片。燕麦粥不但降胆固醇、降甘油三脂(油食品)，还对糖尿病(糖尿病食品)、减肥特别好，而且燕麦粥通大便，是特别好的粗粮。

“黑”是黑木耳。黑木耳这个东西特别好，它可以降低血液黏度。

记住这个十字口诀，我们在饮食营养的大方向上就不会出问题。作为素食者要特别注意食物的多样性。多花一点心思去了解、实践，素菜也能色香味俱全，营养又好吃。

合理素食的其他建议

多补充膳食当中的维生素C促进铁吸收，如青椒、菜花、绿叶蔬菜、西红柿等。

烹调时注意用铁锅，多用醋和柠檬来调味，帮助铁的溶解和吸收。

多吃富含维生素C的水果，如枣、柑橘等。

要获得足够的锌，需要经常吃一些坚果类食品，如葵花子、榛子、黑芝麻等。

维生素B_{12}可以通过菌类食品和发酵豆制品来供应，包括各种蘑菇、香菇、木耳等，以及豆酱、酱豆腐、豆豉、醪糟等。

多摄入豆制品、各种坚果和绿叶蔬菜，是获得抗氧化物质的好方法。

少吃甜食，烹调清淡，尽量把精米面换成各种粗粮杂粮，才有利于促进健康，维持适宜体重。

扫一扫，直接观看
荷兰豆炒豆芽的烹调视频

素食误区

时下，一股食素之风席卷全球，“新素食主义者”大量涌现。你对素食的热衷，正是因为被一些有关素食的好处而深深吸引，而实际上，这些观点也许正是阻碍你健康的误区，让你的健康指数直线下降！那么应该注意哪些素食饮食误区呢？

油脂、糖、盐过量

由于素食较为清淡，有些人会添加大量的油脂、糖、盐和其他调味品来烹调。殊不知，这些做法会带来过多的能量，精制糖和动物脂肪一样容易升高血脂，并诱发脂肪肝，而钠盐会升高血压。很多人还忽视了一个重要的事实：植物油和动物油含有同样多的能量，食用过多一样可引起肥胖。

素菜应该要用水煮或是汆烫、慢炖等，才能把食物的营养保存住；一旦使用高温油炒之后，食物的营养价值就降低，所吃下的营养也就不足了。能吃食物的原味是最理想的，但实在是觉得淡然无味的话，可以使用少量的盐，尽量少用其他调味料。因为调味料用得越多，就越没有机会去品尝和享受食物的原味。

吃过多水果并未相应减少主食

很多素食爱好者每天三餐之外，还要吃不少水果，但依然没有给他们带来苗条的身材。这是因为水果中含有8%以上的糖分，能量不可忽视。如果吃250克以上的水果，就应当相应减少正餐或主食的数量，以达到一天当中的能量平衡。除了水果之外，每日额外饮奶或喝酸奶的时候，也要注意同样的问题。

蔬菜生吃才有健康价值

一些素食者热衷于以凉拌或沙拉的形式生吃蔬菜，认为这样才能充分发挥其营养价值。实际上，蔬菜中的很多营养成分需要添加油脂才能很好地吸收，如维生素K、胡萝卜素、番茄红素都属于烹调后更易吸收的营养物质。同时还要注意，沙拉酱的脂肪含量高达60%以上，用它进行凉拌，并不比放油脂烹调的热量更低。

只认几种“减肥蔬菜”

蔬菜不仅要为素食者供应维生素C和胡萝卜素，还要在铁、钙、叶酸、维生素B_2等方面有所贡献。所以，应尽量选择绿叶蔬菜，如芥蓝、苋菜、菠菜、小油菜、茼蒿菜等。为了增加蛋白质的供应，菇类蔬菜和鲜豆类蔬菜都是上佳选择，如各种蘑菇、鲜豌豆等。如果只喜欢黄瓜、西红柿、冬瓜、苦瓜等少数几种所谓的“减肥蔬菜”，就很难获得足够的营养物质。

该补充复合营养素时没有补

在一些发达国家，食物中普遍进行了营养强化，专门为素食者配置的营养食品品种繁多，素食者罹患微量营养素缺乏的风险较小。然而在我国，食品工业为素食者考虑得很少，营养强化不普遍，因此素食者最好适量补充复合营养素，特别是含铁、锌、维生素B_{12}和维生素D的配方，以预防可能发生的营养缺乏问题。

熟食吃太多，生食太少

构成蛋白质的原料是氨基酸，八种必需氨基酸人体无法自行制造，必须靠外在食物供给。可是这八种必需氨基酸当中，有两种只要一遇到高热，它马上就会被破坏掉。

所以我们吃了那么多熟食，它的蛋白质足够了，可是里面的两种必需氨基酸已经完全被破坏掉了。没有了这两种必需氨基酸，另外的六种也不能形成其他十四种氨基酸被身体所利用，所以我们吃下去的许多蛋白质，反而会形成一种负担。

因此建议大家无论如何要想尽办法，尽可能把生食的比例提高到50%。生食里还有足够的食物酵素，这些酵素可以帮助食物分解。这个部分素食朋友应该要特别地注意，因为有时候我们很容易妥协，认为只要是吃素就好，熟食也没有关系，其实这也是不正确的。

爱喝“纯净水”

喝“对”的水比喝水还重要。

很多人放着新鲜的水果不吃，要吃罐头，因为罐头储存时间很长，新鲜水果储存时间很短。至于为什么罐头可以储存那么长的时间呢？这是因为它已经没有生命了。同样，纯净水也是，连细菌都没有办法在纯净水里面生存，人喝下去能不出问题吗？

当我们喝的水是所谓的“纯净水”时，所喝进去的只有水，其他的什么都没有。吃饭、吃菜、睡觉等生活习惯是很难改变的，可是喝水是最容易改的。

每天要喝3千克以上的水。只要抓住这两个原则，而且特别注意，早上一起床喝的那杯水，应在未洗脸、未漱口前，逐口缓慢喝下去。如此经过一段时间（约一周）之后，不仅会身体健康，个性也会变得不缓不急，性情变得非常温和，不会急躁。

常吃精米和面粉

大家可以做个实验，把精米的米粒跟糙米的米粒一起放到水里，不用太久的时间，你将会发现精米臭掉了，糙米发芽了。这是因为糙米有生命，精米已经没有生命。

最严重的问题是，精米的保护层（外面的米糠以及里面的胚芽）都被破坏掉了，所以它的营养素都会逐渐地被氧化。

扫一扫，直接观看
糖醋樱桃萝卜的烹调视频

常见食材预处理分步图解

▶ 包菜切心

扫一扫，看看
包菜的多种切法

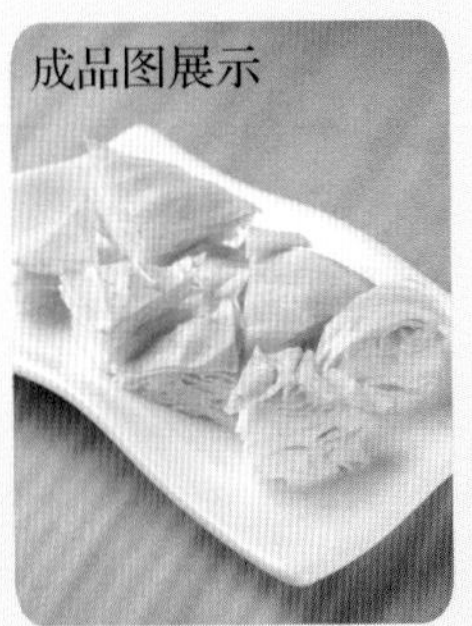

1.取洗净的包菜，将心切除。

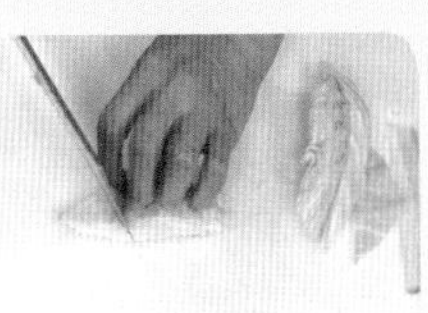

2.包菜切成均匀的大块，再斜切成三角形即可。

▶ 菠菜切段

扫一扫，看看
菠菜的多种切法

1.将菠菜放在砧板上，然后摆放整齐。

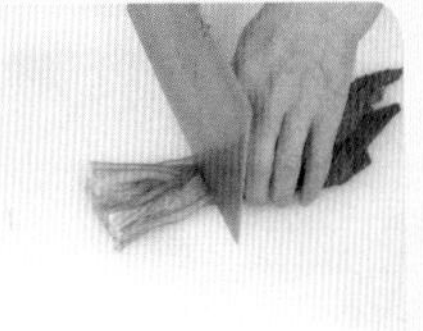

2.把根部切除。将菠菜切成5～6厘米的长段。

▶ 四季豆切条

扫一扫，看看
四季豆的多种切法

1.取洗净的四季豆，整齐地斜放在砧板上。

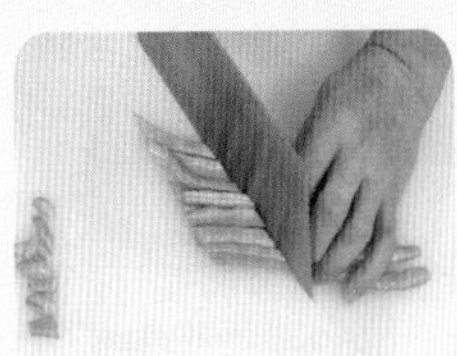

2.斜切去四季豆的头部，再斜切成条即可。

▶ 花菜切朵

扫一扫，看看
花菜的多种切法

1.花菜一分为二，将根部切去。

2.依着花菜的小柄，将花菜分解成小朵，柄部切去。

竹笋切滚刀块

扫一扫，看看
竹笋条的多种切法

成品图展示

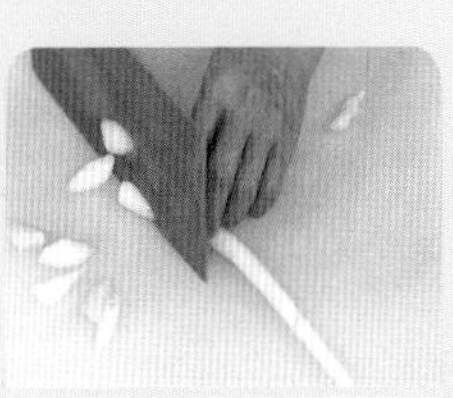

1.取去皮洗净的竹笋用斜刀法先切一块。

2.然后滚动竹笋，切第二刀，即成滚刀块。

土豆切块

扫一扫，看看
土豆块的多种切法

成品图展示

1.取整个洗净去皮的土豆，纵向一分为二。

2.切面朝下，纵向切开为两半，横向切开成块状。

苦瓜切斜刀片

扫一扫，看看
苦瓜片的多种切法

成品图展示

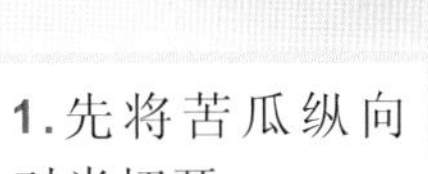

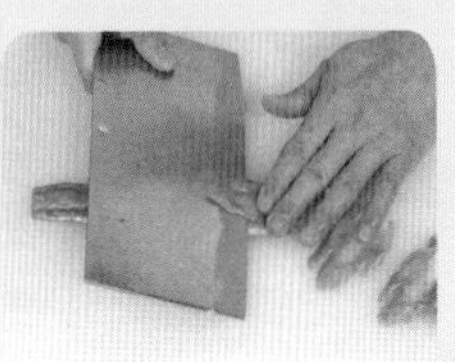

1.先将苦瓜纵向对半切开。

2.运用斜刀法，将苦瓜全部切成斜片即可。

香菇切片

扫一扫，看看
香菇片的多种切法

成品图展示

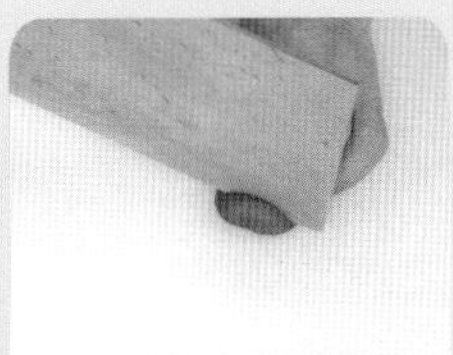

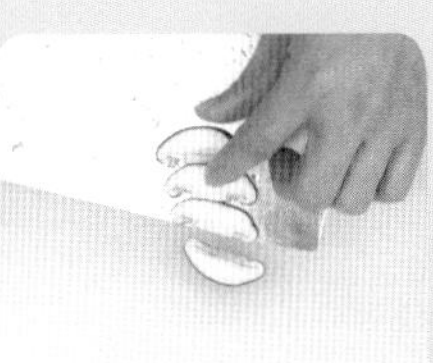

1.取洗净的香菇，用刀放在香菇的1/4处开始切片。

2.将香菇切成片状。将整个香菇切成同样的片即可。

扫一扫，直接观看
果汁白菜心的烹调视频

奶汁大白菜

制作时间	专家点评	适合人群
10分钟	增强免疫	一般人

|材料| 西红柿300克，大白菜、牛奶各200克

|调料| 盐3克

|做法| ①将西红柿洗净，剖开，去瓤后再切成小块。

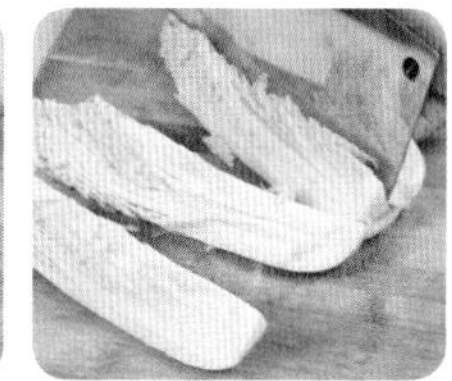

②将大白菜洗净，竖切成四等份。
③锅置火上，烧开水，放入大白菜焯烫片刻，捞起，盛于盘中。
④接着放入西红柿，调入盐，再放入锅中蒸熟，最后倒入牛奶即可。

板栗大白菜

制作时间	专家点评	适合人群
30分钟	防癌抗癌	一般人

|材料| 大白菜400克，板栗200克

|调料| 盐3克，蒜20克

|做法| ①将大白菜洗净，切开；板栗入锅煮熟，剥壳后切碎；蒜去皮洗净，切碎，待用。

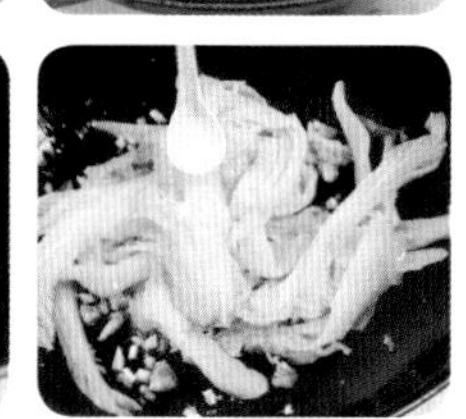

②烧沸水，放入大白菜焯烫片刻，捞起，沥干水。
③另起锅，倒油加热，放入蒜末，大火爆香。
④最后放入大白菜、板栗，调入盐，翻炒至熟，盛出即可。

扫一扫，直接观看
黄瓜炒土豆丝的烹调视频

双冬扒上海青

制作时间	专家点评	适合人群
25分钟	养心润肺	一般人

|材料| 水发冬（香）菇100克，冬笋200克，上海青400克

|调料| 盐2克，蚝油、酱油各适量

|做法| ①将冬笋洗净，切片；水发冬（香）菇洗净。

②将上海青洗净，放入沸水中焯烫断生，捞起，放入碟中。

③接着净锅上火，放入冬笋、冬（香）菇，调入盐、蚝油、酱油，煮熟。

④再倒在上海青上即可。

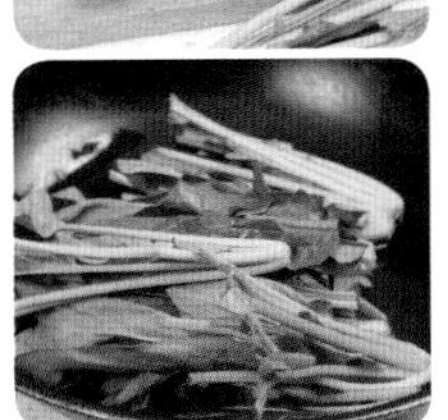

红椒菠菜

制作时间	专家点评	适合人群
5分钟	防癌抗癌	老年人

|材料| 菠菜400克，红辣椒20克

|调料| 盐3克，蒜20克，生姜30克，白糖5克，醋适量

|做法| ①将菠菜洗净，切去根部，切段；红辣椒洗净，切圈。

②将生姜、蒜去皮洗净，切碎。

③锅上火，倒入适量清水烧开，先放入菠菜焯烫片刻，捞起，沥干水。

④油锅加热，入姜末、蒜爆香，再放入菠菜翻炒，调入盐、白糖、醋、红辣椒炒匀即可。

扫一扫，直接观看
枸杞拌芥蓝梗的烹调视频

枸杞西芹

制作时间	专家点评	适合人群
9分钟	降低血压	老年人

|材 料| 枸杞30克，西芹300克

|调 料| 盐3克

|做 法| ①将西芹洗净，大的一剖为二，然后切段。
②将枸杞洗净，放入碗中浸泡片刻。
③烧沸适量清水，放入西芹焯烫片刻，捞起，沥干水。
④另起锅，烧热油，放入西芹、枸杞翻炒，最后调入盐，炒熟即可。

|小贴士|
将新鲜、整齐的西芹捆好，用保鲜袋或保鲜膜将茎叶部分包严，然后将芹菜根部朝下竖直放入清水盆中，可保持西芹一周内不黄不蔫。

海苔芥菜

制作时间	专家点评	适合人群
5分钟	增强免疫	一般人

|材 料| 芥菜500克，海苔片30克，油炸花生米50克，红椒40克

|调 料| 盐3克

|做 法| ①将芥菜洗净，切段；花生米洗净；红椒洗净，去籽切丁。
②锅置火上，烧开适量清水，放入芥菜焯烫断生，捞起，放入碟中。
③把海苔剪成条，盛于碗中。
④把花生米、红椒、海苔倒入芥菜中，调入盐，拌匀即可。

|小贴士|
芥菜主要用于做配菜炒或煮汤。芥菜加茴香砂、甘草肉、桂姜粉腌制后，便成榨菜，也很美味。

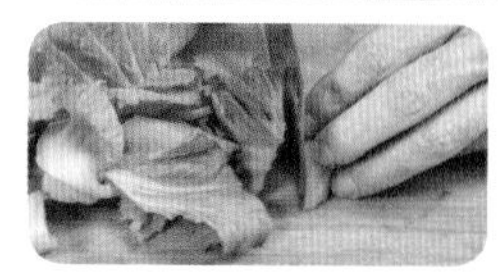

扫一扫，直接观看
双菇凉瓜丝的烹调视频

清炒蒜蓉茼蒿

制作时间	专家点评	适合人群
5分钟	降低血压	老年人

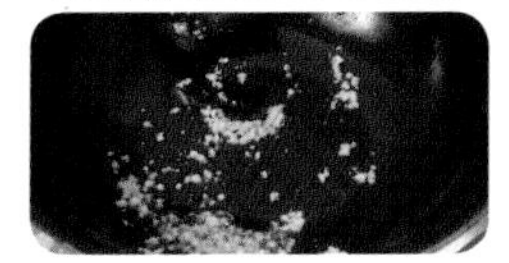

|材料| 茼蒿400克，蒜10克

|调料| 盐3克，生姜、红椒各5克

|做法| ①将茼蒿摘洗干净；蒜去皮洗净，切碎；红椒、生姜洗净切丝。
②锅置火上，烧沸水，放入茼蒿焯烫片刻，捞起，沥干水。
③净锅上火，倒油烧热，放入蒜末爆香。
④再放入茼蒿、姜丝、红椒丝，调入盐，翻炒至熟即可。

|小贴士|
茼蒿中的芳香精油遇热易挥发，烹调时应以旺火快炒，以免炒久了营养成分流失。此外，茼蒿汆汤或凉拌有利于胃肠功能不好的人调养身体。

青椒孜然炒茭白

制作时间	专家点评	适合人群
6分钟	养心润肺	一般人

|材料| 茭白400克，青椒50克，孜然20克

|调料| 盐3克，剁辣椒适量

|做法| ①将茭白洗净，切片；青椒洗净，去籽切片；孜然洗净。
②煮沸适量清水，放入茭白、青椒，焯烫片刻，捞起，沥干水。
③净锅上火，倒油加热，放入孜然爆香。
④放入茭白、青椒、剁辣椒，炒至熟后，调入盐，装盘即可。

|小贴士|
孜然的口感极为独特，富有油性，气味芳香而浓烈，磨成粉或研碎后，用于烹调牛、羊肉等，不仅去腥解腻，还能令肉质更加鲜美芳香，增加人的食欲。

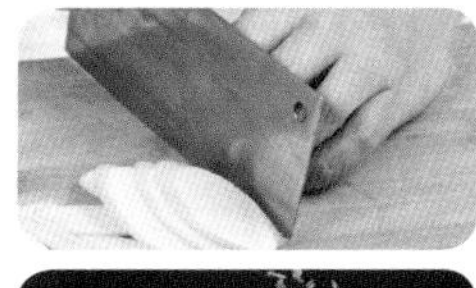

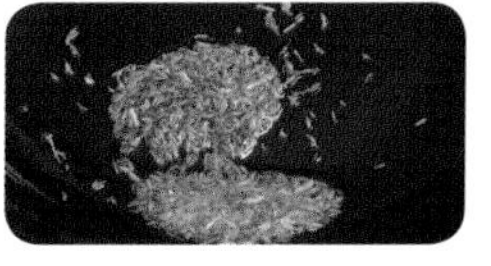

扫一扫，直接观看
姜丝红薯的烹调视频

红椒西葫芦

制作时间	专家点评	适合人群
5分钟	排毒瘦身	女性

|材料|西葫芦400克，红椒50克

|调料|盐3克，蒜20克

|做法|①将西葫芦洗净，切片；红椒洗净，去籽切片；蒜去皮洗净，切碎。

②烧沸适量清水，放入西葫芦、红椒，焯烫片刻，捞起，沥干水。

③再净锅上火，倒油加热，放入蒜末爆香。

④最后放入西葫芦、红椒翻炒，调入盐，炒熟，装盘即可。

西红柿汁炒花菜

制作时间	专家点评	适合人群
10分钟	防癌抗癌	一般人

|材料|花菜500克，四季豆100克，胡萝卜200克，西红柿汁适量

|调料|盐3克

|做法|①将花菜洗净，切块；四季豆洗净，切段；胡萝卜去皮洗净，切片。

②把花菜、四季豆、胡萝卜放入沸水中焯烫片刻，捞起，沥干水。

③净锅上火，倒入西红柿汁、油，炒至散发香味。

④接着倒入花菜、四季豆、胡萝卜，调入盐，炒匀，装盘即可。

扫一扫，直接观看
西蓝花炒双耳的烹调视频

冬瓜炒西蓝花

制作时间	专家点评	适合人群
7分钟	排毒瘦身	女性

|材料| 冬瓜、胡萝卜各200克，西蓝花300克

|调料| 盐3克，酱油适量

|做法| ①将西蓝花洗净，切小块；胡萝卜去皮洗净，切块。

②将冬瓜洗净，去皮切块。

③锅置火上，倒水烧沸，放入冬瓜、胡萝卜、西蓝花焯烫片刻，捞起，沥干水。

④再另起锅，倒油加热，放入所有备好的材料翻炒，调入酱油、盐，炒匀即可。

玉米西蓝花梗

制作时间	专家点评	适合人群
10分钟	增强免疫	老年人

|材料| 西蓝花梗、胡萝卜、山药各300克，甜玉米粒100克，淀粉30克

|调料| 盐3克

|做法| ①将西蓝花梗、胡萝卜、山药去皮洗净，切片；甜玉米粒洗净。

②烧沸水，放入西蓝花梗、胡萝卜、山药、甜玉米粒焯烫片刻，捞起，沥干水。

③接着净锅上火，倒油加热，放入西蓝花梗、胡萝卜、山药、甜玉米粒，调入盐，翻炒至熟。

④最后放入淀粉水勾芡，装盘即可。

扫一扫，直接观看
莴笋炒百合的烹调视频

糖醋腌莴笋

制作时间	专家点评	适合人群
10分钟	开胃消食	一般人

|材料| 莴笋500克，冰糖10克，白醋适量

|调料| 葱20克

|做法| ①将莴笋去皮洗净，切成长条；葱洗净，切碎。

②烧开水，把莴笋放入锅中焯烫断生，捞起，放入碟中。

③将冰糖、白醋、开水放入碗中，撒上葱花，拌匀成糖醋汁备用。

④最后将糖醋汁淋在莴笋上，腌渍5分钟即可食用。

|小贴士|

烹调中，糖与醋经常合用，然而二者合用时的配比却不好把握，一般来讲，正确的配比是2:1，即糖二份，醋一份。

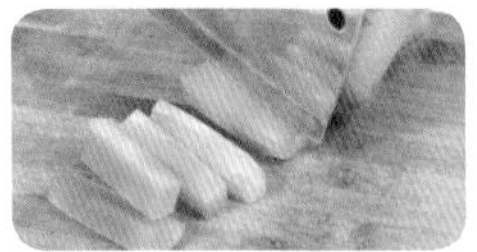

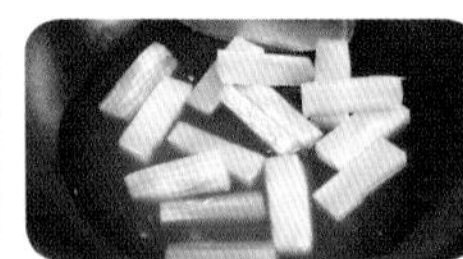

腰果三丝

制作时间	专家点评	适合人群
5分钟	提神健脑	一般人

|材料| 腰果50克，胡萝卜、洋葱、莴笋各200克

|调料| 盐3克

|做法| ①锅置火上，烧沸油，放入腰果炸至金黄色，捞起，沥干油。

②将胡萝卜、洋葱、莴笋均洗净，切丝。

③净锅上火，倒油，下入胡萝卜、洋葱、莴笋翻炒。

④再放入腰果，调入盐，炒熟即可。

|小贴士|

选购外观呈完整月牙形、色泽白、饱满、气味香、油脂丰富、无蛀洞、无斑点的腰果。一般将腰果洗净后，用水浸泡5小时，即可用来烹调。

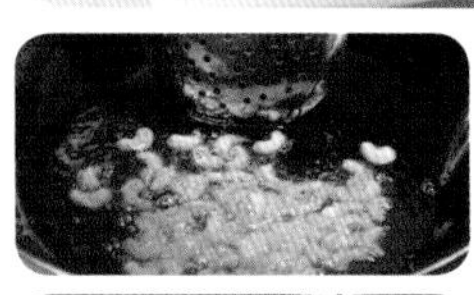

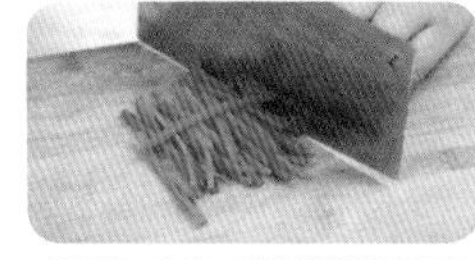

扫一扫，直接观看
胡萝卜炒口蘑的烹调视频

酥炸胡萝卜丝

制作时间	专家点评	适合人群
5分钟	保肝护肾	一般人

|材料| 胡萝卜400克，鸡蛋2个

|调料| 盐3克，淀粉20克

|做法| ①将胡萝卜去皮洗净，切条。
②将胡萝卜放入淀粉中，拌匀。
③接着打入鸡蛋，调入盐，搅拌均匀。
④烧热油，倒入胡萝卜炸至金黄色，捞起，盛于碟中即可。

|小贴士|

胡萝卜以色泽鲜艳、匀称直溜，掐上去水分很多的较好。胡萝卜中胡萝卜素的含量因部位不同而有所差别，和茎叶相连的顶部比根部多，外层的皮质含量比中央髓质部位要多。

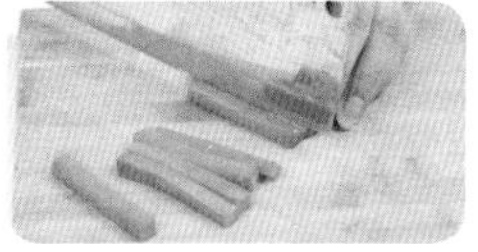

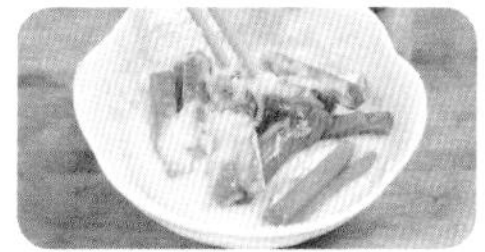

冬瓜豆芽胡萝卜

制作时间	专家点评	适合人群
5分钟	排毒瘦身	女性

|材料| 胡萝卜、冬瓜各200克，绿豆芽100克

|调料| 盐3克

|做法| ①将胡萝卜去皮洗净，切片；绿豆芽摘去老根，洗净。
②将冬瓜去皮洗净，切片。
③锅中倒入清水烧沸，放入胡萝卜、冬瓜焯烫片刻，捞起，沥干水。
④再净锅上火，倒油烧热，放入胡萝卜、冬瓜、绿豆芽翻炒，调入盐，炒熟即可。

|小贴士|

选购豆芽时，要先闻一闻豆芽中有没有氨气的味道，看看有无根须，如果发现有氨气味或者豆芽没有根须，就不宜购买。

扫一扫，直接观看
芥蓝腰果炒香菇的烹调视频

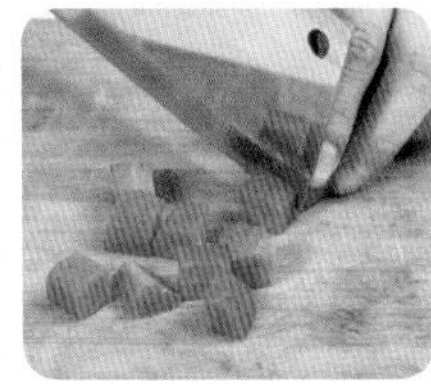

素炒菜丁

制作时间	专家点评	适合人群
7分钟	防癌抗癌	一般人

|材料| 萝卜干、胡萝卜、白萝卜、香菇、豌豆各适量

|调料| 盐3克

|做法| ①将萝卜干放入水中泡发后，捞出洗净；香菇洗净，切丁；豌豆洗净，待用。

②将胡萝卜、白萝卜均去皮洗净，分别切丁。

③先放入萝卜干、胡萝卜、白萝卜、香菇、豌豆仁焯烫片刻，捞起沥水。

④接着另起锅，烧热油，把所有原料放入锅中翻炒，调入盐，炒熟即可。

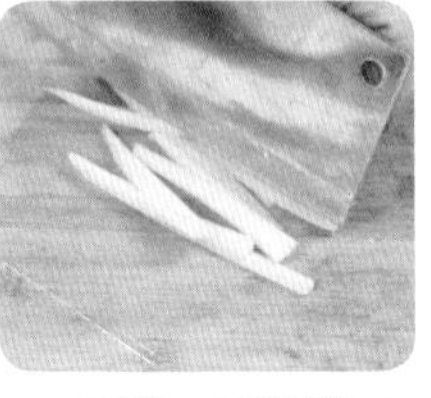

辣椒拌白萝卜

制作时间	专家点评	适合人群
5分钟	增强免疫	老年人

|材料| 白萝卜400克，红辣椒20克

|调料| 盐3克，香菜20克，红油适量

|做法| ①将白萝卜去皮洗净，切丝；红辣椒洗净，去籽切丝；香菜洗净，切段。

②烧沸水，放入白萝卜焯烫断生，捞起，放入碟中。

③接着放入红辣椒、香菜，调入盐，拌匀。

④再倒入适量红油，搅拌均匀，即可食用。

扫一扫，直接观看
糖醋藕片的烹调视频

胡萝卜炒红薯

制作时间	专家点评	适合人群
11分钟	防癌抗癌	一般人

|材料| 紫心红薯400克，胡萝卜200克，毛豆100克

|调料| 盐3克

|做法| ①将紫心红薯、胡萝卜去皮洗净，切丁；毛豆洗净。

②烧沸适量清水，放入红薯、胡萝卜、毛豆焯烫片刻，捞起，沥干水。

③接着净锅上火，加油烧热，放入红薯、胡萝卜、毛豆翻炒。

④炒匀，装盘即可。

芥蓝红薯

制作时间	专家点评	适合人群
25分钟	防癌抗癌	一般人

|材料| 芥蓝、红薯各300克，腐竹100克，红薯淀粉50克

|调料| 盐3克

|做法| ①将红薯洗净，去皮切块；芥蓝洗净，摘去老叶。

②将腐竹折断，洗净，放入水中浸泡片刻；将红薯淀粉倒入开水调成糊。

③烧开适量清水，放入芥蓝焯烫片刻，捞起，沥干水。

④将芥蓝、红薯、腐竹放入碟中，淋上淀粉糊，均匀撒上盐，放入锅中蒸熟即可。

扫一扫，直接观看
芝麻莴笋的烹调视频

蜜汁小瓜山药

制作时间	专家点评	适合人群
20分钟	增强免疫	孕产妇

|材料| 云南小瓜400克，山药300克，红枣40克，蜂蜜适量

|做法| ①将云南小瓜、山药洗净，切丁；红枣洗净，去核备用。

②烧沸适量清水，放入小瓜、山药焯烫片刻，捞起，沥干水。

③接着把小瓜、山药、红枣放入碗中，再放入锅中蒸熟。

④最后调入适量蜂蜜，搅匀即可。

|小贴士|

莲藕含有丰富的铁质，对需要补血的人来讲是滋补的佳品。莲藕可以生吃，也可以熟吃。莲藕如果炖着吃，不仅能充分吸收其中的营养，口感也特别好。

清炒莲藕片

制作时间	专家点评	适合人群
10分钟	排毒瘦身	女性

|材料| 莲藕400克

|调料| 盐3克，葱20克，红辣椒15克

|做法| ①将莲藕洗净，去皮后切成薄片；葱洗净，切碎；红辣椒洗净，切圈。

②烧开水，放入莲藕片焯烫片刻，捞起，沥干水。

③另起锅，倒入少量水，放入莲藕，调入盐，煮熟，盛于盘中。

④最后撒上葱花、红辣椒，即可食用。

|小贴士|

莲藕切开去皮后，暴露在空气中就会变成褐色。为防变色，可将去皮切开的莲藕放在清水或淡盐水中浸泡，使其与空气隔绝，防止氧化。

扫一扫，直接观看
芦笋炒莲藕的烹调视频

酸甜藕条

制作时间	专家点评	适合人群
15分钟	开胃消食	一般人

|材料| 莲藕400克，鸡蛋2个

|调料| 盐2克，红糖10克，醋、淀粉各适量

|做法| ①将莲藕去皮，洗净，切条；鸡蛋洗净。

②将鸡蛋打散，放入淀粉，拌匀；然后放入藕条，充分包裹蛋糊。

③烧沸油，放入莲藕炸至金黄色，捞起，盛于盘中。

④再另起锅，加油烧热，调入盐、红糖、醋、清水，烧沸，最后淋于藕条上即可。

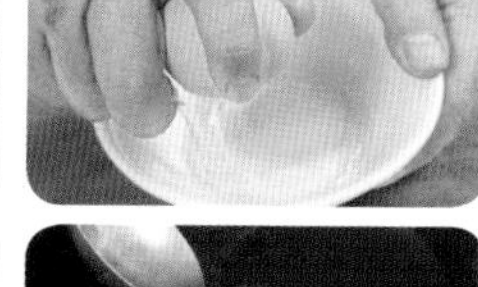

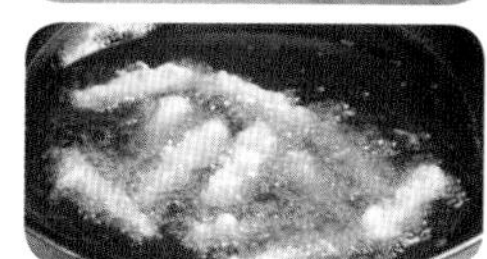

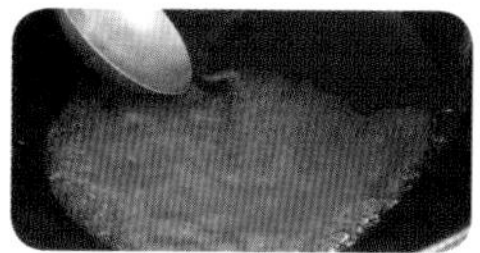

|小贴士|

莲藕容易变黑，没切过的莲藕可在室温中放置一周的时间。切面处孔的部分容易腐烂，所以切过的莲藕要在切口处覆以保鲜膜，冷藏保鲜，可保存一个星期左右。

毛豆炒藕丁

制作时间	专家点评	适合人群
10分钟	防癌抗癌	老年人

|材料| 莲藕400克，毛豆100克，红椒40克

|调料| 盐3克，剁辣椒10克

|做法| ①将莲藕去皮，洗净，切丁；红椒洗净，切丁；毛豆洗净。

②烧沸适量清水，放入莲藕、毛豆、红椒焯烫片刻，捞起，沥干水。

③另起锅，加油烧热先放入剁辣椒爆香。

④接着倒入莲藕、毛豆、红椒翻炒，调入盐，炒匀即可。

|小贴士|

毛豆可以直接加盐煮着吃，味道鲜美，也可以将剥好的豆与腊肉、辣椒、豆腐干等一同炒食，或加五香调料等制成干豆，可根据个人喜爱选择不同的食用方法。

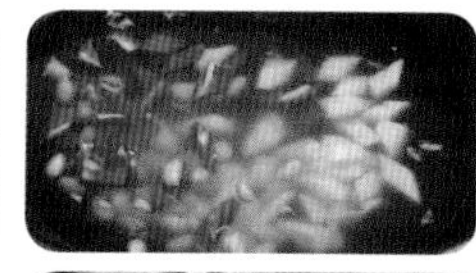

扫一扫，直接观看
干煸土豆条的烹调视频

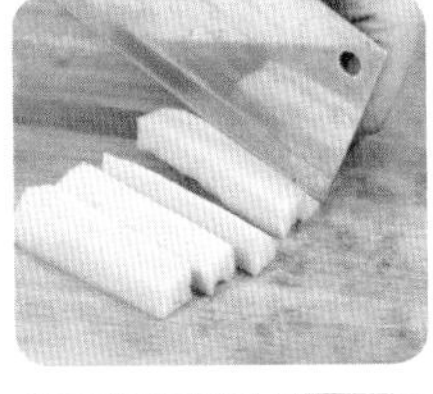

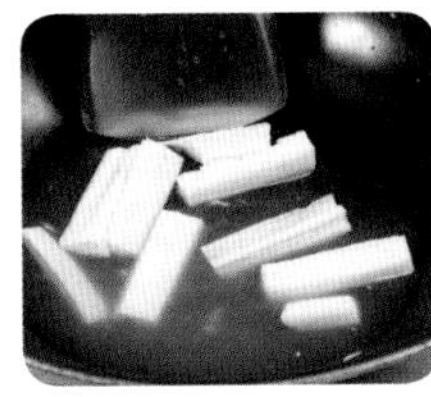

橙汁藕条

制作时间	专家点评	适合人群
5分钟	开胃消食	儿童

|材料| 莲藕400克，果珍粉30克，橙汁50克

|调料| 盐5克

|做法| ①将莲藕洗净，去皮，切条。

②锅上火，烧沸适量清水，放入藕条焯烫断生，捞起，放入盘中。

③接着倒入果珍粉、白糖，拌匀。

④最后倒入适量橙汁，搅拌均匀，即可食用。

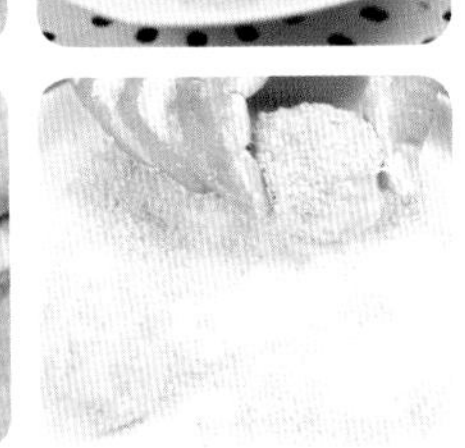

芝麻土豆球

制作时间	专家点评	适合人群
25分钟	提神健脑	儿童

|材料| 土豆400克，白熟芝麻40克

|调料| 盐3克

|做法| ①将土豆去皮洗净，切块；白熟芝麻洗净。

②烧热适量清水，把土豆放入锅中蒸熟，然后取出。

③接着研成泥，调入盐，拌匀，捏成球状。

④再把土豆球放入白熟芝麻中，均匀沾裹上白熟芝麻即可。

扫一扫，直接观看
芝麻土豆丝的烹调视频

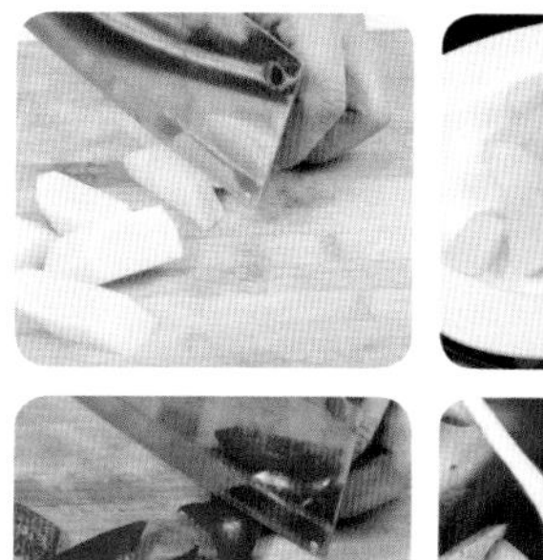

风味回锅土豆

制作时间	专家点评	适合人群
20分钟	排毒瘦身	女性

|材料| 土豆400克，青椒、红椒50克

|调料| 盐2克，酱油、孜然粉各适量

|做法| ①将土豆去皮洗净，切块。

②烧开水，把土豆放入锅中蒸至六成熟后，取出。

③将青椒、红椒洗净，切块。

④热锅注油，放入土豆、青椒、红椒，加盐、酱油、孜然粉炒熟即可。

|小贴士|

回锅土豆中加入孜然粉，除了有“回锅肉”的味道外，还有一点烤肉的味道，感觉别有一番风味。

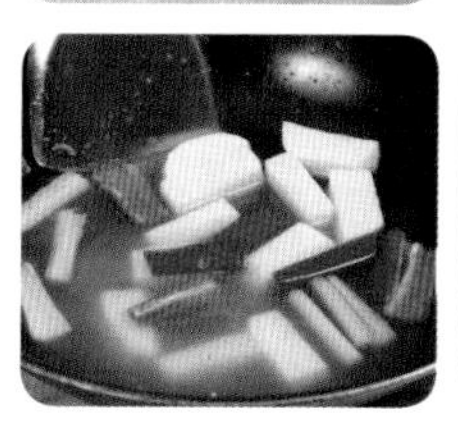

橙香土豆

制作时间	专家点评	适合人群
6分钟	开胃消食	一般人

|材料| 土豆300克，红椒20克，芹菜梗100克，橙汁200克

|调料| 盐3克，酱油4克

|做法| ①将土豆洗净，去皮切成长条块；芹菜梗洗净，切段。

②将红椒洗净，去籽切成长块。

③锅置火上，烧沸适量清水，调入盐，倒入土豆、红椒、芹菜梗焯烫断生，捞起，沥干水。

④净锅倒油烧热，入土豆炸至金黄捞起，原锅留油，最后放入红椒、芹菜梗，淋上橙汁即可。

扫一扫，直接观看
木耳炒山药片的烹调视频

豌豆土豆松

制作时间	专家点评	适合人群
10分钟	增强免疫	老年人

|材料| 土豆400克，豌豆100克，红椒40克

|调料| 盐3克

|做法| 1 将土豆去皮洗净，切丁；豌豆洗净；红椒洗净，去籽切丁。
2 烧开水，放入土豆焯烫，捞起沥水。
3 接着净锅上火，倒油烧沸，放入土豆、豌豆、红椒炸至金黄色，捞起，沥干油。
4 再另起锅，倒油，下入土豆、豌豆、红椒，调入盐，炒熟即可。

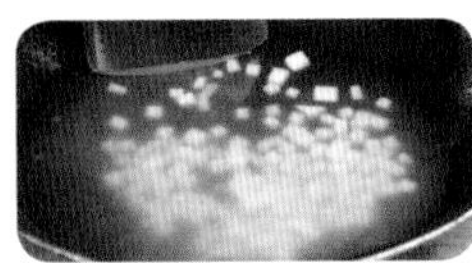
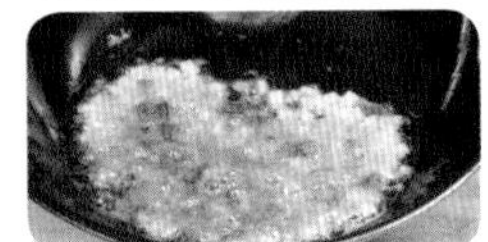
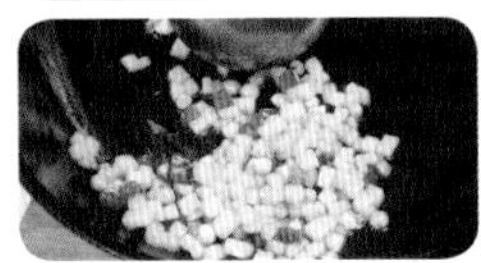

|小贴士|
豌豆可做主食，豌豆磨成的豌豆粉是制作糕点、豆馅、粉丝、凉粉、面条、风味小吃的原料，豌豆的嫩荚和嫩豆粒可做菜也可制作罐头。豌豆粒多食会发生腹胀，故不宜长期大量食用。

五香芋头

制作时间	专家点评	适合人群
30分钟	防癌抗癌	一般人

|材料| 芋头400克，青豆100克，干香菇50克，五香粉10克

|调料| 盐3克， 糖5克

|做法| 1 将芋头削皮洗净，切丁；青豆洗净；干香菇洗净，泡软，切丁。
2 锅上火，烧开水，把芋头放入锅中蒸熟，取出。
3 另起锅，倒入适量清水烧开，放入芋头、青豆、香菇，调入五香粉。
4 最后调入盐、白胡椒粉、五香粉、糖，煮至汤变稠即可。

|小贴士|
芋头去皮时先将芋头洗干净，再将芋头放进开水里，稍微焯一下捞出，芋头的皮就很容易剥除，而且剥得皮很薄。

扫一扫，直接观看
香菇炒冬笋的烹调视频

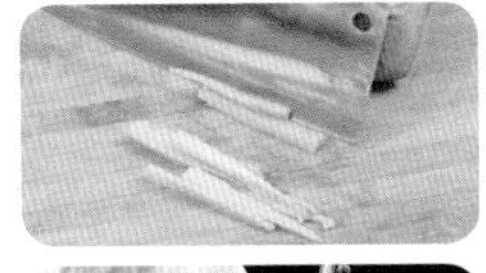

四色冬笋丝

制作时间	专家点评	适合人群
15分钟	开胃消食	一般人

|材料| 冬笋300克，香菇、黄椒、青椒、红椒各100克

|调料| 盐3克

|做法| ①将冬笋洗净，切丝；黄椒、青椒、红椒洗净，去籽切条。

②将香菇洗净，放入水中浸泡至软，捞起，切丝。

③烧热锅，倒油，放入冬笋、香菇、黄椒翻炒。

④再倒入青椒、红椒，最后调入盐，炒匀，装盘即可。

|小贴士|

选购冬笋的时候，若发现其笋壳张开翘起，还有一股硫黄气味，那么表明它可能被硫黄熏过。

酸菜冬笋羹

制作时间	专家点评	适合人群
15分钟	开胃消食	一般人

|材料| 冬笋、胡萝卜各200克，香菇、酸菜各100克

|调料| 盐3克，淀粉适量

|做法| ①将香菇洗净，泡发至软，捞出挤干水分后切成条；冬笋洗净，切条。

②将胡萝卜去皮洗净，切条；酸菜泡发，洗净，切片。

③锅中烧沸水，先放入胡萝卜、冬笋稍煮。

④再放入香菇、酸菜，调入盐，煮熟，最后以湿淀粉勾芡即可。

|小贴士|

酸菜味道咸酸，口感脆嫩，色泽鲜亮，香味扑鼻，开胃提神，醒酒去腻，能增进食欲、帮助消化，以及促进铁元素的吸收。

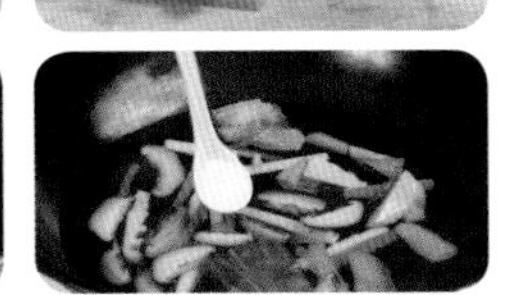

扫一扫，直接观看
冬笋炒枸杞叶的烹调视频

竹笋梅干菜

制作时间	专家点评	适合人群
20分钟	开胃消食	一般人

|材料| 梅干菜300克，竹笋200克

|调料| 盐2克，酱油适量

|做法| ①将梅干菜放入水中浸泡至发胀，再捞出洗净，切成小段。

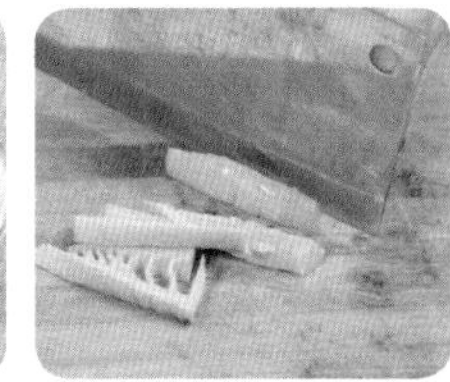
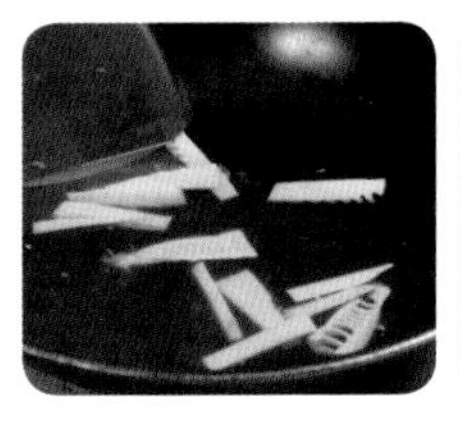

②将竹笋洗净，切块。
③烧沸适量清水，放入竹笋焯烫片刻，捞起，沥干水。
④再净锅上火，倒入梅干菜、竹笋，调入酱油、盐，煮熟即可。

|小贴士|
食用竹笋前应先用开水焯过，以去除笋中的草酸。

奶味双笋

制作时间	专家点评	适合人群
7分钟	养心润肺	一般人

|材料| 芦笋、莴笋各200克，牛奶100克，奶油30克

|调料| 盐3克，姜10克

|做法| ①将芦笋、莴笋洗净，切块；姜去皮洗净，切片。

②锅置火上，烧热水，放入芦笋、莴笋焯烫片刻，捞起，沥干水。
③另起锅，倒油加热，放入芦笋、莴笋、姜片，调入盐，翻炒片刻。
④最后倒入牛奶、奶油，炒匀即可。

扫一扫，直接观看
彩椒茄子的烹调视频

鸿运茄子

制作时间	专家点评	适合人群
6分钟	防癌抗癌	老年人

|材料| 茄子300克，青椒、黄椒、红椒各50克

|调料| 盐3克

|做法| ①将茄子洗净，切条。

②烧开水，先把茄子放入锅中蒸熟。

③接着将青椒、黄椒、红椒洗净，去籽切条。

④净锅上火，倒油加热，放入茄子、青椒、黄椒、红椒翻炒，最后调入盐，炒熟即可。

辣酱茄子

制作时间	专家点评	适合人群
7分钟	防癌抗癌	一般人

|材料| 茄子400克，辣豆瓣酱适量

|调料| 盐3克，淀粉30克，葱适量

|做法| ①将茄子洗净，切条；葱洗净，切葱花。

②然后放入淀粉中，充分裹上淀粉。

③接着烧热油，将茄子放入油锅中炸至金黄色，捞起，沥干油。

④锅中留少量油，倒入茄子，调入辣豆瓣酱、盐，炒匀后撒上葱花即可。

扫一扫，直接观看
青椒炒茄子的烹调视频

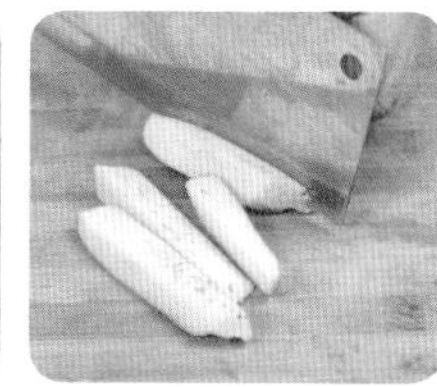

红椒鱼香茄条

制作时间	专家点评	适合人群
10分钟	防癌抗癌	一般人

|材料| 茄子400克，红椒20克

|调料| 盐、白糖各3克，酱油4克，陈醋5克

|做法| ①将红椒洗净，去籽切丁；所有调味料拌匀成鱼香味汁备用。

②将茄子削去外皮，洗净，再切成长条状。

③锅上火，烧沸适量清水，放入茄子焯烫片刻，捞起，沥干水。

④再另起锅，烧热油，放入茄子炸至金黄色，调入味汁焖至入味，最后撒上红椒即可。

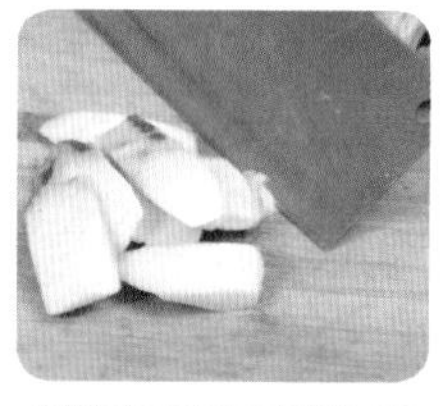

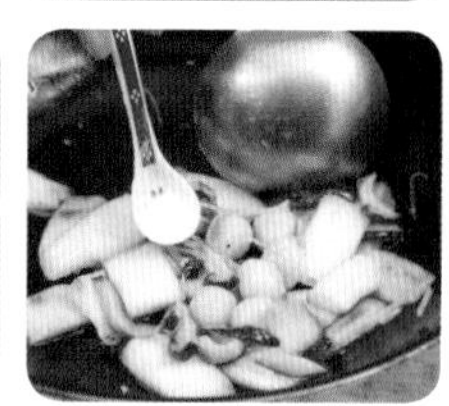

汤圆丝瓜

制作时间	专家点评	适合人群
10分钟	护心养肺	一般人

|材料| 丝瓜400克，香菇50克，小汤圆100克

|调料| 盐3克，姜20克

|做法| ①将丝瓜去皮洗净，切块；香菇洗净，泡发至软，切丝；姜去皮洗净，切丝。

②锅上火，放入丝瓜焯烫片刻，捞起，沥干水；小汤圆入锅煮熟后，捞出浸于凉水中。

③热锅注油，放入香菇、姜丝炒香。

④再倒入丝瓜、小汤圆，调入盐，炒熟即可。

扫一扫，直接观看
芥蓝炒冬瓜的烹调视频

红烧冬瓜片

制作时间	专家点评	适合人群
5分钟	排毒瘦身	女性

|材料| 冬瓜400克

|调料| 盐2克，姜、葱各20克，酱油适量

|做法| ①将冬瓜去皮洗净，切片；葱洗净，切碎。

②将姜去皮洗净，切厚片。

③锅上火，烧开适量清水，放入冬瓜焯烫片刻，捞起，沥干水。

④再净锅上火，下入冬瓜、姜片，调入酱油、盐炒匀，再加适量水焖至汁干，撒上葱花即可。

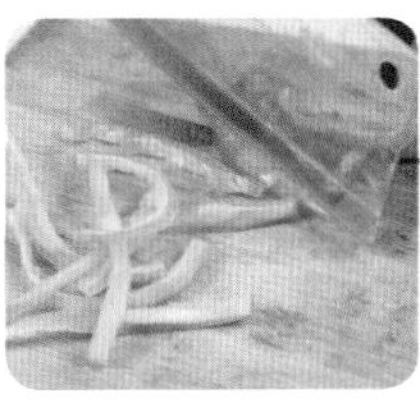

红椒苦瓜丝

制作时间	专家点评	适合人群
4分钟	排毒瘦身	女性

|材料| 苦瓜400克，红椒20克

|调料| 盐3克，豆瓣酱、酱油、醋、白糖各适量

|做法| ①将苦瓜洗净，剖开去瓤后，切成细长丝；红椒洗净，切圈。

②锅置火上，烧沸水，放入苦瓜焯烫片刻，捞起，沥干水。

③另起锅，下入苦瓜，放入豆瓣酱、红椒翻炒。

④加盐及剩余调味料一起炒匀，装盘即可。

扫一扫，直接观看
杏仁苦瓜的烹调视频

梅干菜拌苦瓜

制作时间	专家点评	适合人群
12分钟	养心润肺	一般人

|材料|梅干菜、苦瓜各200克，芹菜100克，红辣椒20克

|调料|盐3克，香油适量

|做法|①将苦瓜洗净，去瓤，切片；芹菜、红辣椒洗净，切碎。

②将梅干菜洗净，切段，浸泡片刻，捞起，沥干水。

③烧开适量清水，放入苦瓜焯烫断生，捞起，盛于盘中。

④再放入梅干菜、芹菜、红辣椒，调入盐、香油拌匀即可。

|小贴士|

梅干菜种类很多，要选择质地嫩的部位，而且要切得细才入味。烹饪时苦瓜用过油来代替焯水，食用口感会更好。

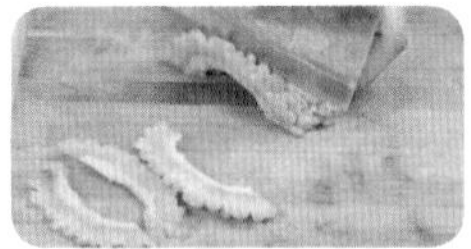

豆豉苦瓜

制作时间	专家点评	适合人群
5分钟	养心润肺	一般人

|材料|苦瓜400克，豆豉30克，红辣椒20克

|调料|盐、葱各3克，淀粉20克

|做法|①将苦瓜洗净，去瓤，再切成薄片；豆豉洗净；红辣椒、葱洗净，切碎。

②烧沸水，放入苦瓜焯烫片刻，捞起，沥干水。

③另起锅，烧热油，放入豆豉爆香。

④再下入苦瓜翻炒，加盐，最后用淀粉水勾芡，炒至汁干，撒上红辣椒、葱即可。

|小贴士|

苦瓜中的苦味成分主要是苦瓜苷类物质，也是苦瓜的药效成分，可以说，苦瓜越苦，营养价值越高。而苦瓜以绿色和浓绿色品种的苦味最浓，绿白色次之。

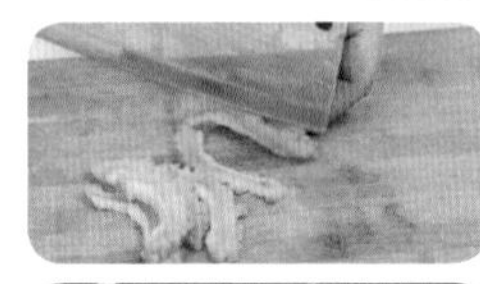

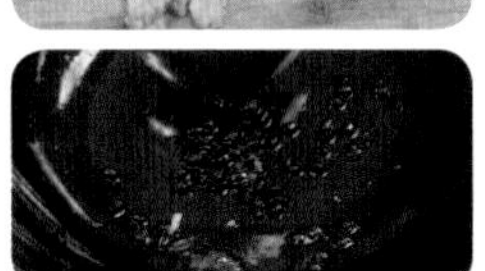

扫一扫，直接观看
西芹炒南瓜的烹调视频

蜜汁冰苦瓜

制作时间	专家点评	适合人群
35分钟	排毒瘦身	女性

|材料| 苦瓜400克，枸杞20克，橙汁、雪碧各50克，蜂蜜适量

|调料| 冰糖5克

|做法| ①将苦瓜洗净，剖开去瓤后切成薄薄的片；枸杞洗净。
②烧沸水，下入苦瓜，焯烫断生，捞起，盛于盘中。
③接着放入枸杞，倒入雪碧，调入蜂蜜、冰糖，拌匀。
④再倒入橙汁，搅拌均匀，放入冰箱冰镇半小时即可食用。

|小贴士|
将蜂蜜滴在白纸上，如果蜂蜜渐渐渗开，说明掺有蔗糖和水。优质蜂蜜黏度强，滴少许在纸上呈珠状，且不会渗透。

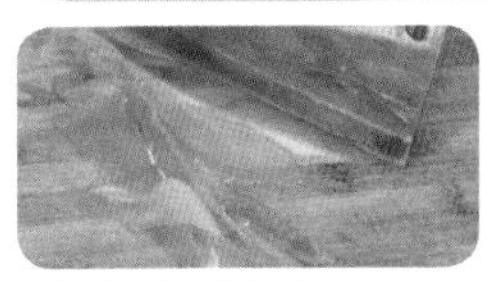

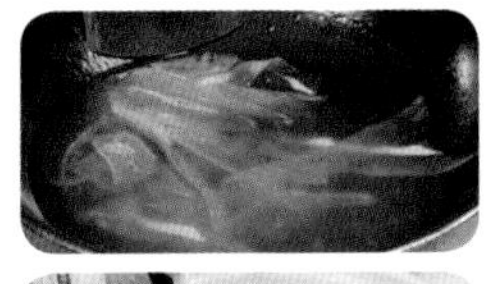

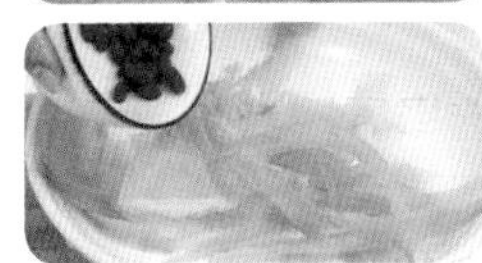

相思南瓜

制作时间	专家点评	适合人群
40分钟	补血养颜	孕产妇

|材料| 南瓜300克，干百合、红豆各100克

|调料| 盐3克

|做法| ①将南瓜洗净，切丁；干百合、红豆洗净。
②烧沸适量清水，放入南瓜焯烫片刻，捞起，沥干水。
③把干百合和红豆放入水中，泡至发胀。
④烧热锅，倒油加热，放入南瓜、干百合、红豆，调入盐，炒熟即可。

|小贴士|
南瓜不仅美味可口，而且营养丰富。除了富含维生素，还含有易被人体吸收的磷、铁、钙等多种营养成分，又有补中益气、消炎止痛、解毒杀虫的作用。

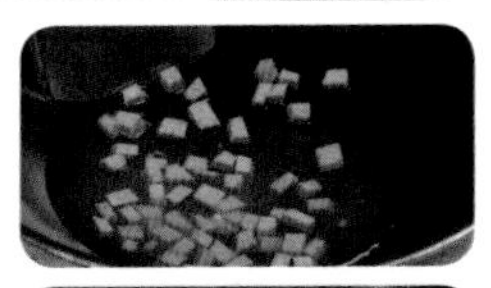

扫一扫，直接观看
红椒炒青豆的烹调视频

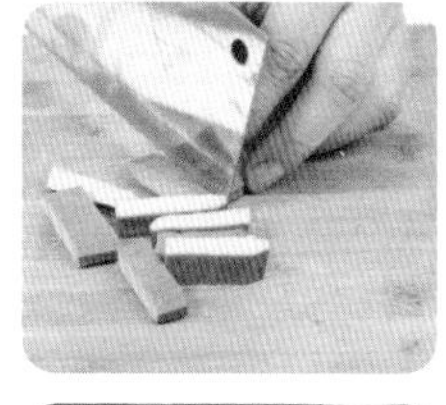

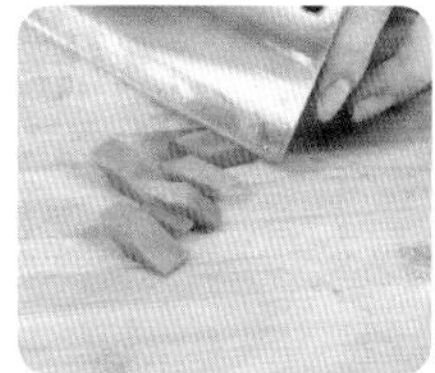

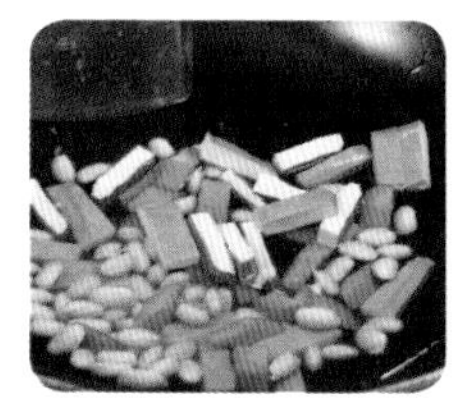

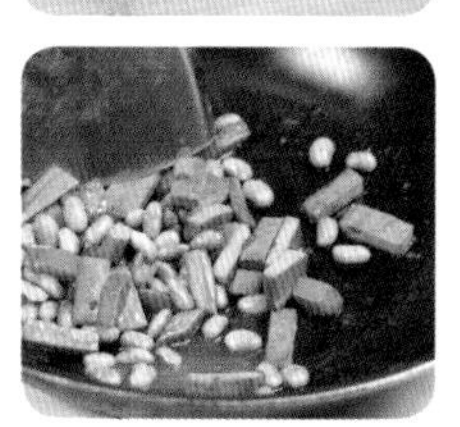

毛豆炒豆干

制作时间	专家点评	适合人群
6分钟	防癌抗癌	一般人

|材料| 毛豆、豆干、胡萝卜各200克

|调料| 盐3克

|做法| 1 将豆干洗净，切条；毛豆洗净。
2 将胡萝卜去皮洗净，切块。
3 烧沸适量清水，放入毛豆、豆干、胡萝卜焯烫片刻，捞起，沥干水。
4 再净锅上火，倒油加热，下入毛豆、豆干、胡萝卜，调入盐，炒熟即可。

|小贴士|

如果和切块的蔬菜一起炒，豆腐干就切成菱形片或斜切成粗条，如果和切丝的蔬菜一起炒，就切成丝。

胡萝卜炒毛豆

制作时间	专家点评	适合人群
10分钟	增强免疫	一般人

|材料| 胡萝卜、毛豆各200克，玉米粒100克

|调料| 盐3克

|做法| 1 将胡萝卜去皮洗净，切丁；毛豆、玉米粒洗净。
2 烧沸水，把胡萝卜、毛豆、玉米粒放入开水中焯烫片刻，捞起，沥水。
3 另起锅，倒油加热，放入胡萝卜、毛豆、玉米粒翻炒。
4 再调入盐炒匀，装盘即可。

扫一扫，直接观看
茭白丝炒青豆的烹调视频

毛豆香芋沙拉

制作时间	专家点评	适合人群
10分钟	开胃消食	女性

|材料| 香芋400克，毛豆100克，葡萄干50克

|调料| 沙拉酱适量

|做法| ①将香芋去皮洗净，切丁；毛豆、葡萄干洗净。
②锅上火，烧沸水，放入香芋蒸熟，取出；毛豆也入锅，待其煮熟后，捞出沥水。
③接着放入毛豆，挤上适量沙拉酱，拌匀。
④最后撒上葡萄干，即可食用。

四季豆拌青木瓜

制作时间	专家点评	适合人群
7分钟	防癌抗癌	一般人

|材料| 青木瓜400克，红辣椒、四季豆各20克

|调料| 盐3克，红油适量，香菜20克

|做法| ①将青木瓜去皮洗净，切丝；红辣椒洗净，切碎；四季豆、香菜分别洗净，切段。
②烧开水，放入青木瓜、四季豆焯烫断生，捞起，盛于碟中。
③接着放入香菜、红辣椒，调入盐，拌匀。
④再倒入红油，搅拌均匀即可。

扫一扫，直接观看
莲子松仁玉米的烹调视频

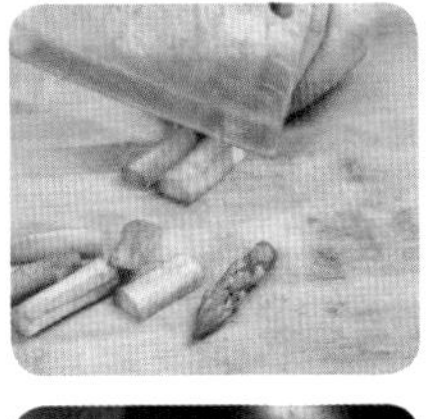

芦笋玉米百合

制作时间	专家点评	适合人群
6分钟	增强免疫	老年人

|材料| 芦笋400克，鲜百合、玉米粒各100克

|调料| 盐3克

|做法| ①将芦笋削去老皮，洗净，切段；玉米粒洗净。

②将鲜百合洗净，削去黑边，放入水中浸泡片刻。

③烧沸适量清水，放入芦笋、鲜百合、玉米粒焯烫片刻，捞起沥干水。

④再净锅上火，倒油加热，放入芦笋、鲜百合、玉米粒翻炒，调入盐，炒熟即可。

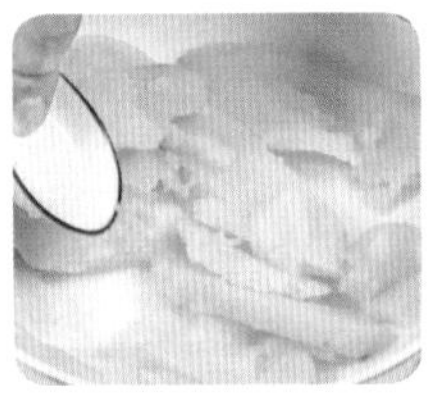

玉米土豆泥沙拉

制作时间	专家点评	适合人群
35分钟	开胃消食	一般人

|材料| 胡萝卜300克，青豆、玉米粒各100克，土豆400克

|调料| 盐、沙拉酱各适量

|做法| ①将胡萝卜去皮洗净，切丁；青豆、玉米粒均洗净；土豆去皮洗净，切片。

②水烧沸，加少许盐，放入胡萝卜、青豆、玉米粒焯烫断生，捞起沥水。

③将土豆放入锅中蒸熟，取出放入盘中，研成泥。

④接着放入胡萝卜、青豆、玉米粒拌匀，做成球状，挤上沙拉酱即可。

扫一扫，直接观看
豆腐干炒花生米的烹调视频

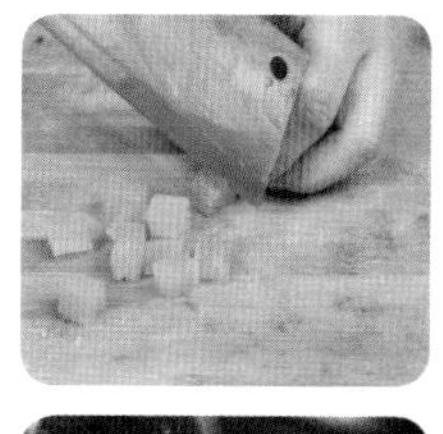

三丁花生

制作时间	专家点评	适合人群
10分钟	提神健脑	一般人

|材料| 莴笋、白萝卜各200克，红椒30克，油炸花生米40克

|调料| 盐3克

|做法| ①将莴笋去皮洗净，切丁；红椒洗净，去籽切丁。

②将白萝卜去皮洗净，切丁。

③锅置火上，倒入适量清水烧沸，下入莴笋、白萝卜、红椒焯烫片刻，捞起，沥干水。

④另起锅，倒油加热，放入莴笋、白萝卜、红椒、花生米翻炒，调入盐，炒熟即可。

花生炒百合

制作时间	专家点评	适合人群
7分钟	保肝护肾	一般人

|材料| 胡萝卜、芹菜梗、鲜百合各100克，油炸花生米50克

|调料| 盐3克

|做法| ①将胡萝卜去皮洗净，切丁；芹菜梗洗净，切成小段；鲜百合洗净。

②烧开水，放入胡萝卜、芹菜梗、鲜百合焯烫片刻，捞起，沥干水。

③接着净锅上火，倒油，放入胡萝卜、芹菜梗、鲜百合，翻炒。

④再放入油炸花生米，调入盐，炒熟即可。

扫一扫，直接观看
香菇豆腐汤的烹调视频

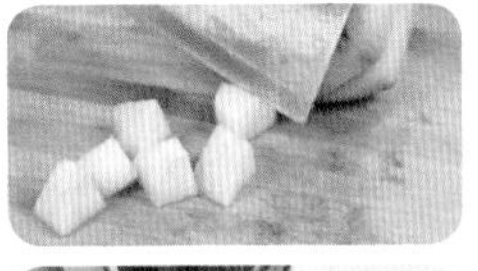

百合蒸雪梨

制作时间	专家点评	适合人群
20分钟	养心润肺	女性

|材料|鲜百合100克，雪梨400克

|调料|蜂蜜适量

|做法|①将雪梨去皮洗净，切块；鲜百合洗净。

②接着将雪梨、鲜百合放入碗中。

③再倒入适量的蜂蜜、开水，拌匀。

④最后放入锅中蒸熟，取出，即可食用。

|小贴士|

随所配物品的不同，可将百合制作成不同的茶点、汤饮等。百合不仅是一种食品，而且是一味中药，多用于肺燥咳嗽、咯血和热病之后余热未消，以及气阴不足而致的虚烦惊悸、失眠、心神不安等症，具有治疗和保健作用。

三蔬酿香菇

制作时间	专家点评	适合人群
35分钟	降低血压	老年人

|材料|香菇、芹菜梗、胡萝卜各100克，土豆300克

|调料|盐3克

|做法|①将香菇洗净，去蒂，浸泡至软；胡萝卜去皮洗净，切丁。

②将芹菜梗洗净，切丁；土豆去皮洗净，切片。

③烧沸适量清水，把土豆放入锅中蒸熟，取出。

④接着把土豆研成泥，倒入芹菜梗、胡萝卜，加适量盐拌匀，最后酿入香菇中，蒸熟即可。

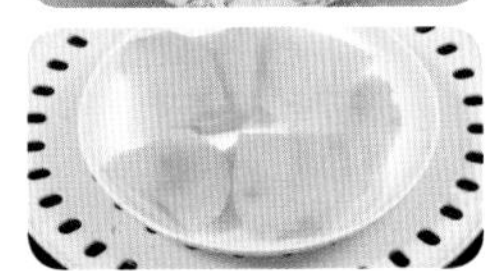

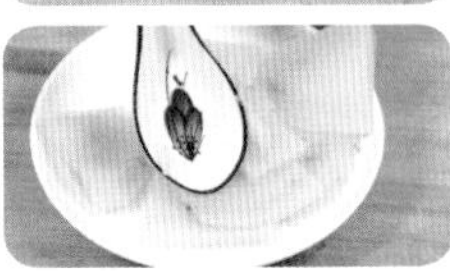

扫一扫，直接观看
冬笋香菇炒白菜的烹调视频

双椒香菇烧土豆

制作时间	专家点评	适合人群
15分钟	防癌抗癌	一般人

|材料| 土豆300克，水发香菇100克，青椒、红椒各50克

|调料| 盐3克，姜20克，酱油10克

|做法| ①将土豆去皮洗净，切丁；青椒、红椒洗净，去籽切丁；姜去皮洗净，切片。

②将水发香菇洗净，切块。

③锅置火上，倒油加热，先放入香菇炒香。

④接着放入土豆、青椒、红椒、姜片，调入盐、酱油炒匀，再掺适量水煮至熟即可。

|小贴士|

香菇吸水性强，不易储存。因此，储存容器内必须放入适量的块状石灰或干木炭等吸湿剂以防反潮。

香菇烧冬笋

制作时间	专家点评	适合人群
13分钟	增强免疫	一般人

|材料| 香菇100克，冬笋、豆苗各300克

|调料| 盐2克，酱油、蚝油各适量

|做法| ①将香菇洗净，放入水中浸泡至软；豆苗洗净。

②将冬笋洗净，切片。

③烧沸适量清水，放入豆苗焯烫片刻，捞起，沥干水。

④然后另起锅，倒油加热，放入冬笋、香菇翻炒，再下入豆苗，调入酱油、盐，炒匀即可。

|小贴士|

质量好的食用菌应香气纯正自然无异味，不要购买有刺鼻气味的产品。鲜香菇若闻着有酸味则可能变质，不宜食用。

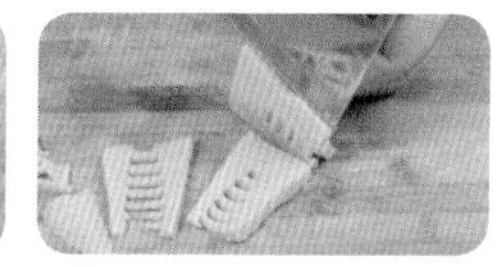

扫一扫，直接观看
素炒香菇芹菜的烹调视频

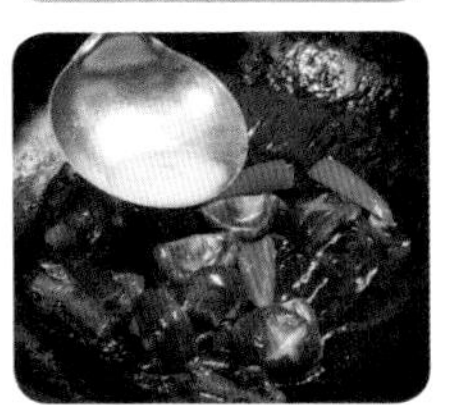

西蓝花炒香菇

制作时间	专家点评	适合人群
8分钟	增强免疫	一般人

|材料| 西蓝花400克，鲜香菇200克，红椒30克，酱瓜50克

|调料| 盐2克，蚝油、酱油各适量

|做法| ①将西蓝花洗净，切块；红椒洗净，去籽切块。
②将鲜香菇洗净，对半切开。
③烧沸适量清水，放入西蓝花、香菇焯烫片刻，捞起，沥干水。
④接着另起锅，倒油烧热，放入西蓝花、香菇、红椒、酱瓜，调入盐、蚝油、酱油，炒熟即可。

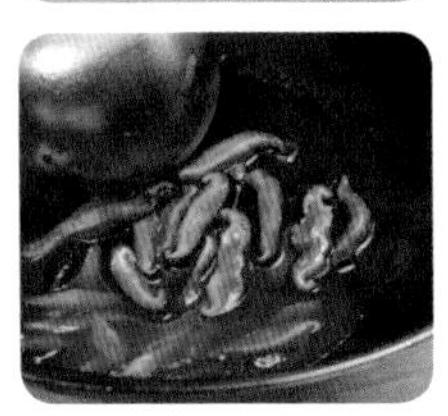

香菇苦瓜

制作时间	专家点评	适合人群
6分钟	排毒瘦身	女性

|材料| 苦瓜400克，香菇100克

|调料| 盐2克，酱油适量，姜20克，葱5克

|做法| ①将苦瓜洗净，去瓤，切片；香菇洗净，浸泡至软，切片；姜去皮洗净，切片。
②锅置火上，倒油烧热，放入苦瓜稍炸片刻，捞起，沥干油。
③接着另起锅，放入香菇、姜片，调入酱油、盐，炒香。
④最后下入苦瓜、葱花，翻炒至食材熟透，盛出即可。

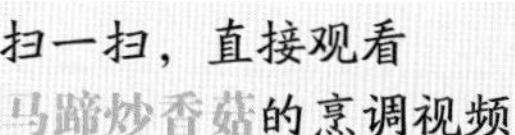

香菇扣芋头

制作时间	专家点评	适合人群
30分钟	防癌抗癌	一般人

|材料| 水发香菇200克，芋头400克

|调料| 盐2克，蚝油适量

|做法| ①将芋头去皮洗净，切成厚块；水发香菇洗净。

②烧开水，把芋头放入锅中蒸熟，然后取出。

③接着把芋头研成泥，调入适量盐，拌匀。

④另起锅，倒油，下入香菇，调入蚝油，煮熟，最后浇在芋泥上即可。

香菇芦笋

制作时间	专家点评	适合人群
10分钟	养心润肺	老年人

|材料| 芦笋300克，鲜香菇200克，红椒20克

|调料| 盐3克，味精2克，水淀粉5克

|做法| ①将香菇洗净，对半切开；红椒洗净，去籽切片。

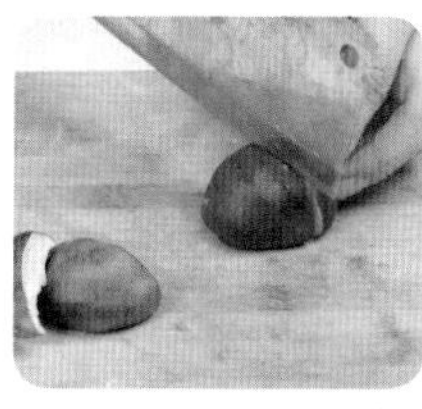
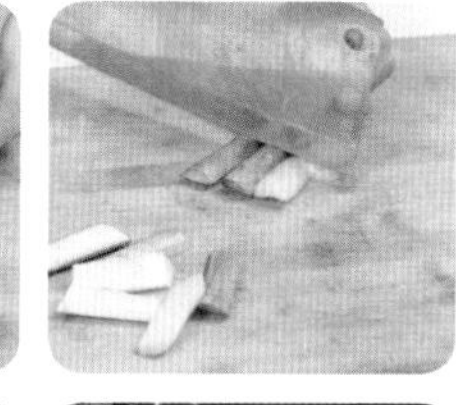

②将芦笋削去老皮后洗净，切段。

③烧沸适量清水，放入芦笋、水发香菇、红椒焯烫片刻，捞起，沥干水。

④另起锅，倒油加热，放芦笋、水发香菇、红椒，调入盐、味精，炒至熟，再以水淀粉勾芡即可。

扫一扫，直接观看
香菇炖豆腐的烹调视频

玉丝炒香菇

制作时间	专家点评	适合人群
9分钟	防癌抗癌	老年人

|材料| 绿豆芽200克，香菇、芹菜梗各100克，榨菜50克

|调料| 盐3克

|做法| ①将绿豆芽、芹菜梗洗净，切段；榨菜洗净。

②将香菇洗净，浸泡至软，切条。

③锅中倒油加热，放入绿豆芽、香菇、芹菜梗、榨菜翻炒。

④再调入盐，炒匀，装盘即可。

|小贴士|

烹调芽菜时油盐不宜太多，要尽量保持其清淡的性味和爽口的特点。绿豆芽下锅后要迅速翻炒，适当加些醋，才能保存水分及维生素C，口感才好。

蒜末草菇

制作时间	专家点评	适合人群
6分钟	增强免疫	一般人

|材料| 鲜草菇500克，蒜20克

|调料| 盐3克

|做法| ①将鲜草菇洗净，对半切开；蒜去皮洗净，切碎。

②烧开水，放入鲜草菇焯烫片刻，捞起，沥干水。

③接着净锅上火，下油，放入蒜末爆香。

④再放入鲜草菇，调入盐，炒匀即可。

|小贴士|

无论是罐头制品还是干制品，都应以菇身粗壮均匀、质嫩、菇伞未开或开展小的质量为好。在温度处于-20 ℃左右时，使清洗好的草菇迅速冷冻，并在这个温度下保存，可以保鲜3个月左右。

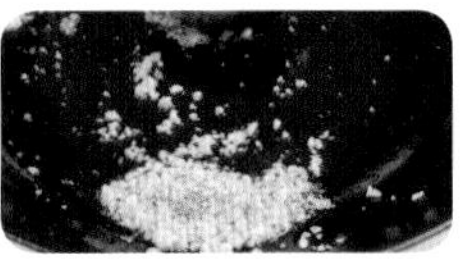

扫一扫，直接观看
草菇烩芦笋的烹调视频

辣椒炒笋菇

制作时间	专家点评	适合人群
8分钟	补血养颜	女性

|材料| 草菇300克，竹笋、胡萝卜各200克，剁辣椒20克

|调料| 盐3克

|做法| ①将草菇洗净，对半切开；竹笋洗净，切片；胡萝卜去皮洗净，切片。
②烧开水，放入草菇、竹笋、胡萝卜焯烫片刻，捞起，沥干水。
③另起锅，倒油烧热，放入剁辣椒爆香。
④再倒入草菇、竹笋、胡萝卜翻炒，调入盐，炒熟即可。

|小贴士|
切辣椒时，辣椒素沾在皮肤上，会使微血管扩张，导致皮肤发红、发热，并加速局部的代谢率。用一点食醋搓手，就不会有辣手的感觉。

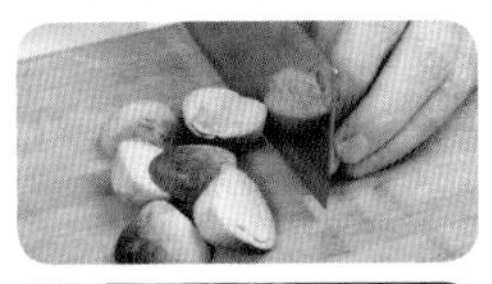

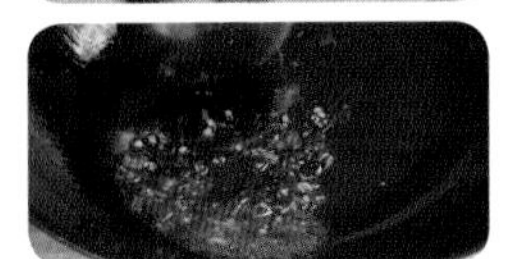

草菇大白菜

制作时间	专家点评	适合人群
7分钟	增强免疫	一般人

|材料| 草菇300克，胡萝卜100克，大白菜400克

|调料| 盐3克，淀粉20克

|做法| ①将草菇洗净，对半切开；胡萝卜去皮洗净，切片。
②将大白菜洗净，切开。
③锅置火上，倒水烧热，放入草菇、大白菜焯烫片刻，捞起沥干水。
④热锅注油，入草菇、胡萝卜、大白菜，加盐，用淀粉勾芡，煮至汁干即成。

|小贴士|
大白菜一般比较难以储存，所以在选购冬储白菜时，要尽量选择抗病、耐寒、适于冬储的晚熟品种。

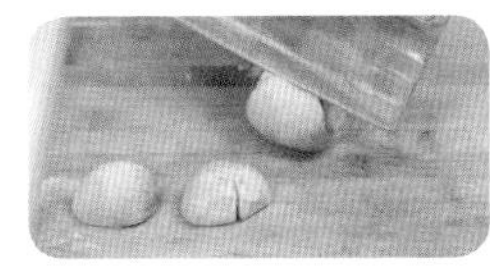

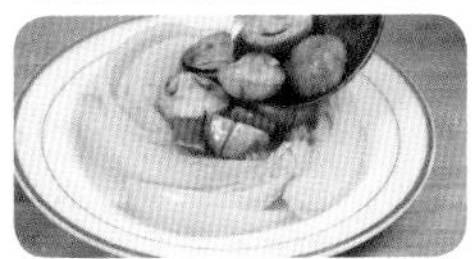

扫一扫，直接观看
香菇炒双丝的烹调视频

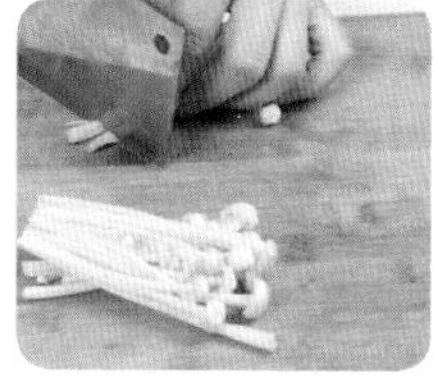

黑芝麻金针菇

制作时间	专家点评	适合人群
5分钟	提神健脑	儿童

|材料| 金针菇300克，熟黑芝麻50克

|调料| 盐3克，葱、香菜各15克，酱油、淀粉各适量

|做法| ①将金针菇洗净，切段；黑芝麻洗净；葱洗净，切碎；香菜洗净，切段，待用。

②烧沸适量清水，放入金针菇焯烫片刻，捞起，沥干水。

③接着净锅上火，倒油烧热，放入金针菇，调入盐，炒香。

④放入黑芝麻，倒入酱油，炒匀，以湿淀粉勾芡，撒上葱、香菜即可。

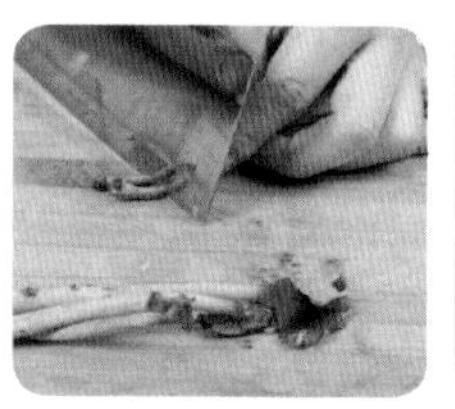

辣炒茶树菇

制作时间	专家点评	适合人群
5分钟	保肝护肾	男性

|材料| 茶树菇200克，黄椒、红椒各50克，干辣椒各20克

|调料| 盐3克，花椒20克

|做法| ①将黄椒、红椒洗净，去籽切条；花椒、干辣椒洗净；将茶树菇洗净，切去根部。

②锅中加水烧沸，下入茶树菇焯烫至熟后，捞出沥水备用。

③烧热油，放入花椒、干辣椒爆香。

④再下入茶树菇、黄椒、红椒翻炒，调入盐，炒匀即可。

扫一扫，直接观看
口蘑炒豆腐的烹调视频

菠萝辣椒炒木耳

制作时间	专家点评	适合人群
6分钟	开胃消食	一般人

|材料| 木耳100克，菠萝200克，红辣椒20克

|调料| 盐3克，葱5克

|做法| ①将干木耳放入水中浸泡至发胀，再取出洗净，然后撕成小朵；红辣椒洗净，切圈；葱洗净，切碎。

②将菠萝去皮洗净，切块。

③锅中放油加热，放入水发木耳、菠萝、红辣椒、葱，翻炒。

④最后调入盐，炒匀，装盘即可。

橄榄菜拌豆腐

制作时间	专家点评	适合人群
5分钟	防癌抗癌	老年人

|材料| 嫩豆腐300克，橄榄菜30克

|调料| 小葱5克，盐3克，香油适量

|做法| ①将豆腐洗净，切成大小均匀的块；小葱洗净，切末备用。

②锅中注水，大火烧沸，调入适量油、盐，再将豆腐块焯至无豆腥味后，捞起盛盘。

③取适量橄榄菜于豆腐上拌匀。

④再撒上葱末，淋上香油，一起拌匀即可。

扫一扫，直接观看
素烧豆腐的烹调视频

糯米豆腐丸

制作时间	专家点评	适合人群
40分钟	补血养颜	孕产妇

|材料| 老豆腐300克，胡萝卜，冬笋、香菇，糯米各100克

|调料| 盐3克

|做法| ①将老豆腐洗净，研成泥；香菇洗净，泡发后，切丁；糯米洗净，泡发。

②将胡萝卜、冬笋洗净，切丁。

③将胡萝卜、冬笋、香菇倒入豆腐泥中，调入盐，拌匀。

④再捏成球状，放入糯米中，裹上糯米，最后把豆腐丸放入锅中蒸熟即可。

|小贴士|

挑选糯米以放了三四个月的糯米为优，因为新鲜糯米不太容易煮烂，也较难吸收佐料的香味。

豆瓣豆腐

制作时间	专家点评	适合人群
5分钟	开胃消食	一般人

|材料| 豆腐300克，青椒、红椒各30克

|调料| 盐3克，辣豆瓣酱适量，辣椒粉20克

|做法| ①将豆腐洗净，切成丁。

②将青椒、红椒洗净，去籽切丁。

③锅上火，烧开水，放入豆腐焯烫片刻，捞起，沥干水。

④另起锅，烧沸油，倒入豆腐、青椒、红椒翻炒，调入盐、辣豆瓣酱、辣椒粉，炒匀即可。

|小贴士|

烧豆腐是很多家庭喜爱的家常菜，而豆腐乳也是中国民间的传统调味品，烧豆腐时加入少许豆腐乳或汁，烧出的豆腐喷香扑鼻，味道独特。

香炸豆腐

制作时间	专家点评	适合人群
4分钟	开胃消食	儿童

|材料| 豆腐400克，鸡蛋2个

|调料| 盐3克，淀粉、香菜各20克

|做法| ①将豆腐洗净，切条。

②把鸡蛋打入碗中，用筷子充分打散，并加盐拌匀。

③接着把豆腐放入蛋液中，浸泡片刻。

④再裹上淀粉，最后放入油锅中，炸至金黄色，撒上香菜，装盘即可。

|小贴士|

在入锅前，将切好的豆腐块在米醋中蘸一下，然后入油锅中炸一分钟，再将豆腐捞起沥干油，即可得到香喷喷的黄嫩豆腐了。炸豆腐时不宜用猛火，以免炸糊。

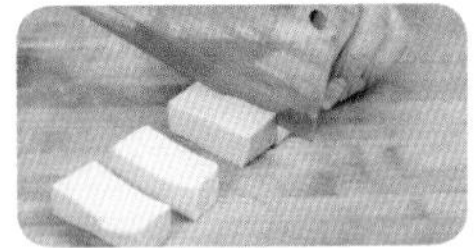

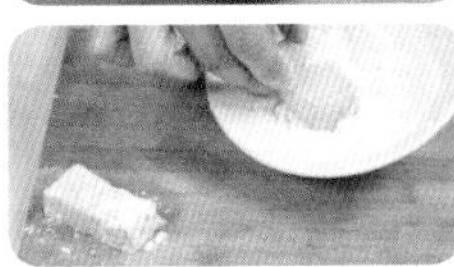

素菜酿豆腐

制作时间	专家点评	适合人群
10分钟	增强免疫	女性

|材料| 油豆腐、冬瓜、胡萝卜各200克

|调料| 盐、葱各3克

|做法| ①将冬瓜、胡萝卜去皮洗净，切丁；葱洗净，切碎。

②将油豆腐洗净，对半切开。

③将冬瓜、胡萝卜、葱花放入碗中，调入盐、油，拌匀，并酿入油豆腐中，装盘。

④锅上火，烧热水，把油豆腐放入锅中蒸熟即可。

|小贴士|

优质油豆腐为金黄色或黄色，有光泽，有油香和豆香气，皮薄软糯，内呈蜂窝状不实心。表面无光泽，质地皮厚发硬内实心，有酸味及其他异味，属劣质油豆腐。

扫一扫，直接观看
黑木耳煎嫩豆腐的烹调视频

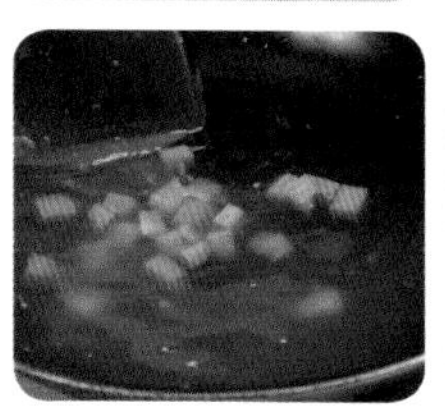

三宝豆腐

制作时间	专家点评	适合人群
10分钟	开胃消食	一般人

|材料|豆腐、胡萝卜、莴笋各200克，油炸花生米40克

|调料|盐3克

|做法|①将胡萝卜、莴笋分别洗净，去皮切丁。

②将豆腐洗净，切块，撒入适量盐腌渍入味。

③烧开水，把胡萝卜、莴笋放入锅中焯烫片刻，捞起，沥干水。

④锅烧热油，入豆腐炸至金黄，捞起盛盘；留少量油，放其他材料，调入盐，炒熟淋于豆腐上。

韭菜回锅豆腐

制作时间	专家点评	适合人群
5分钟	保肝护肾	男性

|材料|韭菜200克，豆腐400克

|调料|盐3克，豆瓣酱适量，豆豉、姜各20克

|做法|①将韭菜洗净，切段；姜去皮洗净，切片。

②将豆腐洗净，切条。

③烧热油，把豆腐放入锅中炸至金黄，捞起，沥干油。

④锅中留少量油，放入豆腐、韭菜、姜片、豆豉，调入盐、豆瓣酱，炒熟即可。

扫一扫，直接观看

芹菜炒卤豆干的烹调视频

毛豆香干

制作时间	专家点评	适合人群
6分钟	防癌抗癌	一般人

|材料| 香干、毛豆各200克，红椒30克

|调料| 盐3克

|做法| ①将香干洗净，切小块；毛豆洗净；红椒洗净，切块。

②锅置火上，烧沸适量清水，再放入香干、毛豆，焯烫片刻，捞起，沥干水分。

③接着另起锅，放入香干、毛豆、红椒翻炒片刻。

④再调入盐，炒匀，装盘即可。

麻辣香菇臭豆腐

制作时间	专家点评	适合人群
8分钟	开胃消食	男性

|材料| 臭豆腐300克，黄椒、红椒、水发香菇各50克，淀粉40克

|调料| 盐2克，酱油适量

|做法| ①将臭豆腐切块；黄椒、红椒分别洗净，去籽切块；水发香菇洗净，切块。

②将臭豆腐均匀粘裹上淀粉。

③然后放入油锅中，炸至两面金黄，捞起，沥干油。

④接着锅中留少量油，放入臭豆腐、黄椒、红椒、香菇，调入盐、酱油，炒匀即可。

扫一扫，直接观看
豆豉炒豆腐干的烹调视频

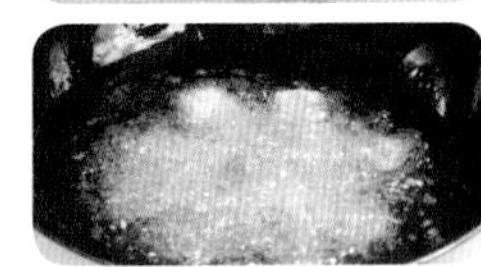

黄瓜镶臭豆腐

制作时间	专家点评	适合人群
5分钟	开胃消食	一般人

|材料| 臭豆腐200克，黄瓜100克，泡菜50克

|调料| 盐3克，淀粉40克，香菜20克，香油适量

|做法| ①将臭豆腐切块；黄瓜洗净，切丁；香菜洗净，切段。

②将臭豆腐放入淀粉中，裹上淀粉。

③接着放入油锅中，炸至两面金黄，捞起，放入碟中。

④再放入黄瓜、泡菜、香菜，调入盐和香油，拌匀即可。

|小贴士|

挑选新鲜黄瓜时应选择有弹力的，较硬的为最佳。瓜条、瓜把枯萎的，说明采摘后存放时间长了。

辣炒四季豆干

制作时间	专家点评	适合人群
10分钟	排毒瘦身	女性

|材料| 四季豆300克，豆干200克，红椒30克

|调料| 盐3克，辣椒粉适量

|做法| ①将四季豆洗净，切成段。

②将豆干洗净，切成条；红椒洗净，去籽切成段。

③烧热适量清水，放入四季豆、豆干、红椒焯烫片刻，捞起，沥干水。

④再另起锅，倒油加热，放入四季豆、豆干、红椒翻炒，调入盐、辣椒粉，炒匀即可。

|小贴士|

选购四季豆时，应挑选色泽鲜绿，豆荚硬实的四季豆，这种四季豆掰开时横断面可见荚果壁充实，豆粒与荚壁间没有空隙，撕扯两边筋丝很少。

扫一扫，直接观看
小炒豆干的烹调视频

酸菜炒豆干

制作时间	专家点评	适合人群
5分钟	开胃消食	一般人

|材料| 酸菜100克，豆干200克，红椒30克

|调料| 盐3克

|做法| ①将酸菜洗净，切碎；红椒洗净，去籽切碎。

②豆干洗净，切丁。

③烧沸水，放入酸菜、豆干、红椒焯烫片刻，捞起，沥干水。

④再净锅上火，倒油，放入酸菜、豆干、红椒翻炒，最后调入盐，炒熟即可。

|小贴士|

优质酸菜颜色自然，叶呈淡黄色至深黄褐色，帮呈半透明的白色至深黄色，短期暴露在空气中或真空包装后在货架期间经过光照后颜色会慢慢变灰暗。

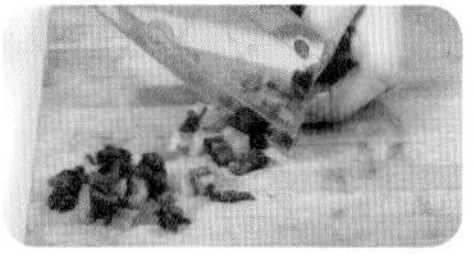

芹菜梗拌豆干

制作时间	专家点评	适合人群
5分钟	降低血压	老年人

|材料| 水发木耳、胡萝卜、芹菜梗、豆干各100克，红椒40克

|调料| 盐3克，红油适量

|做法| ①将水发木耳洗净，浸泡片刻，切丝；胡萝卜、芹菜梗洗净，切丝。

②将豆干洗净，切成丝；红椒洗净，去籽切成丝。

③烧沸水，放入豆干焯烫断生，捞起，放入盘中。

④再放入木耳、胡萝卜、红椒、芹菜梗，调入盐、红油，拌匀即可。

扫一扫，直接观看
菠菜炖豆腐的烹调视频

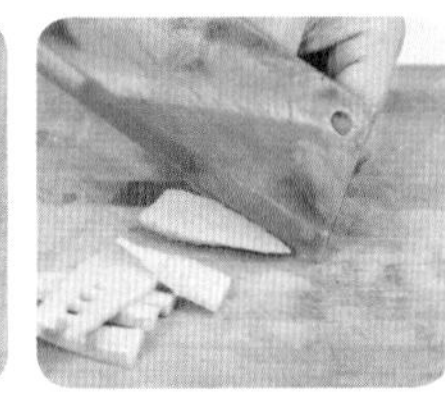

梅干菜焖笋豆

制作时间	专家点评	适合人群
25分钟	开胃消食	一般人

|材料|梅干菜300克，冬笋200克，豆腐干100克

|调料|盐3克，味精2克，酱油5克，淀粉10克

|做法|①梅菜干泡发、洗净后切段；豆腐干洗净切条。
②冬笋剥去外壳，洗净，切成大片。
③锅中加油烧热，下入冬笋片和梅干菜炒至水分将干时，加入适量酱油，翻炒均匀。
④最后加入豆干炒至熟后，加盐、味精调味，再以淀粉勾芡即可。

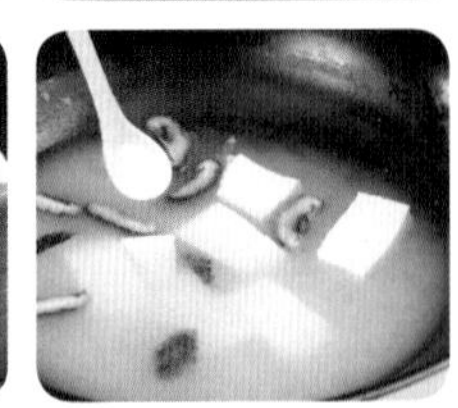

生菜豆腐汤

制作时间	专家点评	适合人群
9分钟	增强免疫	一般人

|材料|豆腐300克，香菇、胡萝卜、生菜各100克

|调料|盐3克

|做法|①将豆腐洗净，切成块；生菜洗净，切成小片；胡萝卜去皮洗净，切成丝。
②将香菇洗净，放入碗中泡发，取出，切丝。
③锅上火，倒入水烧沸，先放入豆腐稍煮片刻。
④再放入香菇、胡萝卜、生菜，调入盐，煮熟即可。

扫一扫，直接观看
西红柿洋葱炒蛋的烹调视频

土豆面片汤

制作时间	专家点评	适合人群
10分钟	排毒瘦身	女性

|材料|西红柿200克，土豆300克，面粉40克

|调料|盐3克，葱20克

|做法|①将西红柿洗净，切块；面粉加适量水和匀，揪成面片备用。
②将土豆去皮洗净，切片。
③烧开水，放入土豆烧煮片刻。
④再放入西红柿，下入面片，调入盐，煮熟，最后撒上葱花，装盘即可。

|小贴士|
西红柿果肉细嫩，酸甜可口，既可以当水果吃，又能用来烹饪菜肴和汤。

炝锅西红柿汤

制作时间	专家点评	适合人群
7分钟	补血养颜	女性

|材料|西红柿300克，木耳、菜叶、金针菇、芹菜梗适量

|调料|盐3克，红油适量

|做法|①将木耳洗净，放入水中浸泡片刻，捞起；金针菇洗净；芹菜梗洗净，切段。
②将西红柿洗净，切块；菜叶洗净，切段。
③热锅注油，放入西红柿翻炒片刻。
④再倒入适量清水，放入芹菜梗、木耳、金针菇、菜叶，调入盐、红油，煮熟即可。

扫一扫，直接观看
白萝卜粉丝汤的烹调视频

紫菜白萝卜汤

制作时间	专家点评	适合人群
10分钟	防癌抗癌	一般人

|材料| 白萝卜400克，紫菜100克

|调料| 盐3克，葱15克

|做法| ①将白萝卜去皮洗净，切丝；葱洗净，切碎。

②将紫菜洗净，放入碗中浸泡片刻。

③烧开适量清水，放入白萝卜、紫菜稍煮片刻。

④再加盐，煮熟，最后撒上葱花，装盘即可。

|小贴士|

肉汤或骨头汤煲好后，因为油脂过多，常常在汤面上浮起一层油，汤喝起来太腻。怎样才能减少汤的油腻感呢？将少量紫菜在火上烤一下，然后撒入汤中，不过几分钟，汤中的油腻物都被紫菜吸收了。

冬瓜银耳枸杞汤

制作时间	专家点评	适合人群
8分钟	补血养颜	女性

|材料| 银耳100克，冬瓜300克，枸杞30克

|调料| 盐3克

|做法| ①将银耳放入碗中浸泡至发胀后，捞出洗净，再撕成小朵。

②将冬瓜洗净，连皮切成大块。

③烧开水，先放入冬瓜稍煮片刻。

④放入银耳、枸杞煮至熟，调入盐即可。

|小贴士|

①银耳宜用开水泡发，泡发后应去掉未发开的部分，特别是那些呈淡黄色的东西。

②银耳能清肺热，故外感风寒者忌用。

③食用变质银耳会发生中毒反应，严重者会有生命危险。

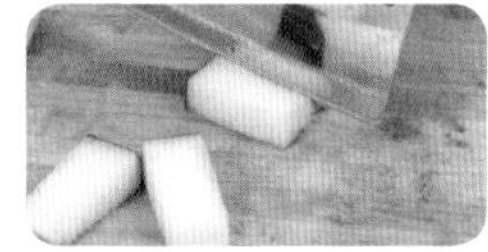

扫一扫，直接观看
芋香紫菜饭的烹调视频

糯米南瓜饭

制作时间	专家点评	适合人群
40分钟	补血养颜	女性

|材料| 糯米、豌豆各50克，南瓜200克，花生、萝卜干100克

|调料| 盐3克，陈皮20克

|做法| ①将糯米洗净，放入碗中，倒入适量清水；南瓜洗净，去皮切块；花生、萝卜干、豌豆、陈皮洗净。

②锅置火上，烧开水后，放入糯米和南瓜蒸熟，取出，将南瓜研成泥。

③再净锅上火，倒油加热，放入糯米、南瓜、花生、萝卜干、豌豆，翻炒均匀。

④再调入适量盐，炒匀即可。

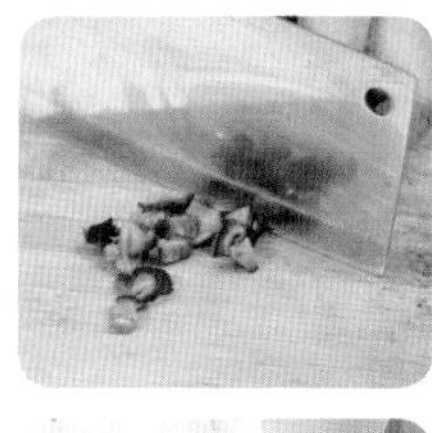

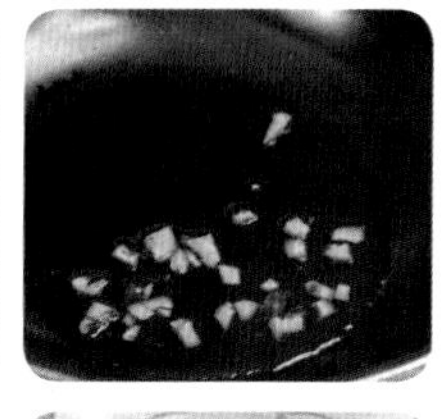

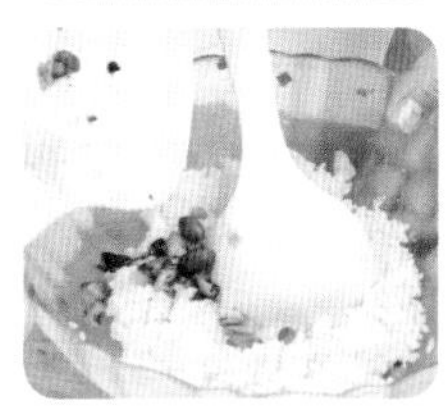

香菇花生饭

制作时间	专家点评	适合人群
4分钟	提神健脑	一般人

|材料| 干香菇100克，油炸花生米50克，米饭200克

|调料| 盐3克，香油适量，香葱适量

|做法| ①将干香菇洗净，泡软，切碎；香葱洗净，切成圈。

②烧热油，放入香菇炒香。

③把备好的米饭放入碗中，倒入香菇、花生米。

④再调入香油、盐，拌匀，撒上葱花即可食用。

扫一扫，直接观看
菠萝蒸饭的烹调视频

香菇什锦蒸饭

制作时间	专家点评	适合人群
15分钟	开胃消食	一般人

|材料| 干香菇、牛蒡、米饭100克，胡萝卜、四季豆、魔芋200克

|调料| 盐3克

|做法| ①将牛蒡削皮洗净，切丁；干香菇洗净，泡软，切丁。
②将四季豆、魔芋、胡萝卜洗净，切丁。
③烧沸水，放入四季豆、魔芋、香菇、胡萝卜、牛蒡焯烫片刻，捞起，放在米饭上，撒上盐，拌匀。
④接着净锅上火，烧开水，把米饭放入锅中，蒸熟即可。

|小贴士|
选购干香菇时应选择水分含量较少的，若含水量过高，则不仅压秤，且不易保存。

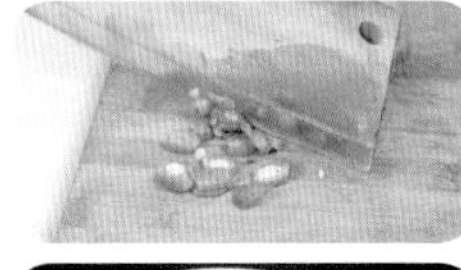

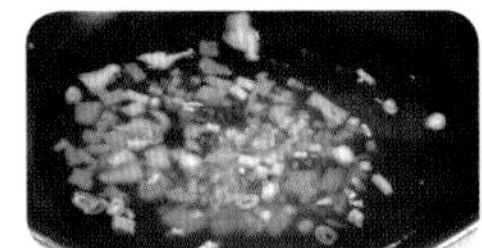

酸辣素菜汤面

制作时间	专家点评	适合人群
10分钟	增强免疫	老年人

|材料| 胡萝卜、香菇100克，挂面、木耳、黄花菜、酸笋适量

|调料| 盐3克，辣椒油适量，香醋10克

|做法| ①香菇洗净泡发切条；胡萝卜去皮洗净切丝；木耳洗净水发撕小朵；黄花菜洗净；酸笋洗净切片。
②锅注水烧沸，放入挂面稍煮片刻，捞起，沥干水。
③接着另起锅，放入适量清水，大火烧开，下入胡萝卜、香菇、水发木耳、黄花菜、酸笋。
④调入辣椒油和盐、醋煮开最后下入挂面，煮熟装碗即可。

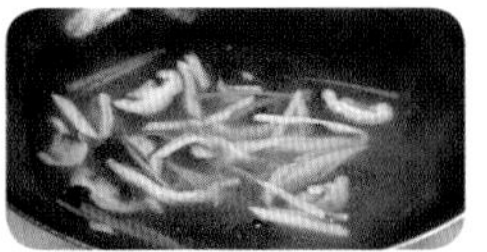

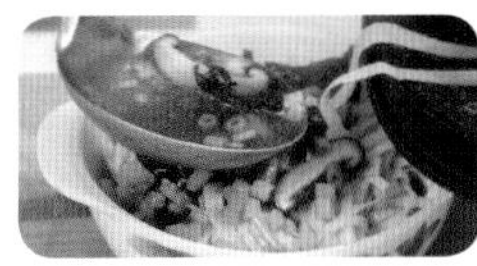

木耳胡萝卜面

制作时间	专家点评	适合人群
10分钟	降低血糖	老年人

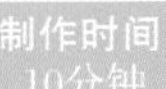

|材料|胡萝卜、干香菇、芹菜梗、豆腐皮、木耳、挂面适量

|调料|盐2克，酱油适量

|做法|①将干香菇洗净，泡软，切片；豆腐皮洗净，切丝。

②将芹菜梗洗净，切碎；木耳水发洗净，撕小朵；胡萝卜去皮洗净，切丁。

③烧沸水，放入挂面，稍煮片刻。

④接着放入干香菇、芹菜梗、豆腐皮、水发木耳、胡萝卜，调入盐、酱油，煮熟即可。

|小贴士|

煮面条时加一小匙食用油，这样面条就不会粘在一起，煮出的面条根根爽滑，而且面汤起的泡沫也不会溢出锅外。

丝瓜香菇粥

制作时间	专家点评	适合人群
12分钟	养心润肺	一般人

|材料|丝瓜、精米饭各400克，干香菇100克

|调料|盐3克

|做法|①将丝瓜削皮洗净，切丁；干香菇洗净，泡软，切片。

②烧热锅，倒油，放入干香菇爆香。

③接着倒入精米饭，加适量清水，调入适量盐。

④最后放入丝瓜，煮至黏稠成粥状即可。

|小贴士|

煮很稠的粥很容易粘锅，想要煮稠粥不粘锅，洗好米后要立刻下锅，以开水、大火先烧开，再转至微火，焖煮中途不要添水或搅拌，但可以加点食用油。

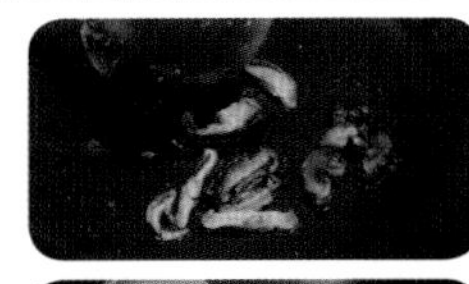

扫一扫，直接观看
香菇青菜面的烹调视频

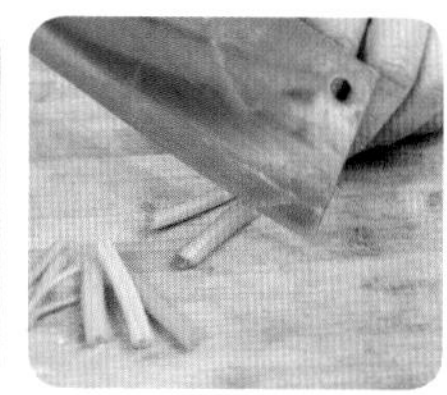

素炒米粉

制作时间	专家点评	适合人群
7分钟	降低血压	老年人

|材料| 米粉150克，胡萝卜、芹菜、香菇各30克

|调料| 盐3克，酱油5克，葱4克

|做法| ①香菇泡发，洗净，捞出切丝；胡萝卜去皮，洗净，也切成细丝。

②将芹菜摘去黄叶，洗净，切成小段；葱洗净，切成花。

③锅中加水烧开，下入米粉煮熟后，捞起浸入凉开水中过凉，沥水备用。

④锅中加油烧热，下香菇、胡萝卜、芹菜炒至七成熟，再入粉丝及酱油、盐翻炒至熟，出锅时撒上葱花即可。

豆浆油条汤

制作时间	专家点评	适合人群
5分钟	保肝护肾	男性

|材料| 豆浆250克，榨菜、海苔各50克，油条、芹菜梗各100克

|调料| 盐3克

|做法| ①将油条切段；榨菜洗净；芹菜梗洗净，切碎。

②将海苔剪成小块，放入碗中。

③锅中倒少量油烧热，倒入豆浆，放入榨菜、海苔、芹菜梗，调入盐。

④最后放入油条，煮熟即可。

|小贴士|

优质豆浆为乳黄色，略凉时表面有一层豆皮，这样的豆浆浓度高。

扫一扫，直接观看
艾叶饼的烹调视频

糯米南瓜饼

制作时间	专家点评	适合人群
30分钟	补血养颜	女性

|材料|南瓜500克，糯米粉30克

|调料|白糖10克

|做法|①南瓜洗净，去皮，切成块，入锅中蒸熟后，取出。

②将熟南瓜趁热研成泥状。

③再加入糯米粉、白糖一起搅拌均匀，再捏成球状。

④将捏好的南瓜球擀成饼状，然后下入烧热的油锅中煎至两面皆呈金黄色即可。

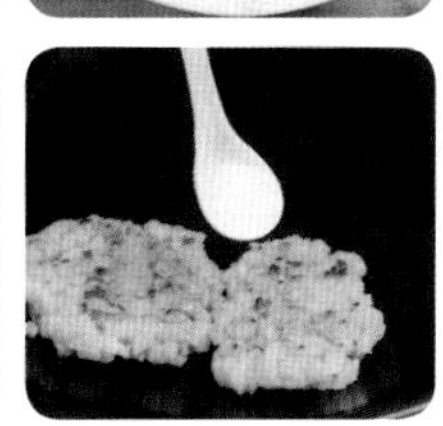

葱煎莲藕饼

制作时间	专家点评	适合人群
12分钟	补血养颜	女性

|材料|莲藕400克

|调料|盐3克，葱、面粉20克

|做法|①将莲藕去皮，洗净，切成碎末；葱洗净，切成花。

②面粉加水调成糊状，再下入藕丁、葱花一起拌匀，做成饼状。

③锅中加油烧热，将莲藕饼煎至两面金黄色。

④最后调入盐，稍煎片刻即可。

|小贴士|

大蒜可放在网袋中，悬挂在室内阴凉通风处，或放在透气的陶罐中保存。

扫一扫，直接观看
香蕉煎饼的烹调视频

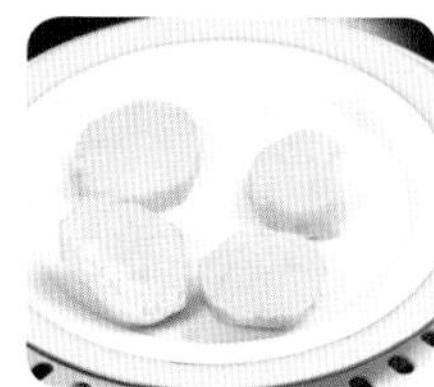

红薯芋头饼

制作时间	专家点评	适合人群
45分钟	防癌抗癌	一般人

|材料| 红薯、芋头各300克，毛豆100克，枸杞30克，面粉40克

|调料| 盐3克

|做法| ①将红薯、芋头洗净，去皮切块；毛豆、枸杞洗净。

②红薯、芋头入锅蒸熟，取出装碗。

③将毛豆、枸杞也放入沸水锅中煮熟，取出倒入放有芋头的碗中研成泥，调入盐，拌匀。

④再用擀面棍擀成饼状，撒上面粉，抹匀，最后放入油锅中煎至两面金黄即可。

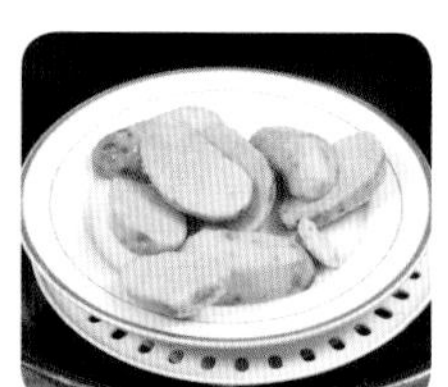

酥脆香芋球

制作时间	专家点评	适合人群
50分钟	防癌抗癌	一般人

|材料| 芋头400克，面粉40克

|调料| 盐3克

|做法| ①将芋头去皮洗净，切片。

②烧沸适量清水，将芋头放入锅中蒸熟，取出。

③然后用勺子研成泥，调入盐，拌匀。

④再将芋泥捏成球状，粘裹上湿面粉，最后放入油锅中炸至两面金黄色即可。

|小贴士|

芋头生食有小毒，热食也不宜过多，否则易引起闷气或胃肠积滞。

扫一扫，直接观看
草菇扒茼蒿的烹调视频

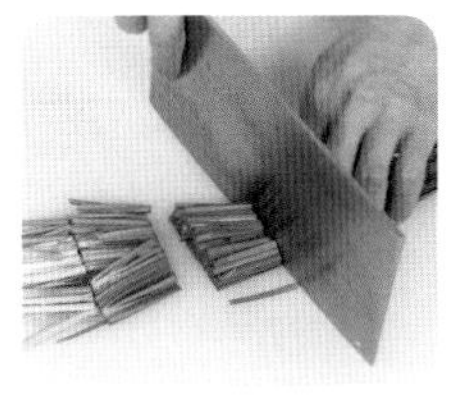

韭菜银芽炒木耳

制作时间	专家点评	适合人群
3分钟	降低血压	高血压病者

|材料| 韭菜100克，绿豆芽80克，水发木耳45克

|调料| 盐2克，鸡粉2克，料酒3克

|做法| ①将洗净的木耳切成粗丝；洗好的韭菜切成段。

②锅注水烧开，加入盐、木耳丝搅匀，略煮一会儿捞出。

③用油起锅，倒入木耳、韭菜炒至韭菜呈深绿色，倒入绿豆芽炒匀。

④淋上料酒炒香，加入盐、鸡粉炒至食材熟透即成。

苦瓜炒马蹄

制作时间	专家点评	适合人群
4分钟	增强免疫	婴幼儿

|材料| 苦瓜120克，马蹄（荸荠）100克，蒜末、葱花各少许

|调料| 盐3克，鸡粉2克，白糖3克，淀粉适量

|做法| ①去皮洗好的马蹄切片；洗净的苦瓜去瓤切片，加盐拌至变软，腌渍20分钟。

②锅注水烧开，倒入苦瓜拌匀，煮约1分钟至其断生捞出。

③用油起锅，下入蒜末爆香，放马蹄、苦瓜炒至食材断生。

④加盐、鸡粉、白糖炒匀，淋水淀粉勾芡，撒葱花炒至断生即成。

扫一扫，直接观看
甜椒紫甘蓝拌木耳的烹调视频

炝炒生菜

制作时间	专家点评	适合人群
2分钟	清热解毒	糖尿病者

|材 料| 生菜200克

|调 料| 盐2克，鸡粉2克

|做 法| ①将洗净的生菜切成瓣，装入盘中，待用。

②锅中注入适量食用油，烧热。

③放入切好的生菜，快速翻炒至熟软。

④加入适量盐，再放入适量鸡粉，炒匀调味即可。

|小贴士|

生菜宜大火快炒，而且调料不要放太多，以保持其鲜嫩的口感。

丝瓜烧豆腐

制作时间	专家点评	适合人群
4分钟	降低血压	高血压病者

|材 料| 豆腐200克，丝瓜130克，蒜末、葱花各少许

|调 料| 盐3克，鸡粉2克，老抽2克，生抽5克，淀粉适量

|做 法| ①洗净的丝瓜切小块；洗好的豆腐切开，再切成小方块。

②锅注水烧开，加入盐、豆腐煮约半分钟，捞出沥干水分，待用。

③用油起锅，放蒜末爆香，倒丝瓜、水、豆腐、盐、鸡粉、生抽拌匀煮沸。

④倒老抽煮约1分钟，倒淀粉勾芡装盘，撒上葱花即成。

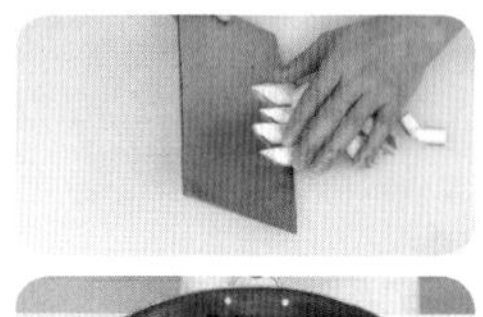

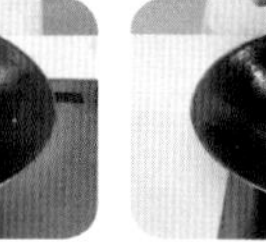

扫一扫，直接观看
红烧白萝卜的烹调视频

丝瓜烧花菜

制作时间	专家点评	适合人群
4分钟	降低血压	高血压病者

|材料| 花菜180克，丝瓜120克，西红柿100克，蒜末、葱段各少许

|调料| 盐3克，鸡粉2克，料酒4克，水淀粉6克

|做法| ①将洗净的丝瓜切块；洗好的花菜切朵；洗净的西红柿切块。

②锅注水烧开，加入食用油、盐、花菜拌匀，煮5分钟捞出。

③用油起锅，放入蒜末、葱段爆香，倒入丝瓜、西红柿炒匀。

④倒花菜、料酒、水、盐、鸡粉炒匀，倒水淀粉勾芡即成。

松仁炒韭菜

制作时间	专家点评	适合人群
3分钟	降低血压	高血压病者

|材料| 韭菜120克，松仁80克，胡萝卜45克

|调料| 盐、鸡粉各2克

|做法| ①洗净的韭菜切段；胡萝卜洗净切丁。

②锅注水烧开，加盐、胡萝卜丁搅匀，煮约半分钟捞出。

③锅注油烧热，倒入松仁搅拌匀，略炸至熟透后捞出，沥干油。

④锅留油，倒胡萝卜丁、韭菜、盐、鸡粉炒匀，倒入松仁炒至食材熟透即成。

|小贴士|

炸松仁时，宜选用小火，以免将松仁炸煳了。

扫一扫，直接观看
雪梨拌莲藕的烹调视频

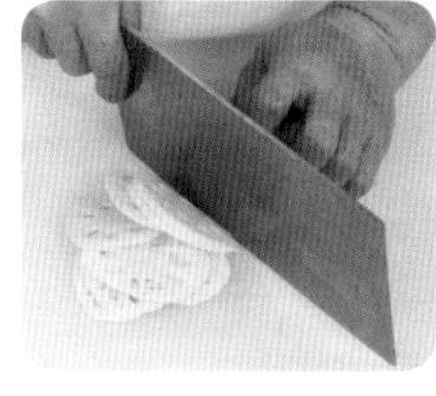

糖醋藕片

制作时间	专家点评	适合人群
4分钟	清热解毒	儿童

|材料|莲藕350克，葱花少许

|调料|白糖20克，盐2克，白醋5克，番茄汁、淀粉各适量

|做法|①将莲藕去皮洗净切片。

②锅注水烧开，倒入白醋、藕片，焯煮2分钟至其八成熟捞出。

③用油起锅，注水，放白糖、盐、白醋、番茄汁，煮至白糖溶化。

④倒入淀粉勾芡，放入藕片拌炒匀即可。

西红柿烩花菜

制作时间	专家点评	适合人群
4分钟	降低血压	高血压病者

|材料|西红柿100克，花菜140克，葱段少许

|调料|盐4克，鸡粉2克，番茄酱10克，淀粉5克

|做法|①洗净的花菜切成小块；洗好的西红柿切成块，备用。

②锅注水烧开，加盐、食用油、花菜煮1分钟捞出，沥干水分。

③用油起锅，倒入西红柿炒片刻，放花菜炒均匀，注水。

④加盐、鸡粉、番茄酱煮1分钟，倒淀粉水炒匀盛出，撒葱段即可。